제5편

국가화재안전기준

송윤석 · 오승주 공저

화수목

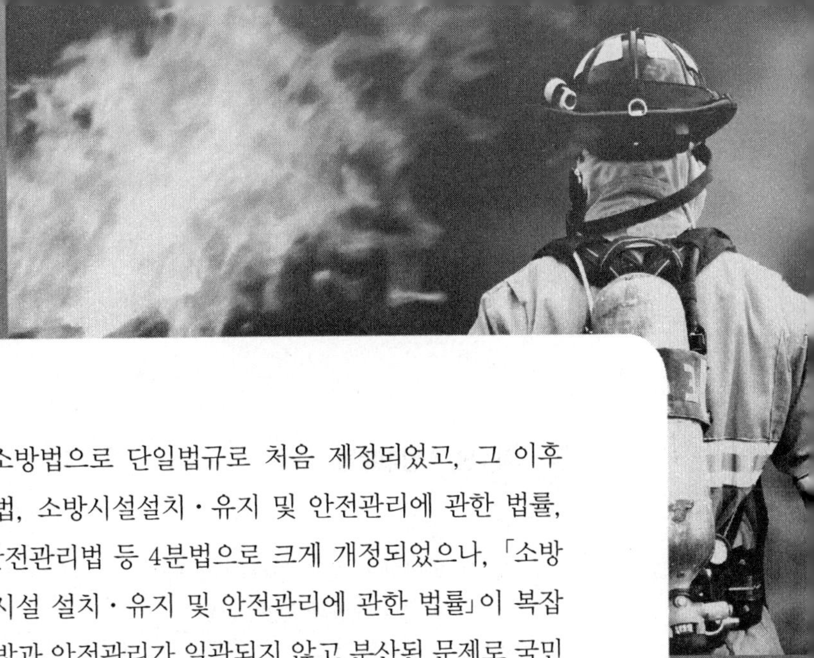

| 머리말 |

소방관계법규는 1958년 소방법으로 단일법규로 처음 제정되었고, 그 이후 2003년 5월 29일 소방기본법, 소방시설설치·유지 및 안전관리에 관한 법률, 소방시설공사업법, 위험물안전관리법 등 4분법으로 크게 개정되었으나, 「소방기본법」과 「화재예방, 소방시설 설치·유지 및 안전관리에 관한 법률」이 복잡하고 법 제도적으로 화재 예방과 안전관리가 일관되지 않고 분산된 문제로 국민이 이해하기 어려워 잦은 개정이 있었다.

이에 체계적이고 일관된 화재 예방정책 추진이 필요하다는 의견으로 「화재예방, 소방시설 설치·유지 및 안전관리에 관한 법률」을 화재 예방에 관한 사항을 분리하여 별도의 법률로 제정(「화재의 예방 및 안전관리에 관한 법률」) 하였으며, 기존 「화재예방, 소방시설 설치·유지 및 안전관리에 관한 법률」은 「소방시설 설치 및 관리에 관한 법률」로 제명하여 2022년 12월 1일부터 시행 변경 사용된다.

본 교재는 제1편 소방기본법, 제2편 화재 예방, 소방시설 설치·유지 및 안전관리에 관한 법률, 제3편 소방시설공사업법, 제4편 위험물안전관리법, 제5편 국가화재안전기준으로 구성하였으며, 추후 변경 시행될 내용을 기존 법률 아래에 작성하였으므로, 소방관계법규 내용을 요약하기보다는 주로 원문에 충실하여 법과 관련된 내용을 중심으로 시행령과 시행규칙을 관련 내용에 맞춰 작업하였고, 문제 풀이를 통하여 더욱 집중적으로 공부할 수 있게 집필하였다.

본 교재로 공부하는 전국의 소방관련학과 학생들, 소방관련자격증 및 소방공무원 시험을 준비하는 수험생들, 모든 이들이 본인이 원하는 성적과 시험에 합격하기를 기원하고, 본 교재를 발간되기까지 도움을 주신 도서출판 화수목 관계자 여러분께 진심으로 감사드린다.

2022년 02월

저자 **송윤석, 오승주**

| 목 차 |

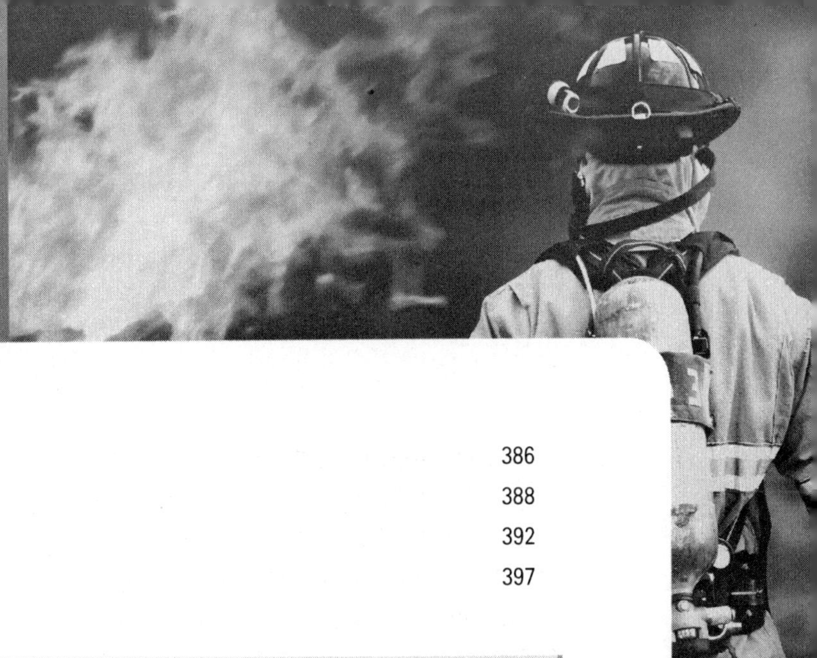

제5편

국가화재안전기준

FIRE FIGHTING LAW

1. 소화기구 및 자동소화장치의 화재안전기준(NFSC 101)

제1조(목적)

이 기준은 「화재예방, 소방시설 설치·유지 및 안전관리에 관한 법률」 제9조제1항에 따라 소방청장에게 위임한 사항 중 소화설비인 소화기구 및 자동소화장치의 설치·유지 및 안전관리에 필요한 사항을 규정함을 목적으로 한다.

제2조(적용범위)

「화재예방, 소방시설 설치·유지 및 안전관리에 관한 법률 시행령」(이하 "영"이라 한다) 별표 5 제1호가목 및 나목에 따른 소화기구 및 자동소화장치는 이 기준에서 정하는 규정에 따라 설치하고 유지·관리하여야 한다.

제3조(정의)

이 기준에서 사용하는 용어의 정의는 다음과 같다.

1. "소화약제"란 소화기구 및 자동소화장치에 사용되는 소화성능이 있는 고체·액체 및 기체의 물질을 말한다.
2. "소화기"란 소화약제를 압력에 따라 방사하는 기구로서 사람이 수동으로 조작하여 소화하는 다음 각 목의 것을 말한다.
   가. "소형소화기"란 능력단위가 1단위 이상이고 대형소화기의 능력단위 미만인 소화기를 말한다.
   나. "대형소화기"란 화재 시 사람이 운반할 수 있도록 운반대와 바퀴가 설치되어 있고 능력단위가 A급 10단위 이상, B급 20단위 이상인 소화기를 말한다.
3. "자동확산소화기"란 화재를 감지하여 자동으로 소화약제를 방출 확산시켜 국소적으로 소화하는 소화기를 말한다.
4. "자동소화장치"란 소화약제를 자동으로 방사하는 고정된 소화장치로서 법 제36조 또는 제39조에 따라 형식승인이나 성능인증을 받은 유효설치 범위(설계방호체적, 최대설치높이, 방호면적 등을 말한다) 이내에 설치하여 소화하는 다음 각 목의 것을 말한다.
   가. "주거용 주방자동소화장치"란 주거용 주방에 설치된 열발생 조리기구의 사용으로 인한 화재 발생 시 열원(전기 또는 가스)을 자동으로 차단하며 소화약제를 방출하는 소화장치를 말한다.

나. “상업용 주방자동소화장치”란 상업용 주방에 설치된 열발생 조리기구의 사용으로 인한 화재 발생 시 열원(전기 또는 가스)을 자동으로 차단하며 소화약제를 방출하는 소화장치를 말한다.

다. “캐비닛형 자동소화장치”란 열, 연기 또는 불꽃 등을 감지하여 소화약제를 방사하여 소화하는 캐비닛형태의 소화장치를 말한다.

라. “가스자동소화장치”란 열, 연기 또는 불꽃 등을 감지하여 가스계 소화약제를 방사하여 소화하는 소화장치를 말한다.

마. “분말자동소화장치”란 열, 연기 또는 불꽃 등을 감지하여 분말의 소화약제를 방사하여 소화하는 소화장치를 말한다.

바. “고체에어로졸자동소화장치”란 열, 연기 또는 불꽃 등을 감지하여 에어로졸의 소화약제를 방사하여 소화하는 소화장치를 말한다.

5. “거실”이란 거주·집무·작업·집회·오락 그 밖에 이와 유사한 목적을 위하여 사용하는 방을 말한다.
6. “능력단위”란 소화기 및 소화약제에 따른 간이소화용구에 있어서는 법 제36조제1항에 따라 형식승인 된 수치를 말하며, 소화약제 외의 것을 이용한 간이소화용구에 있어서는 별표 2에 따른 수치를 말한다.
7. “일반화재(A급 화재)”란 나무, 섬유, 종이, 고무, 플라스틱류와 같은 일반 가연물이 타고 나서 재가 남는 화재를 말한다. 일반화재에 대한 소화기의 적응 화재별 표시는 ‘A’로 표시한다.
8. “유류화재(B급 화재)”란 인화성 액체, 가연성 액체, 석유 그리스, 타르, 오일, 유성도료, 솔벤트, 래커, 알코올 및 인화성 가스와 같은 유류가 타고 나서 재가 남지 않는 화재를 말한다. 유류화재에 대한 소화기의 적응 화재별 표시는 ‘B’로 표시한다.
9. “전기화재(C급 화재)”란 전류가 흐르고 있는 전기기기, 배선과 관련된 화재를 말한다. 전기화재에 대한 소화기의 적응 화재별 표시는 ‘C’로 표시한다.
10. “주방화재(K급 화재)”란 주방에서 동식물유를 취급하는 조리기구에서 일어나는 화재를 말한다. 주방화재에 대한 소화기의 적응 화재별 표시는 ‘K’로 표시한다.

제4조(설치기준)

① 소화기구는 다음 각 호의 기준에 따라 설치하여야 한다

1. 특정소방대상물의 설치장소에 따라 별표 1에 적합한 종류의 것으로 할 것
2. 특정소방대상물에 따라 소화기구의 능력단위는 별표 3의 기준에 따를 것
3. 제2호에 따른 능력단위 외에 별표 4에 따라 부속용도별로 사용되는 부분에 대하여는 소화

기구 및 자동소화장치를 추가하여 설치할 것

4. 소화기는 다음 각 목의 기준에 따라 설치할 것
   가. 각층마다 설치하되, 특정소방대상물의 각 부분으로부터 1개의 소화기까지의 보행거리가 소형소화기의 경우에는 20m 이내, 대형소화기의 경우에는 30m 이내가 되도록 배치할 것. 다만, 가연성물질이 없는 작업장의 경우에는 작업장의 실정에 맞게 보행거리를 완화하여 배치할 수 있으며, 지하구의 경우에는 화재발생의 우려가 있거나 사람의 접근이 쉬운 장소에 한하여 설치할 수 있다.
   나. 특정소방대상물의 각층이 2 이상의 거실로 구획된 경우에는 가목의 규정에 따라 각 층마다 설치하는 것 외에 바닥면적이 $33m^2$ 이상으로 구획된 각 거실(아파트의 경우에는 각 세대를 말한다)에도 배치할 것
5. 능력단위가 2단위 이상이 되도록 소화기를 설치하여야 할 특정소방대상물 또는 그 부분에 있어서는 간이소화용구의 능력단위가 전체 능력단위의 2분의 1을 초과하지 아니하게 할 것 다만, 노유자시설의 경우에는 그렇지 않다.
6. 소화기구(자동확산소화기를 제외한다)는 거주자 등이 손쉽게 사용할 수 있는 장소에 바닥으로부터 높이 1.5m 이하의 곳에 비치하고, 소화기에 있어서는 "소화기", 투척용소화용구에 있어서는 "투척용소화용구", 마른모래에 있어서는 "소화용모래", 팽창질석 및 팽창진주암에 있어서는 "소화질석"이라고 표시한 표지를 보기 쉬운 곳에 부착할 것
7. 자동확산소화기는 다음 각 목의 기준에 따라 설치할 것
   가. 방호대상물에 소화약제가 유효하게 방사될 수 있도록 설치할 것
   나. 작동에 지장이 없도록 견고하게 고정할 것

② 자동소화장치는 다음 각 호의 기준에 따라 설치하여야 한다.

1. 주거용 주방자동소화장치는 다음 각 목의 기준에 따라 설치할 것
   가. 소화약제 방출구는 환기구(주방에서 발생하는 열기류 등을 밖으로 배출하는 장치를 말한다. 이하 같다)의 청소부분과 분리되어 있어야 하며, 형식승인 받은 유효설치 높이 및 방호면적에 따라 설치할 것
   나. 감지부는 형식승인 받은 유효한 높이 및 위치에 설치할 것
   다. 차단장치(전기 또는 가스)는 상시 확인 및 점검이 가능하도록 설치할 것
   라. 가스용 주방자동소화장치를 사용하는 경우 탐지부는 수신부와 분리하여 설치하되, 공기보다 가벼운 가스를 사용하는 경우에는 천장 면으로 부터 30cm 이하의 위치에 설치하고, 공기보다 무거운 가스를 사용하는 장소에는 바닥 면으로부터 30cm 이하의 위치에 설치할 것

마. 수신부는 주위의 열기류 또는 습기 등과 주위온도에 영향을 받지 아니하고 사용자가 상시 볼 수 있는 장소에 설치할 것

2. 상업용 주방자동소화장치는 다음 각 목의 기준에 따라 설치할 것
   가. 소화장치는 조리기구의 종류 별로 성능인증 받은 설계 매뉴얼에 적합하게 설치 할 것
   나. 감지부는 성능인증 받는 유효높이 및 위치에 설치할 것
   다. 차단장치(전기 또는 가스)는 상시 확인 및 점검이 가능하도록 설치할 것
   라. 후드에 방출되는 분사헤드는 후드의 가장 긴 변의 길이까지 방출될 수 있도록 약제 방출 방향 및 거리를 고려하여 설치할 것
   마. 덕트에 방출되는 분사헤드는 성능인증 받는 길이 이내로 설치할 것

3. 캐비닛형자동소화장치는 다음 각 목의 기준에 따라 설치하여야 한다.
   가. 분사헤드의 설치 높이는 방호구역의 바닥으로부터 최소 0.2m 이상 최대 3.7m 이하로 하여야 한다. 다만, 별도의 높이로 형식승인 받은 경우에는 그 범위 내에서 설치할 수 있다.
   나. 화재감지기는 방호구역내의 천장 또는 옥내에 면하는 부분에 설치하되 「자동화재탐지설비 및 시각경보장치의 화재안전기준(NFSC 203)」 제7조에 적합하도록 설치할 것
   다. 방호구역내의 화재감지기의 감지에 따라 작동되도록 할 것
   라. 화재감지기의 회로는 교차회로방식으로 설치할 것. 다만, 화재감지기를 「자동화재탐지설비 및 시각경보장치의 화재안전기준(NFSC 203)」 제7조제1항 단서의 각 호의 감지기로 설치하는 경우에는 그러하지 아니하다.
   마. 교차회로내의 각 화재감지기회로별로 설치된 화재감지기 1개가 담당하는 바닥면적은 「자동화재탐지설비 및 시각경보장치의 화재안전기준(NFSC 203)」 제7조제3항제5호·제8호 및 제10호에 따른 바닥면적으로 할 것
   바. 개구부 및 통기구(환기장치를 포함한다. 이하 같다)를 설치한 것에 있어서는 약제가 방사되기 전에 해당 개구부 및 통기구를 자동으로 폐쇄할 수 있도록 할 것. 다만, 가스압에 의하여 폐쇄되는 것은 소화약제방출과 동시에 폐쇄할 수 있다.
   사. 작동에 지장이 없도록 견고하게 고정시킬 것
   아. 구획된 장소의 방호체적 이상을 방호할 수 있는 소화성능이 있을 것

4. 가스, 분말, 고체에어로졸 자동소화장치는 다음 각 목의 기준에 따라 설치하여야 한다.
   가. 소화약제 방출구는 형식승인 받은 유효설치범위 내에 설치할 것
   나. 자동소화장치는 방호구역내에 형식승인 된 1개의 제품을 설치할 것. 이 경우 연동방식으로서 하나의 형식을 받은 경우에는 1개의 제품으로 본다.

다. 감지부는 형식승인된 유효설치범위 내에 설치하여야 하며 설치장소의 평상시 최고주위온도에 따라 다음 표에 따른 표시온도의 것으로 설치할 것. 다만, 열감지선의 감지부는 형식승인 받은 최고주위온도범위 내에 설치하여야 한다.

설치장소의 최고 주위온도	표시온도
39℃미만	79℃미만
39℃이상 64℃미만	79℃이상 121℃ 미만
64℃이상 106℃미만	121℃이상 162℃미만
106℃이상	162℃이상

라. 다목에도 불구하고 화재감지기를 감지부를 사용하는 경우에는 제3호 나목부터 마목까지의 설치방법에 따를 것

③ 이산화탄소 또는 할로겐화합물을 방사하는 소화기구(자동확산소화기를 제외한다)는 지하층이나 무창층 또는 밀폐된 거실로서 그 바닥면적이 $20m^2$ 미만의 장소에는 설치할 수 없다. 다만, 배기를 위한 유효한 개구부가 있는 장소인 경우에는 그러하지 아니하다.

제5조(소화기의 감소)

① 소형소화기를 설치하여야 할 특정소방대상물 또는 그 부분에 옥내소화전설비·스프링클러설비·물분무등소화설비·옥외소화전설비 또는 대형소화기를 설치한 경우에는 해당 설비의 유효범위의 부분에 대하여는 제4조제1항제2호 및 제3호에 따른 소화기의 3분의 2(대형소화기를 둔 경우에는 2분의 1)를 감소할 수 있다. 다만, 층수가 11층 이상인 부분, 근린생활시설, 위락시설, 문화 및 집회시설, 운동시설, 판매시설, 운수시설, 숙박시설, 노유자시설, 의료시설, 아파트, 업무시설(무인변전소를 제외한다), 방송통신시설, 교육연구시설, 항공기 및 자동차 관련 시설, 관광 휴게시설은 그러하지 아니하다.

② 대형소화기를 설치하여야 할 특정소방대상물 또는 그 부분에 옥내소화전설비·스프링클러설비·물분무등소화설비 또는 옥외소화전설비를 설치한 경우에는 해당 설비의 유효범위안의 부분에 대하여는 대형소화기를 설치하지 아니할 수 있다.

제6조(설치·유지기준의 특례)

소방본부장 또는 소방서장은 특정소방대상물의 위치·구조·설비의 상황에 따라 유사한 소방시설로도 이 기준에 따라 해당 특정소방대상물에 설치하여야 할 소화기구의 기능을 수행할 수 있다고 인정되는 경우에는 그 효력 범위 안에서 그 유사한 소방시설을 이 기준에 따른 소방시설로 보고 소화기구의 설치·유지기준의 일부를 적용하지 아니할 수 있다.

제7조(재검토 기한)

소방청장은 「훈령·예규 등의 발령 및 관리에 관한 규정」에 따라 이 고시에 대하여 2017년 7월 1일 기준으로 매3년이 되는 시점(매 3년째의 6월 30일까지를 말한다)마다 그 타당성을 검토하여 개선 등의 조치를 하여야 한다.

2. 옥내소화전설비의 화재안전기준(NFSC 102)

제1조(목적)

이 기준은 「화재예방, 소방시설 설치·유지 및 안전관리에 관한 법률」제9조제1항에 따라 소방청장에게 위임한 사항 중 소화설비인 옥내소화전설비의 설치·유지 및 안전관리에 필요한 사항을 규정함을 목적으로 한다.

제2조(적용범위)

「회재예방, 소방시설 설치·유지 및 안전관리에 관한 법률 시행령」(이하 "영"이라 한다) 별표 5 제1호다목에 따른 옥내소화전설비는 이 기준에서 정하는 규정에 따라 설비를 설치하고 유지·관리하여야 한다.

제3조(정의)

이 기준에서 사용하는 용어의 정의는 다음과 같다

1. "고가수조"란 구조물 또는 지형지물 등에 설치하여 자연낙차의 압력으로 급수하는 수조를 말한다.
2. "압력수조"란 소화용수와 공기를 채우고 일정압력 이상으로 가압하여 그 압력으로 급수하는 수조를 말한다.
3. "충압펌프"란 배관내 압력손실에 따른 주펌프의 빈번한 기동을 방지하기 위하여 충압역할을 하는 펌프를 말한다.
4. "정격토출량"이란 정격토출압력에서의 펌프의 토출량을 말한다.
5. "정격토출압력"이란 정격토출량에서의 펌프의 토출측 압력을 말한다.
6. "진공계"란 대기압 이하의 압력을 측정하는 계측기를 말한다.
7. "연성계"란 대기압 이상의 압력과 대기압 이하의 압력을 측정할 수 있는 계측기를 말한다.

8. “체절운전”이란 펌프의 성능시험을 목적으로 펌프토출측의 개폐밸브를 닫은 상태에서 펌프를 운전하는 것을 말한다.
9. “기동용수압개폐장치”란 소화설비의 배관내 압력변동을 검지하여 자동적으로 펌프를 기동 및 정지시키는 것으로서 압력챔버 또는 기동용압력스위치 등을 말한다.
10. “급수배관”이란 수원 및 옥외송수구로부터 옥내소화전방수구에 급수하는 배관을 말한다.
11. “개폐표시형밸브”란 밸브의 개폐여부를 외부에서 식별이 가능한 밸브를 말한다.
12. “가압수조”란 가압원인 압축공기 또는 불연성 고압기체에 따라 소방용수를 가압시키는 수조를 말한다.

제4조(수원)

① 옥내소화전설비의 수원은 그 저수량이 옥내소화전의 설치개수가 가장 많은 층의 설치개수(2개 이상 설치된 경우에는 2개)에 2.6㎥를 곱한 양 이상이 되도록 하여야 한다. 〈개정 2008. 12. 15., 2012. 2. 15., 2013. 6. 11., 2021. 4. 1.〉

② 옥내소화전설비의 수원은 제1항에 따라 산출된 유효수량 외에 유효수량의 3분의 1 이상을 옥상(옥내소화전설비가 설치된 건축물의 주된 옥상을 말한다. 이하 같다)에 설치하여야 한다. 다만, 다음 각 호의 어느 하나에 해당하는 경우에는 그러하지 아니하다.

1. 삭제
2. 지하층만 있는 건축물
3. 제5조제2항에 따른 고가수조를 가압송수장치로 설치한 옥내소화전설비
4. 수원이 건축물의 최상층에 설치된 방수구보다 높은 위치에 설치된 경우
5. 건축물의 높이가 지표면으로부터 10m 이하인 경우
6. 주펌프와 동등 이상의 성능이 있는 별도의 펌프로서 내연기관의 기동과 연동하여 작동되거나 비상전원을 연결하여 설치한 경우
7. 제5조제1항제9호 단서에 해당하는 경우
8. 제5조제4항에 따라 가압수조를 가압송수장치로 설치한 옥내소화전설비

③ 삭제

④ 옥상수조(제1항에 따라 산출된 유효수량의 3분의 1 이상을 옥상에 설치한 설비를 말한다. 이하 같다)는 이와 연결된 배관을 통하여 상시 소화수를 공급할 수 있는 구조인 특정소방대상물인 경우에는 둘 이상의 특정소방대상물이 있더라도 하나의 특정소방대상물에만 이를 설치할 수 있다.

⑤ 옥내소화전설비의 수원을 수조로 설치하는 경우에는 소방설비의 전용수조로 하여야 한다.

다만, 다음 각 호의 어느 하나에 해당하는 경우에는 그러하지 아니하다.

1. 옥내소화전펌프의 후드밸브 또는 흡수배관의 흡수구(수직회전축펌프의 흡수구를 포함한다. 이하 같다)를 다른 설비(소방용설비 외의 것을 말한다. 이하 같다)의 후드밸브 또는 흡수구보다 낮은 위치에 설치한 때
2. 제5조제2항에 따른 고가수조로부터 옥내소화전설비의 수직배관에 물을 공급하는 급수구를 다른 설비의 급수구보다 낮은 위치에 설치한 때

⑥ 제1항 및 제2항에 따른 저수량을 산정함에 있어서 다른 설비와 겸용하여 옥내소화전설비용 수조를 설치하는 경우에는 옥내소화전설비의 후드밸브·흡수구 또는 수직배관의 급수구와 다른 설비의 후드밸브·흡수구 또는 수직배관의 급수구와의 사이의 수량을 그 유효수량으로 한다.

⑦ 옥내소화전설비용 수조는 다음 각호의 기준에 따라 설치하여야 한다.

1. 점검에 편리한 곳에 설치할 것
2. 동결방지조치를 하거나 동결의 우려가 없는 장소에 설치할 것
3. 수조의 외측에 수위계를 설치할 것. 다만, 구조상 불가피한 경우에는 수조의 맨홀 등을 통하여 수조 안의 물의 양을 쉽게 확인할 수 있도록 하여야 한다.
4. 수조의 상단이 바닥보다 높은 때에는 수조의 외측에 고정식 사다리를 설치할 것
5. 수조가 실내에 설치된 때에는 그 실내에 조명설비를 설치할 것
6. 수조의 밑 부분에는 청소용 배수밸브 또는 배수관을 설치할 것
7. 수조의 외측의 보기 쉬운 곳에 "옥내소화전설비용 수조"라고 표시한 표지를 할 것. 이 경우 그 수조를 다른 설비와 겸용하는 때에는 그 겸용되는 설비의 이름을 표시한 표지를 함께 하여야 한다.
8. 옥내소화전펌프의 흡수배관 또는 옥내소화전설비의 수직배관과 수조의 접속부분에는 "옥내소화전설비용 배관"이라고 표시한 표지를 할 것. 다만, 수조와 가까운 장소에 옥내소화전펌프가 설치되고 옥내소화전펌프에 제5조제1항제14호에 따른 표지를 설치한 때에는 그러하지 아니하다.

제5조(가압송수장치)

① 전동기 또는 내연기관에 따른 펌프를 이용하는 가압송수장치는 다음 각 호의 기준에 따라 설치하여야 한다. 다만, 가압송수장치의 주펌프는 전동기에 따른 펌프로 설치하여야 한다.

1. 쉽게 접근할 수 있고 점검하기에 충분한 공간이 있는 장소로서 화재 및 침수 등의 재해로 인한 피해를 받을 우려가 없는 곳에 설치할 것
2. 동결방지조치를 하거나 동결의 우려가 없는 장소에 설치할 것

3. 특정소방대상물의 어느 층에서도 해당 층의 옥내소화전(2개 이상 설치된 경우에는 2개의 옥내소화전)을 동시에 사용할 경우 각 소화전의 노즐선단에서 0.17 ㎫ 이상의 방수압력으로 130 L/min 이상의 소화수를 방수할 수 있는 성능인 것으로 할 것. 다만, 노즐선단에서의 방수압력이 0.7 ㎫을 초과할 경우에는 호스접결구의 인입 측에 감압장치를 설치하여야 한다. 〈개정 2008. 12. 15., 2021. 4. 1.〉
4. 펌프의 토출량은 옥내소화전이 가장 많이 설치된 층의 설치개수(옥내소화전이 2개 이상 설치된 경우에는 2개)에 130 L/min를 곱한 양 이상이 되도록 할 것, 〈개정 2021. 4. 1.〉
5. 펌프는 전용으로 할 것. 다만, 다른 소화설비와 겸용하는 경우 각각의 소화설비의 성능에 지장이 없을 때에는 그러하지 아니하다.
6. 펌프의 토출 측에는 압력계를 체크밸브 이전에 펌프토출 측 플랜지에서 가까운 곳에 설치하고, 흡입 측에는 연성계 또는 진공계를 설치할 것. 다만, 수원의 수위가 펌프의 위치보다 높거나 수직회전축 펌프의 경우에는 연성계 또는 진공계를 설치하지 아니할 수 있다.
7. 가압송수장치에는 정격부하운전 시 펌프의 성능을 시험하기 위한 배관을 설치할 것. 다만, 충압펌프의 경우에는 그러하지 아니하다.
8. 가압송수장치에는 체절운전 시 수온의 상승을 방지하기 위한 순환배관을 설치할 것. 다만, 충압펌프의 경우에는 그러하지 아니하다.
9. 기동장치로는 기동용수압개폐장치 또는 이와 동등 이상의 성능이 있는 것을 설치할 것. 다만, 학교·공장·창고시설(제4조제2항에 따라 옥상수조를 설치한 대상은 제외한다)로서 동결의 우려가 있는 장소에 있어서는 기동스위치에 보호판을 부착하여 옥내소화전함 내에 설치할 수 있다.

9의2. 제9호 단서의 경우에는 주펌프와 동등 이상의 성능이 있는 별도의 펌프로서 내연기관의 기동과 연동하여 작동되거나 비상전원을 연결한 펌프를 추가 설치할 것. 다만, 다음 각 목의 경우는 제외한다.

가. 지하층만 있는 건축물

나. 고가수조를 가압송수장치로 설치한 경우

다. 수원이 건축물의 최상층에 설치된 방수구보다 높은 위치에 설치된 경우

라. 건축물의 높이가 지표면으로부터 10m 이하인 경우

마. 가압수조를 가압송수장치로 설치한 경우

10. 기동용수압개폐장치(압력챔버)를 사용할 경우 그 용적은 100 L 이상의 것으로 할 것
11. 수원의 수위가 펌프보다 낮은 위치에 있는 가압송수장치에는 다음 각 목의 기준에 따른 물올림장치를 설치할 것

가. 물올림장치에는 전용의 탱크를 설치할 것

나. 탱크의 유효수량은 100L 이상으로 하되, 구경 15mm 이상의 급수배관에 따라 해당 탱크에 물이 계속 보급되도록 할 것

12. 기동용수압개폐장치를 기동장치로 사용할 경우에는 다음 각 목의 기준에 따른 충압펌프를 설치할 것. 다만, 옥내소화전이 각층에 1개씩 설치된 경우로서 소화용 급수펌프로도 상시 충압이 가능하고 다음 가목의 성능을 갖춘 경우에는 충압펌프를 별도로 설치하지 아니할 수 있다.

가. 펌프의 토출압력은 그 설비의 최고위 호스접결구의 자연압보다 적어도 0.2MPa이 더 크도록 하거나 가압송수장치의 정격토출압력과 같게 할 것

나. 펌프의 정격토출량은 정상적인 누설량보다 적어서는 아니 되며, 옥내소화전설비가 자동적으로 작동할 수 있도록 충분한 토출량을 유지할 것

13. 내연기관을 사용하는 경우에는 다음 각 목의 기준에 적합한 것으로 할 것

가. 내연기관의 기동은 제9호의 기동장치를 설치하거나 또는 소화전함의 위치에서 원격조작이 가능하고 기동을 명시하는 적색등을 설치할 것

나. 제어반에 따라 내연기관의 자동기동 및 수동기동이 가능하고, 상시 충전되어 있는 축전지설비를 갖출 것

다. 내연기관의 연료량은 펌프를 20분(층수가 30층 이상 49층 이하는 40분, 50층 이상은 60분) 이상 운전할 수 있는 용량일 것

14. 가압송수장치에는 "옥내소화전펌프"라고 표시한 표지를 할 것. 이 경우 그 가압송수장치를 다른 설비와 겸용하는 때에는 그 겸용되는 설비의 이름을 표시한 표지를 함께 하여야 한다.

15. 가압송수장치가 기동이 된 경우에는 자동으로 정지되지 아니하도록 하여야 한다. 다만, 충압펌프의 경우에는 그러하지 아니하다.

16. 가압송수장치는 부식 등으로 인한 펌프의 고착을 방지할 수 있도록 다음 각 목의 기준에 적합한 것으로 할 것. 다만, 충압펌프는 제외한다. 〈개정 2021. 4. 1.〉

가. 임펠러는 청동 또는 스테인리스 등 부식에 강한 재질을 사용할 것

나. 펌프축은 스테인리스 등 부식에 강한 재질을 사용할 것

② 고가수조의 자연낙차를 이용한 가압송수장치는 다음 각 호의 기준에 따라 설치하여야 한다.

1. 고가수조의 자연낙차수두(수조의 하단으로부터 최고층에 설치된 소화전 호스 접결구까지의 수직거리를 말한다)는 다음의 식에 따라 산출한 수치 이상이 되도록 할 것

$H = h_1 + h_2 + 17$(호스릴옥내소화전설비를 포함한다)

H : 필요한 낙차(m)

h_1 : 소방용호스 마찰손실수두(m)

2. 고가수조에는 수위계·배수관·급수관·오버플로우관 및 맨홀을 설치할 것

③ 압력수조를 이용한 가압송수장치는 다음 각 호의 기준에 따라 설치하여야 한다.

1. 압력수조의 압력은 다음의 식에 따라 산출한 수치 이상으로 할 것

$P = p_1 + p_2 + p_3 + 0.17$(호스릴옥내소화전설비를 포함한다)

P : 필요한 압력(MPa)

p_1 : 소방용호스의 마찰손실 수두압(MPa)

p_2 : 배관의 마찰손실 수두압(MPa)

p_3 : 낙차의 환산 수두압(MPa)

2. 압력수조에는 수위계·급수관·배수관·급기관·맨홀·압력계·안전장치 및 압력저하 방지를 위한 자동식 공기압축기를 설치할 것.

④ 가압수조를 이용한 가압송수장치는 다음 각 호의 기준에 따라 설치하여야 한다.

1. 가압수조의 압력은 제1항제3호에 따른 방수량 및 방수압이 20분 이상 유지되도록 할 것
2. 삭제
3. 가압수조 및 가압원은 「건축법 시행령」 제46조에 따른 방화구획 된 장소에 설치 할 것
4. 삭제
5. 가압수조를 이용한 가압송수장치는 소방청장이 정하여 고시한 「가압수조식가압송수장치의 성능인증 및 제품검사의 기술기준」에 적합한 것으로 설치할 것

제6조(배관 등)

① 배관과 배관이음쇠는 다음 각 호의 어느 하나에 해당하는 것 또는 동등 이상의 강도·내식성 및 내열성을 국내·외 공인기관으로부터 인정 받은 것을 사용하여야 하고, 배관용 스테인리스 강관(KS D 3576)의 이음을 용접으로 할 경우에는 알곤용접방식에 따른다. 다만, 본 조에서 정하지 않은 사항은 건설기술 진흥법 제44조제1항의 규정에 따른 건축기계설비공사 표준설명서에 따른다.

1. 배관 내 사용압력이 1.2MPa 미만일 경우에는 다음 각 목의 어느 하나에 해당하는 것

가. 배관용 탄소강관(KS D 3507)

나. 이음매 없는 구리 및 구리합금관(KS D 5301). 다만, 습식의 배관에 한한다.

다. 배관용 스테인리스강관(KS D 3576) 또는 일반배관용 스테인리스강관(KS D 3595)

라. 덕타일 주철관(KS D 4311)

2. 배관 내 사용압력이 1.2 MPa 이상일 경우에는 다음 각 목의 어느 하나에 해당하는 것
   가. 압력배관용탄소강관(KS D 3562)
   나. 배관용 아크용접 탄소강강관(KS D 3583)

② 제1항에도 불구하고 다음 각 호의 어느 하나에 해당하는 장소에는 소방청장이 정하여 고시한 「소방용합성수지배관의 성능인증 및 제품검사의 기술기준」에 적합한 소방용 합성수지배관으로 설치할 수 있다.

1. 배관을 지하에 매설하는 경우
2. 다른 부분과 내화구조로 구획된 덕트 또는 피트의 내부에 설치하는 경우
3. 천장(상층이 있는 경우에는 상층바닥의 하단을 포함한다. 이하 같다)과 반자를 불연재료 또는 준불연 재료로 설치하고 그 내부에 습식으로 배관을 설치하는 경우

③ 급수배관은 전용으로 하여야 한다. 다만, 옥내소화전의 기동장치의 조작과 동시에 다른 설비의 용도에 사용하는 배관의 송수를 차단할 수 있거나, 옥내소화전설비의 성능에 지장이 없는 경우에는 다른 설비와 겸용할 수 있다.

④ 삭제

⑤ 펌프의 흡입 측 배관은 다음 각 호의 기준에 따라 설치하여야 한다.

1. 공기고임이 생기지 아니하는 구조로 하고 여과장치를 설치할 것
2. 수조가 펌프보다 낮게 설치된 경우에는 각 펌프(충압펌프를 포함한다)마다 수조로부터 별도로 설치할 것

⑥ 펌프의 토출 측 주배관의 구경은 유속이 4m/s 이하가 될 수 있는 크기 이상으로 하여야 하고, 옥내소화전방수구와 연결되는 가지배관의 구경은 40mm(호스릴옥내소화전설비의 경우에는 25mm) 이상으로 하여야 하며, 주배관중 수직배관의 구경은 50mm(호스릴옥내소화전설비의 경우에는 32mm) 이상으로 하여야 한다.

⑦ 연결송수관설비의 배관과 겸용할 경우의 주배관은 구경 100mm 이상, 방수구로 연결되는 배관의 구경은 65mm 이상의 것으로 하여야 한다.

⑧ 펌프의 성능은 체절운전 시 정격토출압력의 140%를 초과하지 아니하고, 정격토출량의 150%로 운전 시 정격토출압력의 65% 이상이 되어야 하며, 펌프의 성능시험배관은 다음 각 호의 기준에 적합하여야 한다.

1. 성능시험배관은 펌프의 토출측에 설치된 개폐밸브 이전에서 분기하여 설치하고, 유량측정장치를 기준으로 전단 직관부에 개폐밸브를 후단 직관부에는 유량조절밸브를 설치할 것
2. 유량측정장치는 성능시험배관의 직관부에 설치하되, 펌프의 정격토출량의 175% 이상 측정할 수 있는 성능이 있을 것

⑨ 가압송수장치의 체절운전 시 수온의 상승을 방지하기 위하여 체크밸브와 펌프사이에서 분기한 구경 20mm 이상의 배관에 체절압력 미만에서 개방되는 릴리프밸브를 설치하여야 한다.

⑩ 동결방지조치를 하거나 동결의 우려가 없는 장소에 설치하여야 한다. 다만, 보온재를 사용할 경우에는 난연재료 성능이상의 것으로 하여야 한다.

⑪ 급수배관에 설치되어 급수를 차단할 수 있는 개폐밸브(옥내소화전방수구를 제외한다)는 개폐표시형으로 하여야 한다. 이 경우 펌프의 흡입측 배관에는 버터플라이밸브 외의 개폐표시형밸브를 설치하여야 한다.

⑫ 배관은 다른 설비의 배관과 쉽게 구분이 될 수 있는 위치에 설치하거나, 그 배관표면 또는 배관 보온재표면의 색상은 「한국산업표준(배관계의 식별 표시, KS A 0503)」 또는 적색으로 식별이 가능하도록 소방용설비의 배관임을 표시하여야 한다.

⑬ 옥내소화전설비에는 소방차로부터 그 설비에 송수할 수 있는 송수구를 다음 각 호의 기준에 의하여 설치하여야 한다.

1. 송수구는 소방차가 쉽게 접근할 수 있는 잘 보이는 장소에 설치하되 화재층으로부터 지면으로 떨어지는 유리창 등이 송수 및 그 밖의 소화작업에 지장을 주지 아니하는 장소에 설치할 것
2. 송수구로부터 주 배관에 이르는 연결배관에는 개폐밸브를 설치하지 아니할 것. 다만, 스프링클러설비·물분무소화설비·포소화설비 또는 연결송수관 설비의 배관과 겸용하는 경우에는 그러하지 아니하다.
3. 지면으로부터 높이가 0.5m 이상 1m 이하의 위치에 설치할 것
4. 구경 65mm의 쌍구형 또는 단구형으로 할 것
5. 송수구의 가까운 부분에 자동배수밸브(또는 직경 5mm의 배수공) 및 체크밸브를 설치할 것. 이 경우 자동배수밸브는 배관안의 물이 잘 빠질 수 있는 위치에 설치하되, 배수로 인하여 다른 물건 또는 장소에 피해를 주지 아니하여야 한다.
6. 송수구에는 이물질을 막기 위한 마개를 씌울 것

⑭ 확관형 분기배관을 사용할 경우에는 소방청장이 정하여 고시한 「분기배관의 성능인증 및 제품검사의 기술기준」에 적합한 것으로 설치하여야 한다.

제7조(함 및 방수구 등)

① 옥내소화전설비의 함은 다음 각 호의 기준에 따라 설치하여야 한다.

1. 함은 소방청장이 정하여 고시한 「소화전함의 성능인증 및 제품검사의 기술기준」에 적합한 것으로 설치하되 밸브의 조작, 호스의 수납 및 문의 개방 등 옥내소화전 사용에 장애가 없

도록 설치할 것. 연결송수관의 방수구를 같이 설치하는 경우에도 또한 같다. 〈개정 2015. 1. 23., 2017. 7. 26., 2021. 4. 1.〉

2. 삭제

3. 제1호와 제2호에도 불구하고 제2항제1호의 기준을 초과하는 경우로서 기둥 또는 벽이 설치되지 아니한 대형공간의 경우는 다음 각 목의 기준에 따라 설치할 수 있다.

가. 호스 및 관창은 방수구의 가장 가까운 장소의 벽 또는 기둥 등에 함을 설치하여 비치할 것

나. 방수구의 위치표지는 표시등 또는 축광도료 등으로 상시 확인이 가능토록 할 것

② 옥내소화전방수구는 다음 각 호의 기준에 따라 설치하여야 한다.

1. 특정소방대상물의 층마다 설치하되, 해당 특정소방대상물의 각 부분으로부터 하나의 옥내소화전방수구까지의 수평거리가 25m(호스릴옥내소화전설비를 포함한다) 이하가 되도록 할 것. 다만, 복층형 구조의 공동주택의 경우에는 세대의 출입구가 설치된 층에만 설치할 수 있다.

2. 바닥으로부터의 높이가 1.5m 이하가 되도록 할 것

3. 호스는 구경 40mm(호스릴옥내소화전설비의 경우에는 25mm) 이상의 것으로서 특정소방대상물의 각 부분에 물이 유효하게 뿌려질 수 있는 길이로 설치할 것

4. 호스릴옥내소화전설비의 경우 그 노즐에는 노즐을 쉽게 개폐할 수 있는 장치를 부착할 것

③ 표시등은 다음 각 호의 기준에 따라 설치하여야 한다.

1. 옥내소화전설비의 위치를 표시하는 표시등은 함의 상부에 설치하되, 소방청장이 고시하는 「표시등의 성능인증 및 제품검사의 기술기준」에 적합한 것으로 할 것

2. 가압송수장치의 기동을 표시하는 표시등은 옥내소화전함의 상부 또는 그 직근에 설치하되 적색등으로 할 것. 다만, 자체소방대를 구성하여 운영하는 경우(「위험물 안전관리법 시행령」 별표8에서 정한 소방자동차와 자체소방대원의 규모를 말한다) 가압송수장치의 기동표시등을 설치하지 않을 수 있다.

3. 삭제

④ 옥내소화전설비의 함에는 그 표면에 "소화전"이라는 표시와 그 사용요령을 기재한 표지판(외국어 병기)을 붙여야 한다.

제8조(전원)

① 옥내소화전설비에는 그 특정소방대상물의 수전방식에 따라 다음 각 호의 기준에 따른 상용전원회로의 배선을 설치하여야 한다. 다만, 가압수조방식으로서 모든 기능이 20분 이상 유효

하게 지속될 수 있는 경우에는 그러하지 아니하다.

1. 저압수전인 경우에는 인입개폐기의 직후에서 분기하여 전용배선으로 하여야 하며, 전용의 전선관에 보호 되도록 할 것
2. 특별고압수전 또는 고압수전일 경우에는 전력용 변압기 2차측의 주차단기 1차측에서 분기하여 전용배선으로 하되, 상용전원의 상시공급에 지장이 없을 경우에는주차단기 2차측에서 분기하여 전용배선으로 할 것. 다만, 가압송수장치의 정격입력전압이 수전전압과 같은 경우에는 제1호의 기준에 따른다.

② 다음 각 호의 어느 하나에 해당하는 특정소방대상물의 옥내소화전설비에는 비상전원을 설치하여야 한다. 다만, 2 이상의 변전소(「전기사업법」 제67조에 따른 변전소를 말한다. 이하 같다)에서 전력을 동시에 공급받을 수 있거나 하나의 변전소로부터 전력의 공급이 중단되는 때에는 자동으로 다른 변전소로부터 전원을 공급받을 수 있도록 상용전원을 설치한 경우와 가압수조방식에는 그러하지 아니하다.

1. 층수가 7층 이상으로서 연면적이 2,000m^2 이상인 것
2. 제1호에 해당하지 아니하는 특정소방대상물로서 지하층의 바닥면적의 합계가 3,000m^2 이상인 것.

③ 제2항에 따른 비상전원은 자가발전설비, 축전지설비(내연기관에 따른 펌프를 사용하는 경우에는 내연기관의 기동 및 제어용 축전지를 말한다) 또는 전기저장장치(외부 전기에너지를 저장해 두었다가 필요한 때 전기를 공급하는 장치)로서 다음 각 호의 기준에 따라 설치하여야 한다.

1. 점검에 편리하고 화재 및 침수 등의 재해로 인한 피해를 받을 우려가 없는 곳에 설치할 것
2. 옥내소화전설비를 유효하게 20분 이상 작동할 수 있어야 할 것
3. 상용전원으로부터 전력의 공급이 중단된 때에는 자동으로 비상전원으로부터 전력을 공급받을 수 있도록 할 것
4. 비상전원(내연기관의 기동 및 제어용 축전기를 제외한다)의 설치장소는 다른 장소와 방화구획 할 것. 이 경우 그 장소에는 비상전원의 공급에 필요한 기구나 설비외의 것(열병합발전설비에 필요한 기구나 설비는 제외한다)을 두어서는 아니 된다.
5. 비상전원을 실내에 설치하는 때에는 그 실내에 비상조명등을 설치할 것

제9조(제어반)

① 옥내소화전설비에는 제어반을 설치하되, 감시제어반과 동력제어반으로 구분하여 설치하여야 한다. 다만, 다음 각 호의 어느 하나에 해당하는 옥내소화전설비의 경우에는 감시제어반

과 동력제어반으로 구분하여 설치하지 아니할 수 있다.

1. 제8조제2항에 해당하지 아니하는 특정소방대상물에 설치되는 옥내소화전설비
2. 내연기관에 따른 가압송수장치를 사용하는 옥내소화전설비
3. 고가수조에 따른 가압송수장치를 사용하는 옥내소화전설비
4. 가압수조에 따른 가압송수장치를 사용하는 옥내소화전설비

② 감시제어반의 기능은 다음 각호의 기준에 적합하여야 한다.

1. 각 펌프의 작동여부를 확인할 수 있는 표시등 및 음향경보기능이 있어야 할 것
2. 각 펌프를 자동 및 수동으로 작동시키거나 중단시킬 수 있어야 할 것
3. 비상전원을 설치한 경우에는 상용전원 및 비상전원의 공급여부를 확인할 수 있어야 할 것
4. 수조 또는 물올림탱크가 저수위로 될 때 표시등 및 음향으로 경보할 것
5. 각 확인회로(기동용수압개폐장치의 압력스위치회로·수조 또는 물올림탱크의 감시회로를 말한다)마다 도통시험 및 작동시험을 할 수 있어야 할 것
6. 예비전원이 확보되고 예비전원의 적합여부를 시험할 수 있어야 할 것

③ 감시제어반은 다음 각 호의 기준에 따라 설치하여야 한다.

1. 화재 및 침수 등의 재해로 인한 피해를 받을 우려가 없는 곳에 설치할 것
2. 감시제어반은 옥내소화전설비의 전용으로 할 것. 다만, 옥내소화전설비의 제어에 시장이 없는 경우에는 다른 설비와 겸용할 수 있다.
3. 감시제어반은 다음 각 목의 기준에 따른 전용실안에 설치할 것. 다만 제1항 각 호의 어느 하나에 해당하는 경우와 공장, 발전소 등에서 설비를 집중 제어·운전할 목적으로 설치하는 중앙제어실내에 감시제어반을 설치하는 경우에는 그러하지 아니하다.
   가. 다른 부분과 방화구획을 할 것. 이 경우 전용실의 벽에는 기계실 또는 전기실 등의 감시를 위하여 두께 7mm 이상의 망입유리(두께 16.3mm 이상의 접합유리 또는 두께 28mm 이상의 복층유리를 포함한다)로 된 $4m^2$ 미만의 붙박이창을 설치할 수 있다.
   나. 피난층 또는 지하 1층에 설치할 것. 다만, 다음 각 세목의 어느 하나에 해당하는 경우에는 지상 2층에 설치하거나 지하 1층 외의 지하층에 설치할 수 있다.
      (1) 「건축법시행령」제35조에 따라 특별피난계단이 설치되고 그 계단(부속실을 포함한다)출입구로부터 보행거리 5m이내에 전용실의 출입구가 있는 경우
      (2) 아파트의 관리동(관리동이 없는 경우에는 경비실)에 설치하는 경우
   다. 비상조명등 및 급·배기설비를 설치할 것
   라. 「무선통신보조설비의 화재안전기준(NFSC 505)」제5조제3항에 따라 유효하게 통신이 가능할 것(영 별표 5의 제5호마목에 따른 무선통신보조설비가 설치된 특정소방대상

물에 한한다.) 〈개정 2013. 6. 10., 2021. 3. 25.〉

마. 바닥면적은 감시제어반의 설치에 필요한 면적 외에 화재 시 소방대원이 그 감시제어반의 조작에 필요한 최소면적 이상으로 할 것

4. 제3호에 따른 전용실에는 특정소방대상물의 기계·기구 또는 시설 등의 제어 및 감시설비 외의 것을 두지 아니할 것

④ 동력제어반은 다음 각 호의 기준에 따라 설치하여야 한다.

1. 앞면은 적색으로 하고 "옥내소화전설비용 동력제어반"이라고 표시한 표지를 설치할 것
2. 외함은 두께 1.5mm 이상의 강판 또는 이와 동등 이상의 강도 및 내열성능이 있는 것으로 할 것
3. 그 밖의 동력제어반의 설치에 관하여는 제3항제1호 및 제2호의 기준을 준용할 것

제10조(배선 등)

① 옥내소화전설비의 배선은 「전기사업법」 제67조에 따른 기술기준에서 정한 것 외에 다음 각 호의 기준에 따라 설치하여야 한다.

1. 비상전원으로부터 동력제어반 및 가압송수장치에 이르는 전원회로의 배선은 내화배선으로 할 것. 다만, 자가발전설비와 동력제어반이 동일한 실에 설치된 경우에는 자가발전기로부터 그 제어반에 이르는 전원회로의 배선은 그러하지 아니하다.
2. 상용전원으로부터 동력제어반에 이르는 배선, 그 밖의 옥내소화전설비의 감시·조작 또는 표시등회로의 배선은 내화배선 또는 내열배선으로 할 것. 다만, 감시제어반 또는 동력제어반 안의 감시·조작 또는 표시등회로의 배선은 그러하지 아니하다.

② 제1항에 따른 내화배선 및 내열배선에 사용되는 전선 및 설치방법은 별표 1의 기준에 따른다.

③ 옥내소화전설비의 과전류차단기 및 개폐기에는 "옥내소화전설비용"이라고 표시한 표지를 하여야 한다.

④ 옥내소화전설비용 전기배선의 양단 및 접속단자에는 다음 각 호의 기준에 따라 표지하여야 한다.

1. 단자에는 "옥내소화전단자"라고 표시한 표지를 부착할 것
2. 옥내소화전설비용 전기배선의 양단에는 다른 배선과 식별이 용이하도록 표시할 것

제11조(방수구의 설치제외)

불연재료로 된 특정소방대상물 또는 그 부분으로서 다음 각 호의 어느 하나에 해당하는 곳에는

옥내소화전 방수구를 설치하지 아니할 수 있다.

1. 냉장창고 중 온도가 영하인 냉장실또는 냉동창고의 냉동실
2. 고온의 노가 설치된 장소 또는 물과 격렬하게 반응하는 물품의 저장 또는 취급 장소
3. 발전소·변전소 등으로서 전기시설이 설치된 장소
4. 식물원·수족관·목욕실·수영장(관람석 부분을 제외한다) 또는 그 밖의 이와 비슷한 장소
5. 야외음악당·야외극장 또는 그 밖의 이와 비슷한 장소

제12조(수원 및 가압송수장치의 펌프 등의 겸용)

① 옥내소화전설비의 수원을 스프링클러설비·간이스프링클러설비·화재조기진압용 스프링클러설비·물분무소화설비·포소화전설비 및 옥외소화전설비의 수원과 겸용하여 설치하는 경우의 저수량은 각 소화설비에 필요한 저수량을 합한 양 이상이 되도록 하여야 한다. 다만, 이들 소화설비 중 고정식 소화설비(펌프·배관과 소화수 또는 소화약제를 최종 방출하는 방출구가 고정된 설비를 말한다. 이하 같다)가 2 이상 설치되어 있고, 그 소화설비가 설치된 부분이 방화벽과 방화문으로 구획되어 있는 경우에는 각 고정식 소화설비에 필요한 저수량 중 최대의 것 이상으로 할 수 있다.

② 옥내소화전설비의 가압송수장치로 사용하는 펌프를 스프링클러설비·간이스프링클러설비·화재조기진압용 스프링클러설비·물분무소화설비·포소화설비 및 옥외소화전설비의 가압송수장치와 겸용하여 설치하는 경우의 펌프의 토출량은 각 소화설비에 해당하는 토출량을 합한 양 이상이 되도록 하여야 한다. 다만, 이들 소화설비 중 고정식 소화설비가 2 이상 설치되어 있고, 그 소화설비가 설치된 부분이 방화벽과 방화문으로 구획되어 있으며 각 소화설비에 지장이 없는 경우에는 펌프의 토출량 중 최대의 것 이상으로 할 수 있다.

③ 옥내소화전설비·스프링클러설비·간이스프링클러설비·화재조기진압용 스프링클러설비·물분무소화설비·포소화설비 및 옥외소화전설비의 가압송수장치에 있어서 각 토출측배관과 일반급수용의 가압송수장치의 토출측배관을 상호 연결하여 화재시 사용할 수 있다. 이 경우 연결배관에는 개폐표시형밸브를 설치하여야 하며, 각 소화설비의 성능에 지장이 없도록 하여야 한다.

④ 옥내소화전설비의 송수구를 스프링클러설비·간이스프링클러설비·화재조기진압용 스프링클러설비·물분무소화설비·포소화설비 또는 연결송수관비의 송수구와 겸용으로 설치하는 경우에는 스프링클러설비의 송수구의 설치기준에 따르고, 연결살수설비의 송수구와 겸용으로 설치하는 경우에는 옥내소화전설비의 송수구의 설치기준에 따르되 각각의 소화설비의 기능에

지장이 없도록 하여야 한다.

제13조(설치·유지기준의 특례)

소방본부장 또는 소방서장은 기존건축물이 증축·개축·대수선되거나 용도변경 되는 경우에 있어서 이 기준이 정하는 기준에 따라 해당 건축물에 설치하여야 할 옥내소화전설비의 배관·배선 등의 공사가 현저하게 곤란하다고 인정되는 경우에는 해당 설비의 기능 및 사용에 지장이 없는 범위 안에서 옥내소화전설비설치·유지기준의 일부를 적용하지 아니할 수 있다.

제14조(재검토 기한)

소방청장은 「훈령·예규 등의 발령 및 관리에 관한 규정」에 따라 이 고시에 대하여 2022년 1월 1일을 기준으로 매 3년이 되는 시점(매 3년째의 12월 31일까지를 말한다)마다 그 타당성을 검토하여 개선 등의 조치를 하여야 한다.

3. 옥외소화전설비의 화재안전기준(NFSC 109)

제1조(목적)

이 기준은 「화재예방, 소방시설 설치·유지 및 안전관리에 관한 법률」 제9조제1항에 따라 소방청장에게 위임한 사항 중 소화설비인 옥외소화전설비의 설치·유지 및 안전관리에 필요한 사항을 규정함을 목적으로 한다.

제2조(적용범위)

「화재예방, 소방시설 설치·유지 및 안전관리에 관한 법률 시행령」(이하 "영"이라 한다) 별표 5 제1호 사목에 따른 옥외소화전설비는 이 기준에서 정하는 규정에 따라 설비를 설치하고 유지·관리하여야 한다.

제3조(정의)

이 기준에서 사용하는 용어의 정의는 다음과 같다.

1. "고가수조"란 구조물 또는 지형지물 등에 설치하여 자연낙차 압력으로 급수하는 수조를 말한다.
2. "압력수조"란 소화용수와 공기를 채우고 일정압력 이상으로 가압하여 그 압력으로 급수하는

수조를 말한다.

3. "충압펌프"란 배관 내 압력손실에 따른 주펌프의 빈번한 기동을 방지하기 위하여 충압역할을 하는 펌프를 말한다.
4. "연성계"란 대기압 이상의 압력과 대기압 이하의 압력을 측정할 수 있는 계측기를 말한다.
5. "진공계"란 대기압 이하의 압력을 측정하는 계측기를 말한다.
6. "정격토출량"이란 정격토출압력에서의 펌프의 토출량을 말한다.
7. "정격토출압력"이란 정격토출량에서의 펌프의 토출측 압력을 말한다.
8. "개폐표시형밸브"란 밸브의 개폐여부를 외부에서 식별이 가능한 밸브를 말한다.
9. "기동용수압개폐장치"란 소화설비의 배관 내 압력변동을 검지하여 자동적으로 펌프를 기동 및 정지시키는 것으로서 압력챔버 또는 기동용압력스위치 등을 말한다.
10. "급수배관"이란 수원으로부터 옥외소화전방수구에 급수하는 배관을 말한다.

10의2. "분기배관"이란 배관 측면에 구멍을 뚫어 둘 이상의 관로가 생기도록 가공한 배관으로서 확관형 분기배관과 비확관형 분기배관을 말한다. 〈신설 2021. 12. 16.〉

10의3. "확관형 분기배관"이란 배관의 측면에 조그만 구멍을 뚫고 소성가공으로 확관시켜 배관 용접이음자리를 만들거나 배관 용접이음자리에 배관이음쇠를 용접 이음한 배관을 말한다. 〈신설 2021. 12. 16.〉

10의4. "비확관형 분기배관"이란 배관의 측면에 분기호칭내경 이상의 구멍을 뚫고 배관이음쇠를 용접 이음한 배관을 말한다. 〈신설 2021. 12. 16.〉

11. "가압수조"란 가압원인 압축공기 또는 불연성 고압기체에 따라 소방용수를 가압시키는 수조를 말한다.

제4조(수원)

① 옥외소화전설비의 수원은 그 저수량이 옥외소화전의 설치개수(옥외소화전이 2개 이상 설치된 경우에는 2개)에 $7m^3$를 곱한 양 이상이 되도록 하여야 한다.

② 삭제

③ 삭제

④ 옥외소화전설비의 수원을 수조로 설치하는 경우에는 소방설비의 전용수조로 하여야 한다. 다만, 다음 각 호의 어느 하나에 해당하는 경우에는 그러하지 아니하다.

1. 옥외소화전펌프의 후드밸브 또는 흡수배관의 흡수구(수직회전축펌프의 흡수구를 포함한다. 이하 같다)를 다른 설비(소방용설비 외의 것을 말한다. 이하 같다)의 후드밸브

또는 흡수구보다 낮은 위치에 설치한 때

2. 제5조제2항에 따른 고가수조로부터 옥외소화전설비의 수직배관에 물을 공급하는 급수구를 다른 설비의 급수구보다 낮은 위치에 설치한 때

⑤ 제1항과 제2항에 따른 저수량을 산정함에 있어서 다른 설비와 겸용하여 옥외소화전설비용 수조를 설치하는 경우에는 옥외소화전설비의 후드밸브·흡수구 또는 수직배관의 급수구와 다른 설비의 후드밸브·흡수구 또는 수직배관의 급수구와의 사이의 수량을 그 유효수량으로 한다.

⑥ 옥외소화전설비용 수조는 다음 각 호의 기준에 따라 설치하여야 한다.

1. 점검에 편리한 곳에 설치할 것
2. 동결방지조치를 하거나 동결의 우려가 없는 장소에 설치할 것
3. 수조의 외측에 수위계를 설치할 것. 다만, 구조상 불가피한 경우에는 수조의 맨홀 등을 통하여 수조 안의 물의 양을 쉽게 확인할 수 있도록 하여야 한다.
4. 수조의 상단이 바닥보다 높은 때에는 수조의 외측에 고정식 사다리를 설치할 것
5. 수조가 실내에 설치된 때에는 그 실내에 조명설비를 설치할 것
6. 수조의 밑부분에는 청소용 배수밸브 또는 배수관을 설치할 것
7. 수조의 외측의 보기 쉬운 곳에 "옥외소화전설비용 수조"라고 표시한 표지를 할 것. 이 경우 그 수조를 다른 설비와 겸용하는 때에는 그 겸용되는 설비의 이름을 표시한 표지를 함께 하여야 한다.
8. 옥외소화전펌프의 흡수배관 또는 옥외소화전설비의 수직배관과 수조의 접속부분에는 "옥외소화전설비용 배관"이라고 표시한 표지를 할 것. 다만, 수조와 가까운 장소에 옥외소화전펌프가 설치되고 옥외소화전펌프에 제5조제1항제13호에 따른 표지를 설치한 때에는 그러하지 아니하다.

제5조(가압송수장치)

① 전동기 또는 내연기관에 따른 펌프를 이용하는 가압송수장치는 다음 각 호의 기준에 따라 설치하여야 한다.

1. 쉽게 접근할 수 있고 점검하기에 충분한 공간이 있는 장소로서 화재 및 침수 등의 재해로 인한 피해를 받을 우려가 없는 곳에 설치할 것
2. 동결방지조치를 하거나 동결의 우려가 없는 장소에 설치할 것
3. 해당 특정소방대상물에 설치된 옥외소화전(2개 이상 설치된 경우에는 2개의 옥외소화전)을 동시에 사용할 경우 각 옥외소화전의 노즐선단에서의 방수압력이 0.25 MPa 이상이고, 방수량이 350 L/min 이상이 되는 성능의 것으로 할 것. 이 경우 하나의 옥외소화전을 사

용하는 노즐선단에서의 방수압력이 0.7 MPa을 초과할 경우에는 호스접결구의 인입측에 감압장치를 설치하여야 한다.

4. 펌프는 전용으로 할 것. 다만, 다른 소화설비와 겸용하는 경우 각각의 소화설비의 성능에 지장이 없을 때에는 그러하지 아니하다.
5. 펌프의 토출측에는 압력계를 체크밸브 이전에 펌프토출측 플랜지에서 가까운 곳에 설치하고, 흡입측에는 연성계 또는 진공계를 설치할 것. 다만, 수원의 수위가 펌프의 위치보다 높거나 수직회전축 펌프의 경우에는 연성계 또는 진공계를 설치하지 아니할 수 있다.
6. 가압송수장치에는 정격부하운전 시 펌프의 성능을 시험하기 위한 배관을 설치할 것. 다만, 충압펌프의 경우에는 그러하지 아니하다.
7. 가압송수장치에는 체절운전 시 수온의 상승을 방지하기 위한 순환배관을 설치할 것. 다만, 충압펌프의 경우에는 그러하지 아니하다.
8. 기동장치로는 기동용수압개폐장치 또는 이와 동등 이상의 성능이 있는 것을 설치할 것. 다만, 아파트·업무시설·학교·전시시설·공장·창고시설 또는 종교시설 등으로서 동결의 우려가 있는 장소에 있어서는 기동스위치에 보호판을 부착하여 옥외소화전함 내에 설치할 수 있다.
9. 기동용수압개폐장치(압력챔버)를 사용할 경우 그 용적은 100L 이상의 것으로 할 것
10. 수원의 수위가 펌프보다 낮은 위치에 있는 가압송수장치에는 다음 각 목의 기준에 따른 물올림장치를 설치할 것
    가. 물올림장치에는 전용의 수조를 설치할 것
    나. 수조의 유효수량은 100L 이상으로 하되, 구경 15mm 이상의 급수배관에 따라 당해수조에 물이 계속 보급되도록 할 것
11. 기동용수압개폐장치를 기동장치로 사용할 경우에는 다음 각 목의 기준에 따른 충압펌프를 설치할 것. 다만, 옥외소화전이 1개 설치된 경우로서 소화용 급수펌프로도 상시 충압이 가능하고 다음 가목의 성능을 갖춘 경우에는 충압펌프를 별도로 설치하지 아니할 수 있다.
    가. 펌프의 토출압력은 그 설비의 최고위 호스접결구의 자연압보다 적어도 0.2 MPa이상 더 크도록 하거나 가압송수장치의 정격토출압력과 같게 할 것
    나. 펌프의 정격토출량은 정상적인 누설량보다 적어서는 아니 되며, 옥외소화전설비가 자동적으로 작동할 수 있도록 충분한 토출량을 유지하여야 한다.
12. 내연기관을 사용하는 경우에는 다음 각 목의 기준에 적합한 것으로 할 것.
    가. 내연기관의 기동은 제8호의 기동장치를 설치하거나 또는 소화전함의 위치에서 원격조작으로 가능하고 기동을 명시하는 적색등을 설치할 것

나. 제어반에 따라 내연기관의 자동기동 및 수동기동이 가능하고, 상시 충전되어 있는 축전지설비를 갖출 것

13. 가압송수장치에는 "옥외소화전펌프"라고 표시한 표지를 할 것. 이 경우 그 가압송수장치를 다른 설비와 겸용하는 때에는 그 겸용되는 설비의 이름을 표시한 표지를 함께 하여야 한다.

14. 가압송수장치가 기동이 된 경우에는 자동으로 정지되지 아니하도록 하여야 한다. 다만, 충압펌프인 경우에는 그러하지 아니하다.

15. 가압송수장치는 부식 등으로 인한 펌프의 고착을 방지할 수 있도록 다음 각 목의 기준에 적합한 것으로 할 것. 다만, 충압펌프는 제외한다. 〈신설 2021. 7. 22.〉

가. 임펠러는 청동 또는 스테인리스 등 부식에 강한 재질을 사용할 것

나. 펌프축은 스테인리스 등 부식에 강한 재질을 사용할 것

② 고가수조의 자연낙차를 이용한 가압송수장치는 다음 각 호의 기준에 따라 설치하여야 한다.

1. 고가수조의 자연낙차수두(수조의 하단으로부터 최고층에 설치된 소화전 호스 접결구까지의 수직거리를 말한다)는 다음의 식에 따라 산출한 수치 이상이 되도록 할 것

$H = h_1 + h_2 + 25$

H : 필요한 낙차(m)

h_1 : 소방용호스 마찰손실수두(m)

h_2 : 배관의 마찰손실수두(m)

2. 고가수조에는 수위계·배수관·급수관·오버플로우관 및 맨홀을 설치할 것

③ 압력수조를 이용한 가압송수장치는 다음 각 호의 기준에 따라 설치하여야 한다.

1. 압력수조의 압력은 다음의 식에 따라 산출한 수치 이상으로 할 것

$P = p_1 + p_2 + p_3 + 0.25$

P : 필요한 압력(MPa)

p_1 : 소방용호스의 마찰손실수두압(MPa)

p_2 : 배관의 마찰손실수두압(MPa)

p_3 : 낙차의 환산수두압(MPa)

2. 압력수조에는 수위계·급수관·배수관·급기관·맨홀·압력계·안전장치 및 압력저하 방지를 위한 자동식 공기압축기를 설치할 것.

④ 가압수조를 이용한 가압송수장치는 다음 각 호의 기준에 따라 설치하여야 한다.

1. 가압수조의 압력은 제1항 제3호에 따른 방수량 및 방수압이 20분 이상 유지되도록 할 것

2. 삭제
3. 가압수조 및 가압원은 「건축법 시행령」 제46조에 따른 방화구획 된 장소에 설치 할 것
4. 삭제
5. 소방청장이 정하여 고시한 「가압수조식 가압송수장치의 성능인증 및 제품검사의 기술기준」에 적합한 것으로 설치할 것

제6조(배관 등)

① 호스접결구는 지면으로부터 높이가 0.5m 이상 1m 이하의 위치에 설치하고 특정소방대상물의 각 부분으로부터 하나의 호스접결구까지의 수평거리가 40m 이하가 되도록 설치하여야 한다.

② 호스는 구경 65mm의 것으로 하여야 한다

③ 배관은 배관용탄소강관(KS D 3507) 또는 배관 내 사용압력이 1.2 MPa 이상일 경우에는 압력배관용탄소강관(KS D 3562) 또는 이음매 없는 동 및 동합금(KS D5301)의 배관용동관이나 이와 동등 이상의 강도·내식성 및 내열성을 가진 것으로 하여야 한다. 다만, 다음 각 호의 어느 하나에 해당하는 장소에는 법 제39조에 따라 제품검사에 합격한 소방용 합성수지배관으로 설치할 수 있다.

1. 배관을 지하에 매설하는 경우
2. 다른 부분과 내화구조로 구획된 덕트 또는 피트의 내부에 설치하는 경우
3. 천장(상층이 있는 경우에는 상층바닥의 하단을 포함한다. 이하 같다)과 반자를 불연재료 또는 준불연재료로 설치하고 그 내부에 습식으로 배관을 설치하는 경우

④ 급수배관은 전용으로 하여야 한다. 다만, 옥외소화전의 기동장치의 조작과 동시에 다른 설비의 용도에 사용하는 배관의 송수를 차단할 수 있거나, 옥외소화전설비의 성능에 지장이 없는 경우에는 다른 설비와 겸용할 수 있다.

⑤ 펌프의 흡입측배관은 다음 각 호의 기준에 따라 설치하여야 한다.

1. 공기고임이 생기지 아니하는 구조로 하고 여과장치를 설치할 것
2. 수조가 펌프보다 낮게 설치된 경우에는 각 펌프(충압펌프를 포함한다)마다 수조로부터 별도로 설치할 것

⑥ 펌프의 성능은 체절운전 시 정격토출압력의 140%를 초과하지 아니하고, 정격토출량의 150%로 운전 시 정격토출압력의 65% 이상이 되어야 하며, 펌프의 성능시험배관은 다음 각 호의 기준에 적합하여야 한다.

1. 성능시험배관은 펌프의 토출측에 설치된 개폐밸브 이전에서 분기하여 설치하고, 유량측정장치를 기준으로 전단 직관부에 개폐밸브를 후단 직관부에는 유량조절밸브를 설치할 것

2. 유량측정장치는 성능시험배관의 직관부에 설치하되, 펌프의 정격토출량의 175% 이상 측정할 수 있는 성능이 있을 것

⑦ 가압송수장치의 체절운전 시 수온의 상승을 방지하기 위하여 체크밸브와 펌프사이에서 분기한 구경 20mm 이상의 배관에 체절압력미만에서 개방되는 릴리프밸브를 설치하여야 한다.

⑧ 동결방지조치를 하거나 동결의 우려가 없는 장소에 설치하여야 한다. 다만, 보온재를 사용할 경우에는 난연재료 성능 이상의 것으로 하여야 한다.

⑨ 급수배관에 설치되어 급수를 차단할 수 있는 개폐밸브(옥외소화전방수구를 제외한다)는 개폐표시형으로 하여야 한다. 이 경우 펌프의 흡입측배관에는 버터플라이밸브외의 개폐표시형 밸브를 설치하여야 한다.

⑩ 배관은 다른 설비의 배관과 쉽게 구분이 될 수 있는 위치에 설치하거나 그 배관표면 또는 배관 보온재표면의 색상은 식별이 가능하도록 「한국산업표준(배관계의 식별 표시, KS A 0503)」 또는 적색으로 소방용설비의 배관임을 표시하여야 한다.

⑪ 확관형 분기배관을 사용할 경우에는 소방청장이 정하여 고시한 「분기배관 성능인증 및 제품검사의 기술기준」에 적합한 것으로 설치하여야 한다. 〈개정 2021. 12. 16.〉

제7조(소화전함 등)

① 옥외소화전설비에는 옥외소화전마다 그로부터 5m 이내의 장소에 소화전함을 다음 각 호의 기준에 따라 설치하여야 한다.

1. 옥외소화전이 10개 이하 설치된 때에는 옥외소화전마다 5m 이내의 장소에 1개 이상의 소화전함을 설치하여야 한다.
2. 옥외소화전이 11개 이상 30개 이하 설치된 때에는 11개 이상의 소화전함을 각각 분산하여 설치하여야 한다.
3. 옥외소화전이 31개 이상 설치된 때에는 옥외소화전 3개마다 1개 이상의 소화전함을 설치하여야 한다.

② 옥외소화전설비의 함은 소방청장이 정하여 고시한 「소화전함 성능인증 및 제품검사의 기술기준」에 적합한 것으로 설치하되 밸브의 조작, 호스의 수납 등에 충분한 여유를 가질 수 있도록 할 것. 연결송수관의 방수구를 같이 설치하는 경우에도 또한 같다.

③ 옥외소화전설비의 소화전함 표면에는 "옥외소화전"이라고 표시한 표지를 하고, 가압송수장치의 조작부 또는 그 부근에는 가압송수장치의 기동을 명시하는 적색등을 설치하여야 한다.

④ 표시등은 다음 각 호의 기준에 따라 설치하여야 한다.

1. 옥외소화전설비의 위치를 표시하는 표시등은 함의 상부에 설치하되, 설치하되, 소방청장

이 정하여 고시한 「표시등의 성능인증 및 제품검사의 기술기준」에 적합한 것으로 할 것

2. 가압송수장치의 기동을 표시하는 표시등은 옥외소화전함의 상부 또는 그 직근에 설치하되 적색등으로 할 것. 다만, 자체소방대를 구성하여 운영하는 경우(「위험물안전관리법 시행령」 별표 8에서 정한 소방자동차와 자체소방대원의 규모를 말한다) 가압송수장치의 기동표시등을 설치하지 않을 수 있다.

3. 삭제

제8조(전원)

옥외소화전설비에는 그 특정소방대상물의 수전방식에 따라 다음 각 호의 기준에 따른 상용전원회로의 배선을 설치하여야 한다. 다만, 가압수조방식으로서 모든 기능이 20분 이상 유효하게 지속될 수 있는 경우에는 그러하지 아니하다.

1. 저압수전인 경우에는 인입개폐기의 직후에서 분기하여 전용배선으로 하여야 하며, 전용의 전선관에 보호 되도록 할 것
2. 특별고압수전 또는 고압수전일 경우에는 전력용 변압기 2차측의 주차단기 1차측에서 분기하여 전용배선으로 하되, 상용전원의 상시공급에 지장이 없을 경우에는 주차단기 2차측에서 분기하여 전용배선으로 할 것. 다만, 가압송수장치의 정격입력전압이 수전전압과 같은 경우에는 제1호의 기준에 따른다.

제9조(제어반)

① 옥외소화전설비에는 제어반을 설치하되, 감시제어반과 동력제어반으로 구분하여 설치하여야 한다. 다만, 다음 각 호의 어느 하나에 해당하는 경우에는 감시제어반과 동력제어반으로 구분하여 설치하지 아니할 수 있다.

1. 다음 각 목의 어느 하나에 해당하지 아니하는 특정소방대상물에 설치되는 옥외소화전설비
   가. 지하층을 제외한 층수가 7층 이상으로서 연면적이 $2,000m^2$ 이상인 것
   나. 제1호에 해당하지 않는 특정소방대상물로서 지하층의 바닥면적의 합계가 $3,000m^2$ 이상인 것. 다만, 차고·주차장 또는 보일러실·기계실·전기실 등 이와 유사한 장소의 면적은 제외한다.
2. 내연기관에 따른 가압송수장치를 사용하는 옥외소화전설비
3. 고가수조에 따른 가압송수장치를 사용하는 옥외소화전설비
4. 가압수조에 따른 가압송수장치를 사용하는 옥외소화전설비

② 감시제어반의 기능은 다음 각 호의 기준에 적합하여야 한다. 다만, 제1항 각 호의 어느 하나에 해당하는 경우에는 제3호와 제6호를 적용하지 아니한다.

1. 각 펌프의 작동여부를 확인할 수 있는 표시등 및 음향경보기능이 있어야 할 것
2. 각 펌프를 자동 및 수동으로 작동시키거나 중단시킬 수 있어야 한다.
3. 비상전원을 설치한 경우에는 상용전원 및 비상전원의 공급여부를 확인할 수 있어야 할 것
4. 수조 또는 물올림탱크가 저수위로 될 때 표시등 및 음향으로 경보할 것
5. 각 확인회로(기동용수압개폐장치의 압력스위치회로·수조 또는 물올림탱크의 감시회로를 말한다)마다 도통시험 및 작동시험을 할 수 있어야 할 것
6. 예비전원이 확보되고 예비전원의 적합여부를 시험할 수 있어야 할 것

③ 감시제어반은 다음 각 호의 기준에 따라 설치하여야 한다.

1. 화재 및 침수 등의 재해로 인한 피해를 받을 우려가 없는 곳에 설치할 것
2. 감시제어반은 옥외소화전설비의 전용으로 할 것. 다만, 옥외소화전설비의 제어에 지장이 없는 경우에는 다른 설비와 겸용할 수 있다.
3. 감시제어반은 다음 각 목의 기준에 따른 전용실 안에 설치할 것. 다만, 제1항 각 호의 어느 하나에 해당하는 경우와 공장, 발전소 등에서 설비를 집중 제어·운전할 목적으로 설치하는 중앙제어실내에 감시제어반을 설치하는 경우에는 그러하지 아니하다.
   가. 다른 부분과 방화구획을 할 것. 이 경우 전용실의 벽에는 기계실 또는 전기실 등의 감시를 위하여 두께 7mm 이상의 망입유리(두께 16.3mm 이상의 접합유리 또는 두께 28mm 이상의 복층유리를 포함한다)로 된 $4m^2$ 미만의 붙박이창을 설치할 수 있다.
   나. 피난층 또는 지하 1층에 설치할 것. 다만, 다음 각 세목의 어느 하나에 해당하는 경우에는 지상 2층에 설치하거나 지하 1층 외의 지하층에 설치할 수 있다.
      (1) 「건축법 시행령」 제35조에 따라 특별피난계단이 설치되고 그 계단(부속실을 포함한다)출입구로부터 보행거리 5m이내에 전용실의 출입구가 있는 경우
      (2) 아파트의 관리동(관리동이 없는 경우에는 경비실)에 설치하는 경우
   다. 비상조명등 및 급·배기설비를 설치할 것
   라. 「무선통신보조설비의 화재안전기준(NFSC 505)」 제5조제3항에 따라 유효하게 통신이 가능할 것(영 별표 5의 제5호마목에 따른 무선통신보조설비가 설치된 특정소방대상물에 한한다.) 〈개정 2021. 3. 25.〉
   마. 바닥면적은 감시제어반의 설치에 필요한 면적 외에 화재 시 소방대원이 그 감시제어반의 조작에 필요한 최소면적 이상으로 할 것
4. 제3호에 따른 전용실에는 소방대상물의 기계·기구 또는 시설 등의 제어 및 감시설비 외의

것을 두지 아니할 것

④ 동력제어반은 다음 각 호의 기준에 따라 설치하여야 한다.

1. 앞면은 적색으로 하고 "옥외소화전설비용 동력제어반"이라고 표시한 표지를 설치할 것
2. 외함은 두께 1.5mm 이상의 강판 또는 이와 동등 이상의 강도 및 내열성능이 있는 것으로 할 것
3. 그 밖의 동력제어반의 설치에 관하여는 제3항 제1호와 제2호의 기준을 준용 할 것

제10조(배선 등)

① 옥외소화전설비의 배선은 「전기사업법」 제67조에 따른 기술기준에서 정한 것 외에 다음 각 호의 기준에 따라 설치하여야 한다.

1. 비상전원으로부터 동력제어반 및 가압송수장치에 이르는 전원회로배선은 내화배선으로 할 것. 다만, 자가발전설비와 동력제어반이 동일한 실에 설치된 경우에는 자가발전기로부터 그 제어반에 이르는 전원회로배선은 그러하지 아니하다.
2. 상용전원으로부터 동력제어반에 이르는 배선, 그 밖의 옥외소화전설비의 감시·조작 또는 표시등회로의 배선은 내화배선 또는 내열배선으로 할 것. 다만, 감시제어반 또는 동력제어반의 감시·조작 또는 표시등회로의 배선은 그러하지 아니하다.

② 제1항에 따른 내화배선 및 내열배선에 사용되는 전선 및 설치방법은 「옥내소화전의 화재안전기준(NFSC 102)」 별표 1의 기준에 따른다.

③ 옥외소화전설비의 과전류차단기 및 개폐기에는 "옥외소화전설비용"이라고 표시한 표지를 하여야 한다.

④ 옥외소화전설비용 전기배선의 양단 및 접속단자에는 다음 각 호의 기준에 따라 표지하여야 한다.

1. 단자에는 "옥외소화전단자"라고 표시한 표지를 부착한다.
2. 옥외소화전설비용 전기배선의 양단에는 다른 배선과 식별이 용이하도록 표시하여야 한다.

제11조(수원 및 가압송수장치의 펌프 등의 겸용)

① 옥외소화전설비의 수원을 옥내소화전설비·스프링클러설비·간이스프링클러설비·화재조기진압용 스프링클러설비·물분무소화설비 및 포소화전설비의 수원과 겸용하여 설치하는 경우의 저수량은 각 소화설비에 필요한 저수량을 합한 양이상이 되도록 하여야 한다. 다만, 이들 소화설비중 고정식 소화설비(펌프·배관과 소화수 또는 소화약제를 최종 방출하는 방출구가 고정된 설비를 말한다. 이하 같다)가 2 이상 설치되어 있고, 그 소화설비가 설치된 부분이 방화벽과 방화문으로 구획되어 있는 경우에는 각 고정식 소화설비에 필요한 저수량중 최대의 것

이상으로 할 수 있다.

② 옥외소화전설비의 가압송수장치로 사용하는 펌프를 옥내소화전설비·스프링클러설비·간이스프링클러설비·화재조기진압용 스프링클러설비·물분무소화설비 및 포소화설비의 가압송수장치와 겸용하여 설치하는 경우의 펌프의 토출량은 각 소화설비에 해당하는 토출량을 합한 양 이상이 되도록 하여야 한다. 다만, 이들 소화설비 중 고정식 소화설비가 2 이상 설치되어 있고, 그 소화설비가 설치된 부분이 방화벽과 방화문으로 구획되어 있으며 각 소화설비에 지장이 없는 경우에는 펌프의 토출량 중 최대의 것 이상으로 할 수 있다.

③ 옥내소화전설비·스프링클러설비·간이스프링클러설비·화재조기진압용 스프링클러설비·물분무소화설비·포소화설비 및 옥외소화전설비의 가압송수장치에 있어서 각 토출측배관과 일반급수용의 가압송수장치의 토출측배관을 상호 연결하여 화재시 사용할 수 있다. 이 경우 연결배관에는 개·폐표시형밸브를 설치하여야 하며, 각 소화설비의 성능에 지장이 없도록 하여야 한다.

제12조(설치·유지기준의 특례)

소방본부장 또는 소방서장은 기존건축물이 증축·개축·대수선되거나 용도변경 되는 경우에 있어서 이 기준이 정하는 기준에 따라 해당 건축물에 설치하여야 할 옥외소화전설비의 배관·배선 등의 공사가 현저하게 곤란하다고 인정되는 경우에는 해당 설비의 기능 및 사용에 지장이 없는 범위 안에서 옥외소화전설비의 설치·유지기준의 일부를 적용하지 아니할 수 있다.

제13조(재검토기한)

소방청장은 이 고시에 대하여 「훈령·예규 등의 발령 및 관리에 관한 규정」에 따라 2022년 1월 1일 기준으로 매3년이 되는 시점(매 3년째의 12월 31일까지를 말한다)마다 그 타당성을 검토하여 개선 등의 조치를 하여야 한다.

4. 스프링클러설비의 화재안전기준(NFSC 103)

제1조(목적)

이 기준은 「화재예방, 소방시설 설치·유지 및 안전관리에 관한 법률」 제9조제1항에 따라 소방청장에게 위임한 사항 중 소화설비인 스프링클러설비의 설치·유지 및 안전관리에 필요한 사항을 규정함을 목적으로 한다.

제2조(적용범위)

「화재예방, 소방시설 설치·유지 및 안전관리에 관한 법률 시행령」(이하 "영"이라 한다) 별표 5 제1호라목에 따른 스프링클러설비는 이 기준에서 정하는 규정에 따라 설비를 설치하고 유지·관리하여야 한다.

제3조(정의)

이 기준에서 사용하는 용어의 정의는 다음과 같다.

1. "고가수조"란 구조물 또는 지형지물 등에 설치하여 자연낙차 압력으로 급수하는 수조를 말한다.
2. "압력수조"란 소화용수와 공기를 채우고 일정압력 이상으로 가압하여 그 압력으로 급수하는 수조를 말한다.
3. "충압펌프"란 배관 내 압력손실에 따른 주펌프의 빈번한 기동을 방지하기 위하여 충압역할을 하는 펌프를 말한다.
4. "정격토출량"이란 정격토출압력에서의 펌프의 토출량을 말한다.
5. "정격토출압력"이란 정격토출량에서의 펌프의 토출측 압력을 말한다.
6. "진공계"란 대기압 이하의 압력을 측정하는 계측기를 말한다.
7. "연성계"란 대기압 이상의 압력과 대기압 이하의 압력을 측정할 수 있는 계측기를 말한다.
8. "체절운전"이란 펌프의 성능시험을 목적으로 펌프토출측의 개폐밸브를 닫은 상태에서 펌프를 운전하는 것을 말한다.
9. "기동용수압개폐장치"란 소화설비의 배관내 압력변동을 검지하여 자동적으로 펌프를 기동 및 정지시키는 것으로서 압력챔버 또는 기동용압력스위치 등을 말한다.
10. "개방형스프링클러헤드"란 감열체 없이 방수구가 항상 열려져 있는 스프링클러헤드를 말한다.
11. "폐쇄형스프링클러헤드"란 정상상태에서 방수구를 막고 있는 감열체가 일정온도에서 자동적으로 파괴·용해 또는 이탈됨으로써 방수구가 개방되는 스프링클러헤드를 말한다.
12. "조기반응형헤드"란 표준형스프링클러헤드 보다 기류온도 및 기류속도에 조기에 반응하는 것을 말한다.
13. "측벽형스프링클러헤드"란 가압된 물이 분사될 때 헤드의 축심을 중심으로 한 반원상에 균일하게 분산시키는 헤드를 말한다.
14. "건식스프링클러헤드"란 물과 오리피스가 분리되어 동파를 방지할 수 있는 스프링클러헤드를 말한다.
15. "유수검지장치"란 습식유수검지장치(패들형을 포함한다), 건식유수검지장치, 준비작동식유

수검지장치를 말하며 본체내의 유수현상을 자동적으로 검지하여 신호 또는 경보를 발하는 장치를 말한다.

16. “일제개방밸브”란 개방형스프링클러헤드를 사용하는 일제살수식 스프링클러설비에 설치하는 밸브로서 화재발생시 자동 또는 수동식 기동장치에 따라 밸브가 열려지는 것을 말한다.
17. “가지배관”이란 스프링클러헤드가 설치되어 있는 배관을 말한다.
18. “교차배관”이란 직접 또는 수직배관을 통하여 가지배관에 급수하는 배관을 말한다.
19. “주배관”이란 각 층을 수직으로 관통하는 수직배관을 말한다.
20. “신축배관”이란 가지배관과 스프링클러헤드를 연결하는 구부림이 용이하고 유연성을 가진 배관을 말한다.
21. “급수배관”이란 수원 및 옥외송수구로부터 스프링클러헤드에 급수하는 배관을 말한다.
22. “습식스프링클러설비”란 가압송수장치에서 폐쇄형스프링클러헤드까지 배관 내에 항상 물이 가압되어 있다가 화재로 인한 열로 폐쇄형스프링클러헤드가 개방되면 배관 내에 유수가 발생하여 습식유수검지장치가 작동하게 되는 스프링클러설비를 말한다.

22의2. “부압식스프링클러설비”란 가압송수장치에서 준비작동식유수검지장치의 1차측까지는 항상 정압의 물이 가압되고, 2차측 폐쇄형 스프링클러헤드까지는 소화수가 부압으로 되어 있다가 화재 시 감지기의 작동에 의해 정압으로 변하여 유수가 발생하면 작동하는 스프링클러설비를 말한다.

23. “준비작동식스프링클러설비”란 가압송수장치에서 준비작동식유수검지장치 1차 측까지 배관 내에 항상 물이 가압되어 있고 2차 측에서 폐쇄형스프링클러헤드까지 대기압 또는 저압으로 있다가 화재발생시 감지기의 작동으로 준비작동식유수검지장치가 작동하여 폐쇄형스프링클러헤드까지 소화용수가 송수되어 폐쇄형스프링클러헤드가 열에 따라 개방되는 방식의 스프링클러설비를 말한다.
24. “건식스프링클러설비”란 건식유수검지장치 2차 측에 압축공기 또는 질소 등의 기체로 충전된 배관에 폐쇄형스프링클러헤드가 부착된 스프링클러설비로서, 폐쇄형스프링클러헤드가 개방되어 배관내의 압축공기 등이 방출되면 건식유수검지장치 1차 측의 수압에 의하여 건식유수검지장치가 작동하게 되는 스프링클러설비를 말한다.
25. “일제살수식스프링클러설비”란 가압송수장치에서 일제개방밸브 1차 측까지 배관 내에 항상 물이 가압되어 있고 2차 측에서 개방형스프링클러헤드까지 대기압으로 있다가 화재발생시 자동감지장치 또는 수동식 기동장치의 작동으로 일제개방밸브가 개방되면 스프링클러헤드까지 소화용수가 송수되는 방식의 스프링클러설비를 말한다.
26. “반사판(디프렉타)”이란 스프링클러헤드의 방수구에서 유출되는 물을 세분시키는 작용을

하는 것을 말한다.

27. "개폐표시형밸브"란 밸브의 개폐여부를 외부에서 식별이 가능한 밸브를 말한다.
28. "연소할 우려가 있는 개구부"란 각 방화구획을 관통하는 컨베이어·에스컬레이터 또는 이와 유사한 시설의 주위로서 방화구획을 할 수 없는 부분을 말한다.
29. "가압수조"란 가압원인 압축공기 또는 불연성 고압기체에 따라 소방용수를 가압시키는 수조를 말한다.
30. "소방부하"란 법 제2조제1항제1호에 따른 소방시설 및 방화·피난·소화활동을 위한 시설의 전력부하를 말한다.
31. "소방전원 보존형 발전기"란 소방부하 및 소방부하 이외의 부하(이하 비상부하라 한다)겸용의 비상발전기로서, 상용전원 중단 시에는 소방부하 및 비상부하에 비상전원이 동시에 공급되고, 화재 시 과부하에 접근될 경우 비상부하의 일부 또는 전부를 자동적으로 차단하는 제어장치를 구비하여, 소방부하에 비상전원을 연속 공급하는 자가발전설비를 말한다.

제4조(수원)

① 스프링클러설비의 수원은 그 저수량이 다음 각 호의 기준에 적합하도록 하여야 한다.

1. 폐쇄형스프링클러헤드를 사용하는 경우에는 다음 표의 스프링클러설비 설치장소별 스프링클러헤드의 기준개수[스프링클러헤드의 설치개수가 가장 많은 층(아파트의 경우에는 설치개수가 가장 많은 세대)에 설치된 스프링클러헤드의 개수가 기준개수보다 작은 경우에는 그 설치개수를 말한다. 이하 같다]에 $1.6m^3$를 곱한 양 이상이 되도록 할 것

스프링클러설비 설치장소			기준개수
지하층을 제외한 층수가 10층 이하인 소방대상물	공장 또는 창고 (랙크식 창고를 포함한다)	특수가연물을 저장・취급하는 것	30
		그 밖의 것	20
	근린생활시설・판매시설・운수시설 또는 복합건축물	판매시설 또는 복합건축물(판매시설의 설치되는 복합건축물을 말한다)	30
		그 밖의 것	20
	그 밖의 것	헤드의 부착높이가 8m 이상인 것	20
		헤드의 부착높이가 8m 미만인 것	10
아파트			10
지하층을 제외한 층수가 11층 이상인 소방대상물(아파트를 제외한다)・지하가 또는 지하역사			30

비고

하나의 소방대상물이 2 이상의 "스프링클러헤드의 기준개수"란에 해당하는 때에는 기준개수가 많은 란을 기준으로 한다. 다만, 각 기준개수에 해당하는 수원을 별도로 설치하는 경우에는 그러하지 아니하다.

2. 개방형스프링클러헤드를 사용하는 스프링클러설비의 수원은 최대 방수구역에 설치된 스프링클러헤드의 개수가 30개 이하일 경우에는 설치헤드수에 $1.6m^3$를 곱한 양 이상으로 하고, 30개를 초과하는 경우에는 제5조제1항제9호 및 제10호에 따라 산출된 가압송수장치의 1분당 송수량에 20을 곱한 양 이상이 되도록 할 것

② 스프링클러설비의 수원은 제1항에 따라 산출된 유효수량 외에 유효수량의 3분의 1 이상을 옥상(스프링클러설비가 설치된 건축물의 주된 옥상을 말한다. 이하 같다)에 설치하여야 한다. 다만, 다음 각 호의 어느 하나에 해당하는 경우에는 그러하지 아니하다.

1. 삭제
2. 지하층만 있는 건축물
3. 제5조제2항에 따라 고가수조를 가압송수장치로 설치한 스프링클러설비
4. 수원이 건축물의 최상층에 설치된 헤드보다 높은 위치에 설치된 경우
5. 건축물의 높이가 지표면으로부터 10m 이하인 경우
6. 주펌프와 동등 이상의 성능이 있는 별도의 펌프로서 내연기관의 기동과 연동하여 작동되거나 비상전원을 연결하여 설치한 경우
7. 제5조제4항에 따라 가압수조를 가압송수장치로 설치한 스프링클러설비

③ 삭제

④ 옥상수조(제1항에 따라 산출된 유효수량의 3분의 1 이상을 옥상에 설치한 설비를 말한다)는 이와 연결된 배관을 통하여 상시 소화수를 공급할 수 있는 구조인 특정소방대상물인 경우에는 둘 이상의 특정소방대상물이 있더라도 하나의 특정소방대상물에만 이를 설치할 수 있다.

⑤ 스프링클러설비의 수원을 수조로 설치하는 경우에는 소방설비의 전용수조로 하여야 한다. 다만, 다음 각 호의 어느 하나에 해당하는 경우에는 그러하지 아니하다.

1. 스프링클러펌프의 후드밸브 또는 흡수배관의 흡수구(수직회전축펌프의 흡수구를 포함한다. 이하 같다)를 다른 설비(소방용 설비 외의 것을 말한다. 이하 같다)의 후드밸브 또는 흡수구보다 낮은 위치에 설치한 때
2. 제5조제2항에 따른 고가수조로부터 스프링클러설비의 수직배관에 물을 공급하는 급수구를 다른 설비의 급수구보다 낮은 위치에 설치한 때

⑥ 제1항 및 제2항에 따른 저수량을 산정함에 있어서 다른 설비와 겸용하여 스프링클러설비용 수조를 설치하는 경우에는 스프링클러설비의 후드밸브·흡수구 또는 수직배관의 급수구와 다른 설비의 후드밸브·흡수구 또는 수직배관의 급수구와의 사이의 수량을 그 유효수량으로 한다.

⑦ 스프링클러설비용 수조는 다음 각 호의 기준에 따라 설치하여야 한다.

1. 점검에 편리한 곳에 설치할 것

2. 동결방지조치를 하거나 동결의 우려가 없는 장소에 설치할 것
3. 수조의 외측에 수위계를 설치할 것. 다만, 구조상 불가피한 경우에는 수조의 맨홀 등을 통하여 수조 안의 물의 양을 쉽게 확인할 수 있도록 하여야 한다.
4. 수조의 상단이 바닥보다 높은 때에는 수조의 외측에 고정식 사다리를 설치할 것
5. 수조가 실내에 설치된 때에는 그 실내에 조명설비를 설치할 것
6. 수조의 밑부분에는 청소용 배수밸브 또는 배수관을 설치할 것
7. 수조의 외측의 보기 쉬운 곳에 "스프링클러설비용 수조"라고 표시한 표지를 할 것. 이 경우 그 수조를 다른 설비와 겸용하는 때에는 그 겸용되는 설비의 이름을 표시한 표지를 함께 하여야 한다.
8. 스프링클러펌프의 흡수배관 또는 스프링클러설비의 수직배관과 수조의 접속부분에는 "스프링클러설비용 배관"이라고 표시한 표지를 할 것. 다만, 수조와 가까운 장소에 스프링클러펌프가 설치되고 스프링클러펌프에 제5조제1항제15호에 따른 표지를 설치한 때에는 그러하지 아니하다.

제5조(가압송수장치)

① 전동기 또는 내연기관에 따른 펌프를 이용하는 가압송수장치는 다음 각 호의 기준에 따라 설치하여야 한다. 다만, 가압송수장치의 주펌프는 전동기에 따른 펌프로 설치하여야 한다.
1. 쉽게 접근할 수 있고 점검하기에 충분한 공간이 있는 장소로서 화재 및 침수 등의 재해로 인한 피해를 받을 우려가 없는 곳에 설치할 것
2. 동결방지조치를 하거나 동결의 우려가 없는 장소에 설치할 것
3. 펌프는 전용으로 할 것. 다만, 다른 소화설비와 겸용하는 경우 각각의 소화설비의 성능에 지장이 없을 때에는 그러하지 아니하다.
4. 펌프의 토출측에는 압력계를 체크밸브 이전에 펌프토출측 플랜지에서 가까운 곳에 설치하고, 흡입측에는 연성계 또는 진공계를 설치할 것. 다만, 수원의 수위가 펌프의 위치보다 높거나 수직회전축 펌프의 경우에는 연성계 또는 진공계를 설치하지 아니할 수 있다.
5. 가압송수장치에는 정격부하 운전 시 펌프의 성능을 시험하기 위한 배관을 설치할 것. 다만, 충압펌프의 경우에는 그러하지 아니하다.
6. 가압송수장치에는 체절운전 시 수온의 상승을 방지하기 위한 순환배관을 설치할 것. 다만, 충압펌프의 경우에는 그러하지 아니하다.
7. 기동장치로는 기동용수압개폐장치 또는 이와 동등 이상의 성능이 있는 것으로 설치할 것. 다만, 기동용수압개폐장치 중 압력챔버를 사용할 경우 그 용적은 100L 이상의 것으로 할 것

8. 수원의 수위가 펌프보다 낮은 위치에 있는 가압송수장치에는 다음 각 목의 기준에 따른 물올림장치를 설치할 것
   가. 물올림장치에는 전용의 수조를 설치할 것
   나. 수조의 유효수량은 100L 이상으로 하되, 구경 15mm 이상의 급수배관에 따라 해당 수조에 물이 계속 보급되도록 할 것
9. 가압송수장치의 정격토출압력은 하나의 헤드선단에 0.1MPa 이상 1.2MPa 이하의 방수압력이 될 수 있게 하는 크기일 것
10. 가압송수장치의 송수량은 0.1MPa의 방수압력 기준으로 80L/min 이상의 방수성능을 가진 기준개수의 모든 헤드로부터의 방수량을 충족시킬 수 있는 양 이상의 것으로 할 것. 이 경우 속도수두는 계산에 포함하지 아니할 수 있다.
11. 제10호의 기준에 불구하고 가압송수장치의 1분당 송수량은 폐쇄형스프링클러헤드를 사용하는 설비의 경우 제4조제1항제1호에 따른 기준개수에 80L를 곱한 양 이상으로도 할 수 있다.
12. 제10호의 기준에 불구하고 가압송수장치의 1분당 송수량은 제4조제1항제2호의 개방형스프링클러 헤드수가 30개 이하의 경우에는 그 개수에 80L곱한 양 이상으로 할 수 있으나 30개를 초과하는 경우에는 제9호 및 제10호에 따른 기준에 적합하게 할 것
13. 기동용수압개폐장치를 기동장치로 사용하는 경우에는 다음의 각 목의 기준에 따른 충압펌프를 설치할 것
   가. 펌프의 토출압력은 그 설비의 최고위 살수장치(일제 개방밸브의 경우는 그 밸브)의 자연압보다 적어도 0.2MPa이 더 크도록 하거나 가압송수장치의 정격토출압력과 같게 할 것
   나. 펌프의 정격토출량은 정상적인 누설량보다 적어서는 아니되며 스프링클러설비가 자동적으로 작동할 수 있도록 충분한 토출량을 유지할 것
14. 내연기관을 사용하는 경우에는 다음 각 목의 기준에 적합하게 설치할 것
   가. 제어반에 따라 내연기관의 자동기동 및 수동기동이 가능하고, 상시 충전되어 있는 축전지설비를 갖출 것
   나. 내연기관의 연료량은 펌프를 20분(층수가 30층 이상 49층 이하는 40분, 50층이 이상은 60분) 이상 운전할 수 있는 용량일 것
15. 가압송수장치에는 "스프링클러펌프"라고 표시한 표지를 할 것. 이 경우 그 가압송수장치를 다른 설비와 겸용하는 때에는 그 겸용되는 설비의 이름을 표시한 표지를 함께 하여야 한다.
16. 가압송수장치가 기동되는 경우에는 자동으로 정지되지 아니하도록 하여야 한다. 다만, 충압펌프의 경우에는 그러하지 아니하다.

17. 가압송수장치는 부식 등으로 인한 펌프의 고착을 방지할 수 있도록 다음 각 목의 기준에 적합한 것으로 할 것. 다만, 충압펌프는 제외한다. 〈신설 2021. 1. 29.〉
   가. 임펠러는 청동 또는 스테인리스 등 부식에 강한 재질을 사용할 것
   나. 펌프축은 스테인리스 등 부식에 강한 재질을 사용할 것

② 고가수조의 자연낙차를 이용한 가압송수장치는 다음 각 호의 기준에 따라 설치하여야 한다.
1. 고가수조의 자연낙차수두(수조의 하단으로부터 최고층에 설치된 헤드까지의 수직거리를 말한다)는 다음의 식에 따라 산출한 수치 이상이 되도록 할 것

   $H = h_1 + 10$

   H : 필요한 낙차(m)

   h_1 : 배관의 마찰손실수두(m)
2. 고가수조에는 수위계·배수관·급수관·오버플로우관 및 맨홀을 설치할 것

③ 압력수조를 이용한 가압송수장치는 다음 각 호의 기준에 따라 설치하여야 한다.
1. 압력수조의 압력은 다음의 식에 따라 산출한 수치 이상으로 할 것

   $P = p_1 + p_2 + 0.1$

   P : 필요한 압력(MPa)

   p_1 : 낙차의 환산수두압(MPa)

   p_2 : 배관의 마찰손실수두압(MPa)
2. 압력수조에는 수위계·급수관·배수관·급기관·맨홀·압력계·안전장치 및 압력저하방지를 위한 자동식 공기압축기를 설치할 것

④ 가압수조를 이용한 가압송수장치는 다음 각 호의 기준에 따라 설치하여야 한다.
1. 가압수조의 압력은 제1항제10호에 따른 방수량 및 방수압이 20분 이상 유지되도록 할 것
2. 삭제
3. 가압수조 및 가압원은 「건축법 시행령」 제46조에 따른 방화구획 된 장소에 설치 할 것
4. 삭제
5. 가압수조를 이용한 가압송수장치는 소방청장이 정하여 고시한 「가압수조식가압송수장치의 성능인증 및 제품검사의 기술기준」에 적합한 것으로 설치할 것

제6조(폐쇄형스프링클러설비의 방호구역·유수검지장치)

폐쇄형스프링클러헤드를 사용하는 설비의 방호구역(스프링클러설비의 소화범위에 포함된 영역을 말한다. 이하 같다)·유수검지장치는 다음 각 호의 기준에 적합하여야 한다.

1. 하나의 방호구역의 바닥면적은 3,000m^2를 초과하지 아니할 것. 다만, 폐쇄형스프링클러설비에 격자형배관방식(2이상의 수평주행배관 사이를 가지배관으로 연결하는 방식을 말한다)을 채택하는 때에는 3,700m^2 범위 내에서 펌프용량, 배관의 구경 등을 수리학적으로 계산한 결과 헤드의 방수압 및 방수량이 방호구역 범위 내에서 소화목적을 달성하는 데 충분할 것
2. 하나의 방호구역에는 1개 이상의 유수검지장치를 설치하되, 화재발생시 접근이 쉽고 점검하기 편리한 장소에 설치할 것
3. 하나의 방호구역은 2개 층에 미치지 아니하도록 할 것. 다만, 1개 층에 설치되는 스프링클러헤드의 수가 10개 이하인 경우와 복층형구조의 공동주택에는 3개 층 이내로 할 수 있다.
4. 유수검지장치를 실내에 설치하거나 보호용 철망 등으로 구획하여 바닥으로부터 0.8m 이상 1.5m 이하의 위치에 설치하되, 그 실 등에는 개구부가 가로 0.5m 이상 세로 1m 이상의 출입문을 설치하고 그 출입문 상단에 "유수검지장치실" 이라고 표시한 표지를 설치할 것. 다만, 유수검지장치를 기계실(공조용기계실을 포함한다)안에 설치하는 경우에는 별도의 실 또는 보호용 철망을 설치하지 않고 기계실 출입문 상단에 "유수검지장치실"이라고 표시한 표지를 설치할 수 있다.
5. 스프링클러헤드에 공급되는 물은 유수검지장치를 지나도록 할 것. 다만, 송수구를 통하여 공급되는 물은 그러하지 아니하다.
6. 자연낙차에 따른 압력수가 흐르는 배관 상에 설치된 유수검지장치는 화재시 물의 흐름을 검지할 수 있는 최소한의 압력이 얻어질 수 있도록 수조의 하단으로부터 낙차를 두어 설치할 것
7. 조기반응형 스프링클러헤드를 설치하는 경우에는 습식유수검지장치 또는 부압식스프링클러설비를 설치할 것

제7조(개방형스프링클러설비의 방수구역 및 일제개방밸브)

개방형스프링클러설비의 방수구역 및 일제개방밸브는 다음 각 호의 기준에 적합하여야 한다.

1. 하나의 방수구역은 2개 층에 미치지 아니 할 것
2. 방수구역마다 일제개방밸브를 설치할 것
3. 하나의 방수구역을 담당하는 헤드의 개수는 50개 이하로 할 것. 다만, 2개 이상의 방수구역으로 나눌 경우에는 하나의 방수구역을 담당하는 헤드의 개수는 25개 이상으로 할 것
4. 일제개방밸브의 설치위치는 제6조제4호의 기준에 따르고, 표지는 “일제개방밸브실”이라고 표시할 것

제8조(배관)

① 배관과 배관이음쇠는 다음 각 호의 어느 하나에 해당하는 것 또는 동등 이상의 강도·내식성 및 내열성을 국내·외 공인기관으로부터 인정 받은 것을 사용하여야 하고, 배관용 스테인리스 강관(KS D 3576)의 이음을 용접으로 할 경우에는 알곤용접방식에 따른다. 다만, 본 조에서 정하지 않은 사항은 건설기술 진흥법 제44조제1항의 규정에 따른 건축기계설비공사 표준설명서에 따른다.

1. 배관 내 사용압력이 1.2 MPa 미만일 경우에는 다음 각 목의 어느 하나에 해당하는 것
   가. 배관용 탄소강관(KS D 3507)
   나. 이음매 없는 구리 및 구리합금관(KS D 5301). 다만, 습식의 배관에 한한다.
   다. 배관용 스테인리스강관(KS D 3576) 또는 일반배관용 스테인리스강관(KS D 3595)
   라. 덕타일 주철관(KS D 4311)
2. 배관 내 사용압력이 1.2 MPa 이상일 경우에는 다음 각 목의 어느 하나에 해당하는 것
   가. 압력배관용탄소강관
   나. 배관용 아크용접 탄소강강관(KS D 3583)

② 제1항에도 불구하고 다음 각 호의 어느 하나에 해당하는 장소에는 소방청장이 정하여 고시한 「소방용합성수지배관의 성능인증 및 제품검사의 기술기준」에 적합한 소방용 합성수지배관으로 설치할 수 있다.

1. 배관을 지하에 매설하는 경우
2. 다른 부분과 내화구조로 구획된 덕트 또는 피트의 내부에 설치하는 경우
3. 천장(상층이 있는 경우에는 상층바닥의 하단을 포함한다. 이하 같다)과 반자를 불연재료 또는 준불연재료로 설치하고 소화배관 내부에 항상 소화수가 채워진 상태로 설치하는 경우

③ 급수배관은 다음 각 호의 기준에 따라 설치하여야 한다.

1. 전용으로 할 것. 다만, 스프링클러설비의 기동장치의 조작과 동시에 다른 설비의 용도에 사용하는 배관의 송수를 차단할 수 있거나, 스프링클러설비의 성능에 지장이 없는 경우에는 다른 설비와 겸용할 수 있다.

1의2. 삭제

2. 급수를 차단할 수 있는 개폐밸브는 개폐표시형으로 할 것. 이 경우 펌프의 흡입측배관에는 버터플라이밸브외의 개폐표시형밸브를 설치하여야 한다.
3. 배관의 구경은 제5조제1항제10호에 적합하도록 수리계산에 의하거나 별표 1의 기준에 따라 설치할 것. 다만, 수리계산에 따르는 경우 가지배관의 유속은 6m/s, 그 밖의 배관의 유

속은 10m/s를 초과할 수 없다.

④ 펌프의 흡입측 배관은 다음 각 호의 기준에 따라 설치하여야 한다.

1. 공기고임이 생기지 아니하는 구조로 하고 여과장치를 설치할 것
2. 수조가 펌프보다 낮게 설치된 경우에는 각 펌프(충압펌프를 포함한다)마다 수조로부터 별도로 설치할 것

⑤ 연결송수관설비의 배관과 겸용할 경우의 주배관은 구경 100mm 이상, 방수구로 연결되는 배관의 구경은 65mm 이상의 것으로 하여야 한다.

⑥ 펌프의 성능은 체절운전 시 정격토출압력의 140%를 초과하지 아니하고, 정격토출량의 150%로 운전 시 정격토출압력의 65% 이상이 되어야 하며, 펌프의 성능시험배관은 다음 각 호의 기준에 적합하여야 한다.

1. 성능시험배관은 펌프의 토출측에 설치된 개폐밸브 이전에서 분기하여 설치하고, 유량측정장치를 기준으로 전단 직관부에 개폐밸브를 후단 직관부에는 유량조절밸브를 설치할 것
2. 유량측정장치는 성능시험배관의 직관부에 설치하되, 펌프의 정격토출량의 175% 이상 측정할 수 있는 성능이 있을 것

⑦ 가압송수장치의 체절운전 시 수온의 상승을 방지하기 위하여 체크밸브와 펌프사이에서 분기한 구경 20mm 이상의 배관에 체절압력 미만에서 개방되는 릴리프밸브를 설치하여야 한다.

⑧ 동결방지조치를 하거나 동결의 우려가 없는 장소에 설치하여야 한다. 다만, 보온재를 사용할 경우에는 난연재료 성능 이상의 것으로 하여야 한다.

⑨ 가지배관의 배열은 다음 각 호의 기준에 따른다.

1. 토너먼트방식이 아닐 것
2. 교차배관에서 분기되는 지점을 기점으로 한쪽 가지배관에 설치되는 헤드의 개수(반자 아래와 반자속의 헤드를 하나의 가지배관 상에 병설하는 경우에는 반자 아래에 설치하는 헤드의 개수)는 8개 이하로 할 것. 다만, 다음 각 목의 어느 하나에 해당하는 경우에는 그러하지 아니하다.
   가. 기존의 방호구역안에서 칸막이 등으로 구획하여 1개의 헤드를 증설하는 경우
   나. 습식스프링클러설비 또는 부압식스프링클러설비에 격자형 배관방식(2 이상의 수평주행배관 사이를 가지배관으로 연결하는 방식을 말한다)을 채택하는 때에는 펌프의 용량, 배관의 구경 등을 수리학적으로 계산한 결과 헤드의 방수압 및 방수량이 소화목적을 달성하는 데 충분하다고 인정되는 경우
3. 가지배관과 스프링클러헤드 사이의 배관을 신축배관으로 하는 경우에는 소방청장이 정하여 고시한 「스프링클러설비신축배관 성능인증 및 제품검사의 기술기준」에 적합한 것으로

설치할 것. 이 경우 신축배관의 설치길이는 제10조제3항의 거리를 초과하지 아니할 것

⑩ 교차배관의 위치·청소구 및 가지배관의 헤드설치는 다음 각 호의 기준에 따른다.

1. 교차배관은 가지배관과 수평으로 설치하거나 또는 가지배관 밑에 설치하고, 그 구경은 제3항제3호에 따르되 최소구경이 40mm 이상이 되도록 할 것. 다만, 패들형유수검지장치를 사용하는 경우에는 교차배관의 구경과 동일하게 설치할 수 있다.
2. 청소구는 교차배관 끝에 개폐밸브를 설치하고, 호스접결이 가능한 나사식 또는 고정배수배관식으로 할 것. 이 경우 나사식의 개폐밸브는 옥내소화전 호스접결용의 것으로 하고, 나사보호용의 캡으로 마감하여야 한다.
3. 하향식헤드를 설치하는 경우에 가지배관으로부터 헤드에 이르는 헤드접속배관은 가지관 상부에서 분기할 것. 다만, 소화설비용 수원의 수질이 「먹는물관리법」 제5조에 따라 먹는 물의 수질기준에 적합하고 덮개가 있는 저수조로부터 물을 공급받는 경우에는 가지배관의 측면 또는 하부에서 분기할 수 있다.

⑪ 준비작동식유수검지장치 또는 일제개방밸브를 사용하는 스프링클러설비에 있어서 동밸브 2차 측 배관의 부대설비는 다음 각 호의 기준에 따른다.

1. 개폐표시형밸브를 설치할 것
2. 제1호에 따른 밸브와 준비작동식유수검지장치 또는 일제개방밸브 사이의 배관은 다음 각 목과 같은 구조로 할 것
   가. 수직배수배관과 연결하고 동 연결배관상에는 개폐밸브를 설치할 것
   나. 자동배수장치 및 압력스위치를 설치할 것
   다. 나목에 따른 압력스위치는 수신부에서 준비작동식유수검지장치 또는 일제개방밸브의 개방여부를 확인할 수 있게 설치할 것

⑫ 습식유수검지장치 또는 건식유수검지장치를 사용하는 스프링클러설비와 부압식스프링클러설비에는 동장치를 시험할 수 있는 시험 장치를 다음 각 호의 기준에 따라 설치하여야 한다.

1. 습식스프링클러설비 및 부압식스프링클러설비에 있어서는 유수검지장치 2차측 배관에 연결하여 설치하고 건식스프링클러설비인 경우 유수검지장치에서 가장 먼 거리에 위치한 가지배관의 끝으로부터 연결하여 설치할 것. 유수검지장치 2차측 설비의 내용적이 2,840L를 초과하는 건식스프링클러설비의 경우 시험장치 개폐밸브를 완전 개방 후 1분 이내에 물이 방사되어야 한다. 〈개정 2021. 1. 29.〉
2. 시험장치 배관의 구경은 25mm 이상으로 하고, 그 끝에 개폐밸브 및 개방형헤드 또는 스프링클러헤드와 동등한 방수성능을 가진 오리피스를 설치할 것. 이 경우 개방형헤드는 반사판 및 프레임을 제거한 오리피스만으로 설치할 수 있다. 〈개정 2008. 12. 15., 2021. 1. 29.〉

3. 시험배관의 끝에는 물받이 통 및 배수관을 설치하여 시험 중 방사된 물이 바닥에 흘러내리지 아니하도록 할 것. 다만, 목욕실·화장실 또는 그 밖의 곳으로서 배수처리가 쉬운 장소에 시험배관을 설치한 경우에는 그러하지 아니하다.

⑬ 배관에 설치되는 행가는 다음 각 호의 기준에 따라 설치하여야 한다.

1. 가지배관에는 헤드의 설치지점 사이마다 1개 이상의 행가를 설치하되, 헤드간의 거리가 3.5m를 초과하는 경우에는 3.5m 이내마다 1개 이상 설치할 것. 이 경우 상향식헤드와 행가 사이에는 8cm 이상의 간격을 두어야 한다.
2. 교차배관에는 가지배관과 가지배관 사이마다 1개 이상의 행가를 설치하되, 가지배관 사이의 거리가 4.5m를 초과하는 경우에는 4.5m이내마다 1개 이상 설치할 것
3. 제1호 및 제2호의 수평주행배관에는 4.5m 이내마다 1개 이상 설치할 것

⑭ 수직배수배관의 구경은 50mm 이상으로 하여야 한다. 다만, 수직배관의 구경이 50mm 미만인 경우에는 수직배관과 동일한 구경으로 할 수 있다.

⑮ 주차장의 스프링클러설비는 습식외의 방식으로 하여야 한다. 다만, 다음 각 호의 어느 하나에 해당하는 경우에는 그러하지 아니하다.

1. 동절기에 상시 난방이 되는 곳이거나 그 밖에 동결의 염려가 없는 곳
2. 스프링클러설비의 동결을 방지할 수 있는 구조 또는 장치가 된 것

⑯ 급수배관에 설치되어 급수를 차단할 수 있는 개폐밸브에는 그 밸브의 개폐상태를 감시제어반에서 확인할 수 있도록 급수개폐밸브 작동표시 스위치를 다음 각 호의 기준에 따라 설치하여야 한다.

1. 급수개폐밸브가 잠길 경우 탬퍼 스위치의 동작으로 인하여 감시제어반 또는 수신기에 표시되어야 하며 경보음을 발할 것
2. 탬퍼 스위치는 감시제어반 또는 수신기에서 동작의 유무확인과 동작시험, 도통시험을 할 수 있을 것
3. 급수개폐밸브의 작동표시 스위치에 사용되는 전기배선은 내화전선 또는 내열전선으로 설치할 것

⑰ 스프링클러설비 배관의 배수를 위한 기울기는 다음 각 호의 기준에 따른다.

1. 습식스프링클러설비 또는 부압식 스프링클러설비의 배관을 수평으로 할 것. 다만, 배관의 구조상 소화수가 남아 있는 곳에는 배수밸브를 설치하여야 한다.
2. 습식스프링클러설비 또는 부압식 스프링클러설비 외의 설비에는 헤드를 향하여 상향으로 수평주행배관의 기울기를 500분의 1 이상, 가지배관의 기울기를 250분의 1 이상으로 할 것. 다만, 배관의 구조상 기울기를 줄 수 없는 경우에는 배수를 원활하게 할 수 있도록 배

수밸브를 설치하여야 한다.

⑱ 배관은 다른 설비의 배관과 쉽게 구분이 될 수 있는 위치에 설치하거나, 그 배관표면 또는 배관 보온재표면의 색상은 「한국산업표준(배관계의 식별 표시, KS A 0503)」 또는 적색으로 식별이 가능하도록 소방용설비의 배관임을 표시하여야 한다.

⑲ 분기배관을 사용할 경우에는 소방청장이 정하여 고시한 「분기배관의 성능인증 및 제품검사의 기술기준」에 적합한 것으로 설치하여야 한다.

제9조(음향장치 및 기동장치)

① 스프링클러설비의 음향장치 및 기동장치는 다음 각 호의 기준에 따라 설치하여야 한다.

1. 습식유수검지장치 또는 건식유수검지장치를 사용하는 설비에 있어서는 헤드가 개방되면 유수검지장치가 화재신호를 발신하고 그에 따라 음향장치가 경보되도록 할 것
2. 준비작동식유수검지장치 또는 일제개방밸브를 사용하는 설비에는 화재감지기의 감지에 따라 음향장치가 경보되도록 할 것. 이 경우 화재감지기회로를 교차회로방식(하나의 준비작동식유수검지장치 또는 일제개방밸브의 담당구역 내에 2 이상의 화재감지기회로를 설치하고 인접한 2 이상의 화재감지기가 동시에 감지되는 때에 준비작동식유수검지장치 또는 일제개방밸브가 개방·작동되는 방식을 말한다)으로 하는 때에는 하나의 화재감지기회로가 화재를 감지하는 때에도 음향장치가 경보되도록 하여야 한다.
3. 음향장치는 유수검지장치 및 일제개방밸브 등의 담당구역마다 설치하되 그 구역의 각 부분으로부터 하나의 음향장치까지의 수평거리는 25m 이하가 되도록 할 것
4. 음향장치는 경종 또는 사이렌(전자식 사이렌을 포함한다)으로 하되, 주위의 소음 및 다른 용도의 경보와 구별이 가능한 음색으로 할 것. 이 경우 경종 또는 사이렌은 자동화재탐지설비·비상벨설비 또는 자동식사이렌설비의 음향장치와 겸용할 수 있다.
5. 주 음향장치는 수신기의 내부 또는 그 직근에 설치할 것.
6. 층수가 5층 이상으로서 연면적이 3,000m^2를 초과하는 특정소방대상물은 다음 각목에 따라 경보를 발할 수 있도록 하여야 한다.
   가. 2층 이상의 층에서 발화한 때에는 발화층 및 그 직상층에 경보를 발할 것
   나. 1층에서 발화한 때에는 발화층·그 직상층 및 지하층에 경보를 발할 것
   다. 지하층에서 발화한 때에는 발화층·그 직상층 및 기타의 지하층에 경보를 발할 것
7. 음향장치는 다음 각 목의 기준에 따른 구조 및 성능의 것으로 할 것
   가. 정격전압의 80% 전압에서 음향을 발할 수 있는 것으로 할 것

나. 음량은 부착된 음향장치의 중심으로부터 1m 떨어진 위치에서 90dB 이상이 되는 것으로 할 것

② 스프링클러설비의 가압송수장치로서 펌프가 설치되는 경우에는 그 펌프의 작동은 다음 각 호의 어느 하나의 기준에 적합하여야 한다.

1. 습식유수검지장치 또는 건식유수검지장치를 사용하는 설비에 있어서는 유수검지장치의 발신이나 기동용수압개폐장치에 의하여 작동되거나 또는 이 두 가지의 혼용에 따라 작동될 수 있도록 할 것
2. 준비작동식유수검지장치 또는 일제개방밸브를 사용하는 설비에 있어서는 화재감지기의 화재감지나 기동용수압개폐장치에 따라 작동되거나 또는 이 두 가지의 혼용에 따라 작동할 수 있도록 할 것

③ 준비작동식유수검지장치 또는 일제개방밸브의 작동은 다음 각 호의 기준에 적합하여야 한다.

1. 담당구역내의 화재감지기의 동작에 따라 개방 및 작동될 것
2. 화재감지회로는 교차회로방식으로 할 것. 다만, 다음 각 목의 어느 하나에 해당하는 경우에는 그러하지 아니하다.
   가. 스프링클러설비의 배관 또는 헤드에 누설경보용 물 또는 압축공기가 채워지거나부압식스프링클러설비의 경우
   나. 화재감지기를 「자동화재탐지설비의 화재안전기준(NFSC 203)」 제7조제1항 단서의 각 호의 감지기로 설치한 때
3. 준비작동식유수검지장치 또는 일제개방밸브의 인근에서 수동기동(전기식 및 배수식)에 따라서도 개방 및 작동될 수 있게 할 것
4. 제1호 및 제2호에 따른 화재감지기의 설치기준에 관하여는 「자동화재탐지설비의 화재안전기준(NFSC 203)」 제7조 및 제11조를 준용할 것. 이 경우 교차회로방식에 있어서의 화재감지기의 설치는 각 화재감지기 회로별로 설치하되, 각 화재감지기회로별 화재감지기 1개가 담당하는 바닥면적은 「자동화재탐지설비의 화재안전기준(NFSC 203)」 제7조제3항제5호·제8호부터 제10호까지에 따른 바닥면적으로 한다.
5. 화재감지기 회로에는 다음 각 목의 기준에 따른 발신기를 설치할 것. 다만, 자동화재탐지설비의 발신기가 설치된 경우에는 그러하지 아니하다.
   가. 조작이 쉬운 장소에 설치하고, 스위치는 바닥으로부터 0.8m 이상 1.5m 이하의 높이에 설치할 것
   나. 특정소방대상물의 층마다 설치하되, 해당 특정소방대상물의 각 부분으로부터 하나의 발신기까지의 수평거리가 25m 이하가 되도록 할 것. 다만, 복도 또는 별도로 구획된

실로서 보행거리가 40m 이상일 경우에는 추가로 설치하여야 한다.

다. 발신기의 위치를 표시하는 표시등은 함의 상부에 설치하되, 그 불빛은 부착 면으로부터 15° 이상의 범위 안에서 부착지점으로부터 10m 이내의 어느 곳에서도 쉽게 식별할 수 있는 적색등으로 할 것

제10조(헤드)

① 스프링클러헤드는 특정소방대상물의 천장·반자·천장과 반자사이·덕트·선반 기타 이와 유사한 부분(폭이 1.2m를 초과하는 것에 한한다)에 설치하여야 한다. 다만, 폭이 9m 이하인 실내에 있어서는 측벽에 설치할 수 있다.

② 랙크식창고의 경우로서 「소방기본법 시행령」 별표 2의 특수가연물을 저장 또는 취급하는 것에 있어서는 랙크높이 4m 이하마다, 그 밖의 것을 취급하는 것에 있어서는 랙크높이 6m 이하마다 스프링클러헤드를 설치하여야 한다. 다만, 랙크식창고의 천장높이가 13.7m 이하로서 「화재조기진압용 스프링클러설비의 화재안전기준(NFSC 103B)」에 따라 설치하는 경우에는 천장에만 스프링클러헤드를 설치할 수 있다.

③ 스프링클러헤드를 설치하는 천장·반자·천장과 반자사이·덕트·선반등의 각 부분으로부터 하나의 스프링클러헤드까지의 수평거리는 다음 각 호와 같이 하여야 한다. 다만, 성능이 별도로 인정된 스프링클러헤드를 수리계산에 따라 설치하는 경우에는 그러하지 아니하다.

1. 무대부·「소방기본법 시행령」 별표 2의 특수가연물을 저장 또는 취급하는 장소에 있어서는 1.7m 이하
2. 랙크식 창고에 있어서는 2.5m 이하 다만, 특수가연물을 저장 또는 취급하는 랙크식 창고의 경우에는 1.7 m 이하
3. 공동주택(아파트) 세대 내의 거실에 있어서는 3.2m 이하(「스프링클러헤드의 형식승인 및 제품검사의 기술기준」 유효반경의 것으로 한다)
4. 제1호부터 제3호까지 규정 외의 특정소방대상물에 있어서는 2.1m 이하(내화구조로 된 경우에는 2.3m 이하)

④ 영 별표 5 소화설비의 소방시설 적용기준란 제1호라목1)에 따른 무대부 또는 연소할 우려가 있는 개구부에 있어서는 개방형스프링클러헤드를 설치하여야 한다.

⑤ 다음 각 호의 어느 하나에 해당하는 장소에는 조기반응형 스프링클러헤드를 설치하여야 한다.

1. 공동주택·노유자시설의 거실
2. 오피스텔·숙박시설의 침실, 병원의 입원실

⑥ 폐쇄형스프링클러헤드는 그 설치장소의 평상시 최고 주위온도에 따라 다음 표에 따른 표시온

도의 것으로 설치하여야 한다. 다만, 높이가 4m 이상인 공장 및 창고(랙크식창고를 포함한다)에 설치하는 스프링클러헤드는 그 설치장소의 평상시 최고 주위온도에 관계없이 표시온도 121℃ 이상의 것으로 할 수 있다.

설치장소의 최고 주위온도	표시온도
39℃ 미만	79℃ 미만
39℃ 이상 64℃ 미만	79℃ 이상 121℃ 미만
64℃ 이상 106℃ 미만	121℃ 이상 162℃ 미만
106℃ 미만	162℃ 이상

⑦ 스프링클러헤드는 다음 각 호의 방법에 따라 설치하여야 한다.

1. 살수가 방해되지 아니하도록 스프링클러헤드로부터 반경 60cm 이상의 공간을 보유할 것. 다만, 벽과 스프링클러헤드간의 공간은 10cm 이상으로 한다.
2. 스프링클러헤드와 그 부착면(상향식헤드의 경우에는 그 헤드의 직상부의 천장·반자 또는 이와 비슷한 것을 말한다. 이하 같다)과의 거리는 30cm 이하로 할 것.
3. 배관·행가 및 조명기구 등 살수를 방해하는 것이 있는 경우에는 제1호 및 제2호에도 불구하고 그로부터 아래에 설치하여 살수에 장애가 없도록 할 것. 다만, 스프링클러헤드와 장애물과의 이격거리를 장애물 폭의 3배 이상 확보한 경우에는 그러하지 아니하다.
4. 스프링클러헤드의 반사판은 그 부착 면과 평행하게 설치할 것. 다만, 측벽형헤드 또는 제6호에 따른 연소할 우려가 있는 개구부에 설치하는 스프링클러헤드의 경우에는 그러하지 아니하다.
5. 천장의 기울기가 10분의 1을 초과하는 경우에는 가지관을 천장의 마루와 평행하게 설치하고, 스프링클러헤드는 다음 각 목의 어느 하나의 기준에 적합하게 설치할 것
   가. 천장의 최상부에 스프링클러헤드를 설치하는 경우에는 최상부에 설치하는 스프링클러헤드의 반사판을 수평으로 설치할 것
   나. 천장의 최상부를 중심으로 가지관을 서로 마주보게 설치하는 경우에는 최상부의 가지관 상호간의 거리가 가지관상의 스프링클러헤드 상호간의 거리의 2분의 1이하(최소 1m 이상이 되어야 한다)가 되게 스프링클러헤드를 설치하고, 가지관의 최상부에 설치하는 스프링클러헤드는 천장의 최상부로부터의 수직거리가 90cm 이하가 되도록 할 것. 톱날지붕, 둥근지붕 기타 이와 유사한 지붕의 경우에도 이에 준한다.
6. 연소할 우려가 있는 개구부에는 그 상하좌우에 2.5m 간격으로(개구부의 폭이 2.5m 이하인 경우에는 그 중앙에) 스프링클러헤드를 설치하되, 스프링클러헤드와 개구부의 내측 면으로부터 직선거리는 15cm 이하가 되도록 할 것. 이 경우 사람이 상시 출입하는 개구부로

서 통행에 지장이 있는 때에는 개구부의 상부 또는 측면(개구부의 폭이 9m 이하인 경우에 한한다)에 설치하되, 헤드 상호간의 간격은 1.2m 이하로 설치하여야 한다.

7. 습식스프링클러설비 및 부압식스프링클러설비 외의 설비에는 상향식스프링클러헤드를 설치할 것. 다만, 다음 각 목의 어느 하나에 해당하는 경우에는 그러하지 아니하다.
   가. 드라이펜던트스프링클러헤드를 사용하는 경우
   나. 스프링클러헤드의 설치장소가 동파의 우려가 없는 곳인 경우
   다. 개방형스프링클러헤드를 사용하는 경우
8. 측벽형스프링클러헤드를 설치하는 경우 긴 변의 한쪽 벽에 일렬로 설치(폭이 4.5m 이상 9m 이하인 실에 있어서는 긴변의 양쪽에 각각 일렬로 설치하되 마주보는 스프링클러헤드가 나란히꼴이 되도록 설치)하고 3.6m 이내마다 설치할 것
9. 상부에 설치된 헤드의 방출수에 따라 감열부에 영향을 받을 우려가 있는 헤드에는 방출수를 차단할 수 있는 유효한 차폐판을 설치할 것

⑧ 제7항제2호에도 불구하고 특정소방대상물의 보와 가장 가까운 스프링클러 헤드는 다음 표의 기준에 따라 설치하여야 한다. 다만, 천장 면에서 보의 하단까지의 길이가 55cm를 초과하고 보의 하단 측면 끝부분으로부터 스프링클러헤드까지의 거리가 스프링클러헤드 상호간 거리의 2분의 1 이하가 되는 경우에는 스프링클러헤드와 그 부착 면과의 거리를 55cm 이하로 할 수 있다.

스프링클러헤드의 반사판 중심과 보의 수평거리	스프링클러헤드의 반사판 높이와 보의 하단 높이의 수식거리
0.75m 미만	보의 하단보다 낮을 것
0.75m 이상 1m 미만	0.1m 미만일 것
1m 이상 1.5m 미만	0.15m 미만일 것
1.5m 이상	0.3m 미만일 것

제11조(송수구)

스프링클러설비에는 소방차로부터 그 설비에 송수할 수 있는 송수구를 다음 각 호의 기준에 따라 설치하여야 한다.

1. 송수구는 소방차가 쉽게 접근할 수 있는 잘 보이는 장소에 설치하되 화재 층으로부터 지면으로 떨어지는 유리창 등이 송수 및 그 밖의 소화작업에 지장을 주지 아니하는 장소에 설치할 것
2. 송수구로부터 스프링클러설비의 주배관에 이르는 연결배관에 개폐밸브를 설치한 때에는 그 개폐상태를 쉽게 확인 및 조작할 수 있는 옥외 또는 기계실 등의 장소에 설치할 것

3. 구경 65mm의 쌍구형으로 할 것
4. 송수구에는 그 가까운 곳의 보기 쉬운 곳에 송수압력범위를 표시한 표지를 할 것
5. 폐쇄형스프링클러헤드를 사용하는 스프링클러설비의 송수구는 하나의 층의 바닥면적이 3,000m^2를 넘을 때마다 1개 이상(5개를 넘을 경우에는 5개로 한다)을 설치할 것
6. 지면으로부터 높이가 0.5m 이상 1m 이하의 위치에 설치할 것
7. 송수구의 가까운 부분에 자동배수밸브(또는 직경 5mm의 배수공) 및 체크밸브를 설치할 것. 이 경우 자동배수밸브는 배관안의 물이 잘 빠질 수 있는 위치에 설치하되, 배수로 인하여 다른 물건 또는 장소에 피해를 주지 아니하여야 한다.
8. 송수구에는 이물질을 막기 위한 마개를 씌워야 한다.

제12조(전원)

① 스프링클러설비에는 다음 각 호의 기준에 따른 상용전원회로의 배선을 설치하여야 한다. 다만, 가압수조방식으로서 모든 기능이 20분 이상 유효하게 지속될 수 있는 경우에는 그러하지 아니하다.

1. 저압수전인 경우에는 인입개폐기의 직후에서 분기하여 전용배선으로 하여야 하며, 전용의 전선관에 보호 되도록 할 것
2. 특별고압수전 또는 고압수전일 경우에는 전력용 변압기 2차측의 주차단기 1차측에서 분기하여 전용배선으로 하되, 상용전원의 상시공급에 지장이 없을 경우에는 주차단기 2차측에서 분기하여 전용배선으로 할 것. 다만, 가압송수장치의 정격입력전압이 수전전압과 같은 경우에는 제1호의 기준에 따른다.

② 스프링클러설비에는 자가발전설비, 축전지설비 또는 전기저장장치에 따른 비상전원을 설치하여야 한다. 다만, 차고·주차장으로서 스프링클러설비가 설치된 부분의 바닥면적(「포소화설비의 화재안전기준(NFSC 105)」 제13조제2항제2호에 따른 차고·주차장의 바닥면적을 포함한다)의 합계가 1,000m^2 미만인 경우에는 비상전원수전설비로 설치할 수 있으며, 2이상의 변전소(「전기사업법」 제67조에 따른 변전소를 말한다. 이하 같다)에서 전력을 동시에 공급받을 수 있거나 하나의 변전소로부터 전력의 공급이 중단되는 때에는 자동으로 다른 변전소로부터 전력을 공급받을 수 있도록 상용전원을 설치한 경우와 가압수조방식에는 비상전원을 설치하지 아니할 수 있다.

③ 제2항에 따른 비상전원 중 자가발전설비, 축전기설비(내연기관에 따른 펌프를 설치한 경우에는 내연기관의 기동 및 제어용축전지를 말한다)또는 전기저장장치(외부 전기에너지를 저

장해 두었다가 필요한 때 전기를 공급하는 장치)는 다음 각 호의 기준을, 비상전원수전설비는 「소방시설용비상전원수전설비의 화재안전기준(NFSC 602)」에 따라 설치하여야 한다.

1. 점검에 편리하고 화재 및 침수 등의 재해로 인한 피해를 받을 우려가 없는 곳에 설치할 것
2. 스프링클러설비를 유효하게 20분 이상 작동할 수 있어야 할 것
3. 상용전원으로부터 전력의 공급이 중단된 때에는 자동으로 비상전원으로부터 전력을 공급받을 수 있도록 할 것
4. 비상전원(내연기관의 기동 및 제어용 축전기를 제외한다)의 설치장소는 다른 장소와 방화구획 할 것. 이 경우 그 장소에는 비상전원의 공급에 필요한 기구나 설비외의 것(열병합발전설비에 필요한 기구나 설비는 제외한다)을 두어서는 아니 된다.
5. 비상전원을 실내에 설치하는 때에는 그 실내에 비상조명등을 설치할 것
6. 옥내에 설치하는 비상전원실에는 옥외로 직접 통하는 충분한 용량의 급배기설비를 설치할 것
7. 비상전원의 출력용량은 다음 각 목의 기준을 충족할 것
   가. 비상전원 설비에 설치되어 동시에 운전될 수 있는 모든 부하의 합계 입력용량을 기준으로 정격출력을 선정할 것. 다만, 소방전원 보존형발전기를 사용할 경우에는 그러하지 아니하다.
   나. 기동전류가 가장 큰 부하가 기동될 때에도 부하의 허용 최저입력전압이상의 출력전압을 유지할 것
   다. 단시간 과전류에 견디는 내력은 입력용량이 가장 큰 부하가 최종 기동할 경우에도 견딜 수 있을 것
8. 자가발전설비는 부하의 용도와 조건에 따라 다음 각 목 중의 하나를 설치하고 그 부하용도별 표지를 부착하여야 한다. 다만, 자가발전설비의 정격출력용량은 하나의 건축물에 있어서 소방부하의 설비용량을 기준으로 하고, 나목의 경우 비상부하는 국토해양부장관이 정한 건축전기설비설계기준의 수용률 범위 중 최대값 이상을 적용한다.
   가. 소방전용 발전기 : 소방부하용량을 기준으로 정격출력용량을 산정하여 사용하는 발전기
   나. 소방부하 겸용 발전기 : 소방 및 비상부하 겸용으로서 소방부하와 비상부하의 전원용량을 합산하여 정격출력용량을 산정하여 사용하는 발전기
   다. 소방전원 보존형 발전기 : 소방 및 비상부하 겸용으로서 소방부하의 전원용량을 기준으로 정격출력용량을 산정하여 사용하는 발전기
9. 비상전원실의 출입구 외부에는 실의 위치와 비상전원의 종류를 식별할 수 있도록 표지판을 부착할 것

제13조(제어반)

① 스프링클러설비에는 제어반을 설치하되, 감시제어반과 동력제어반으로 구분하여 설치하여야 한다. 다만, 다음 각 호의 어느 하나에 해당하는 경우에는 감시제어반과 동력제어반으로 구분하여 설치하지 아니할 수 있다.

1. 다음 각 목의 어느 하나에 해당하지 아니하는 특정소방대상물에 설치되는 스프링클러설비
   가. 지하층을 제외한 층수가 7층 이상으로서 연면적이 2,000m^2 이상인 것
   나. 가목에 해당하지 아니하는 특정소방대상물로서 지하층의 바닥면적의 합계가 3,000m^2 이상인 것
2. 내연기관에 따른 가압송수장치를 사용하는 스프링클러설비
3. 고가수조에 따른 가압송수장치를 사용하는 스프링클러설비
4. 가압수조에 따른 가압송수장치를 사용하는 스프링클러설비

② 감시제어반의 기능은 다음 각 호의 기준에 적합하여야 한다.

1. 각 펌프의 작동여부를 확인할 수 있는 표시등 및 음향경보기능이 있어야 할 것
2. 각 펌프를 자동 및 수동으로 작동시키거나 중단시킬 수 있어야 한다.
3. 비상전원을 설치한 경우에는 상용전원 및 비상전원의 공급여부를 확인할 수 있어야 할 것
4. 수조 또는 물올림탱크가 저수위로 될 때 표시등 및 음향으로 경보할 것
5. 예비전원이 확보되고 예비전원의 적합여부를 시험할 수 있어야 할 것

③ 감시제어반은 다음 각 호의 기준에 따라 설치하여야 한다.

1. 화재 및 침수 등의 재해로 인한 피해를 받을 우려가 없는 곳에 설치할 것
2. 감시제어반은 스프링클러설비의 전용으로 할 것. 다만, 스프링클러설비의 제어에 지장이 없는 경우에는 다른 설비와 겸용할 수 있다.
3. 감시제어반은 다음 각 목의 기준에 따른 전용실안에 설치할 것. 다만, 제1항 각 호의 어느 하나에 해당하는 경우와 공장, 발전소 등에서 설비를 집중 제어·운전할 목적으로 설치하는 중앙제어실내에 감시제어반을 설치하는 경우에는 그러하지 아니하다.
   가. 다른 부분과 방화구획을 할 것. 이 경우 전용실의 벽에는 기계실 또는 전기실 등의 감시를 위하여 두께 7mm 이상의 망입유리(두께 16.3mm 이상의 접합유리 또는 두께 28mm 이상의 복층유리를 포함한다)로 된 4m^2 미만의 붙박이창을 설치할 수 있다.
   나. 피난층 또는 지하 1층에 설치할 것. 다만, 다음 각 세목의 어느 하나에 해당하는 경우에는 지상 2층에 설치하거나 지하 1층 외의 지하층에 설치할 수 있다.
      (1) 「건축법시행령」제35조에 따라 특별피난계단이 설치되고 그 계단(부속실을 포함

한다)출입구로부터 보행거리 5m이내에 전용실의 출입구가 있는 경우

(2) 아파트의 관리동(관리동이 없는 경우에는 경비실)에 설치하는 경우

다. 비상조명등 및 급·배기설비를 설치할 것

라. 「무선통신보조설비의 화재안전기준(NFSC 505)」 제5조제3항에 따라 유효하게 통신이 가능할 것(영 별표 5의 제5호마목에 따른 무선통신보조설비가 설치된 특정소방대상물에 한한다.) 〈개정 2013. 6. 10., 2021. 3. 25.〉

마. 바닥면적은 감시제어반의 설치에 필요한 면적 외에 화재 시 소방대원이 그 감시제어반의 조작에 필요한 최소면적 이상으로 할 것

4. 제3호에 따른 전용실에는 특정소방대상물의 기계·기구 또는 시설 등의 제어 및 감시설비 외의 것을 두지 아니할 것

5. 각 유수검지장치 또는 일제개방밸브의 작동여부를 확인할 수 있는 표시 및 경보기능이 있도록 할 것

6. 일제개방밸브를 개방시킬 수 있는 수동조작스위치를 설치할 것

7. 일제개방밸브를 사용하는 설비의 화재감지는 각 경계회로별로 화재표시가 되도록 할 것

8. 다음의 각 확인회로마다 도통시험 및 작동시험을 할 수 있도록 할 것

가. 기동용수압개폐장치의 압력스위치회로

나. 수조 또는 물올림탱크의 저수위감시회로

다. 유수검지장치 또는 일제개방밸브의 압력스위치회로

라. 일제개방밸브를 사용하는 설비의 화재감지기회로

마. 제8조제16항에 따른 개폐밸브의 폐쇄상태 확인회로

바. 그 밖의 이와 비슷한 회로

9. 감시제어반과 자동화재탐지설비의 수신기를 별도의 장소에 설치하는 경우에는 이들 상호간 연동하여 화재발생 및 제2항제1호·제3호와 제4호의 기능을 확인할 수 있도록 할 것

④ 동력제어반은 다음 각 호의 기준에 따라 설치하여야 한다.

1. 앞면은 적색으로 하고 "스프링클러설비용 동력제어반"이라고 표시한 표지를 설치할 것

2. 외함은 두께 1.5mm 이상의 강판 또는 이와 동등 이상의 강도 및 내열성능이 있는 것으로 할 것

3. 그 밖의 동력제어반의 설치에 관하여는 제3항제1호 및 제2호의 기준을 준용할 것

⑤ 자가발전설비 제어반의 제어장치는 비영리 공인기관의 시험을 필한 것으로 설치하여야 한다. 다만, 소방전원 보존형 발전기의 제어장치는 다음 각 호의 기준이 포함되어야 한다.

1. 소방전원 보존형임을 식별할 수 있도록 표기할 것

2. 발전기 운전 시 소방부하 및 비상부하에 전원이 동시 공급되고, 그 상태를 확인할 수 있는 표시가 되도록 할 것
3. 발전기가 정격용량을 초과할 경우 비상부하는 자동적으로 차단되고, 소방부하만 공급되는 상태를 확인할 수 있는 표시가 되도록 할 것

제14조(배선 등)

① 스프링클러설비의 배선은 「전기사업법」 제67조에 따른 기술기준에서 정한 것 외에 다음 각 호의 기준에 따라 설치하여야 한다.

1. 비상전원으로부터 동력제어반 및 가압송수장치에 이르는 전원회로배선은 내화배선으로 할 것. 다만, 자가발전설비와 동력제어반이 동일한 실에 설치된 경우에는 자가발전기로부터 그 제어반에 이르는 전원회로배선은 그러하지 아니하다.
2. 상용전원으로부터 동력제어반에 이르는 배선, 그 밖의 스프링클러설비의 감시·조작 또는 표시등회로의 배선은 내화배선 또는 내열배선으로 할 것. 다만, 감시제어반 또는 동력제어반 안의 감시·조작 또는 표시등회로의 배선은 그러하지 아니하다.

② 제1항에 따른 내화배선 및 내열배선에 사용되는 전선 및 설치방법은 「옥내소화전설비의 화재안전기준(NFSC 102)」의 별표 1의 기준에 따른다.

③ 스프링클러설비의 과전류차단기 및 개폐기에는 "스프링클러설비용"이라고 표시한 표지를 하여야 한다.

④ 스프링클러설비용 전기배선의 양단 및 접속단자에는 다음 각 호의 기준에 따라 표지하여야 한다.

1. 단자에는 "스프링클러설비단자"라고 표시한 표지를 부착할 것
2. 스프링클러설비용 전기배선의 양단에는 다른 배선과 식별이 용이하도록 표시할 것

제15조(헤드의 설치제외)

① 스프링클러설비를 설치하여야 할 특정소방대상물에 있어서 다음 각 호의 어느 하나에 해당하는 장소에는 스프링클러헤드를 설치하지 아니할 수 있다.

1. 계단실(특별피난계단의 부속실을 포함한다)·경사로·승강기의 승강로·비상용승강기의 승강장·파이프덕트 및 덕트피트(파이프·덕트를 통과시키기 위한 구획된 구멍에 한한다)·목욕실·수영장(관람석부분을 제외한다)·화장실·직접 외기에 개방되어 있는 복도·기타 이와 유사한 장소
2. 통신기기실·전자기기실·기타 이와 유사한 장소

3. 발전실·변전실·변압기·기타 이와 유사한 전기설비가 설치되어 있는 장소
4. 병원의 수술실·응급처치실·기타 이와 유사한 장소
5. 천장과 반자 양쪽이 불연재료로 되어 있는 경우로서 그 사이의 거리 및 구조가 다음 각 목의 어느 하나에 해당하는 부분
   가. 천장과 반자사이의 거리가 2m 미만인 부분
   나. 천장과 반자사이의 벽이 불연재료이고 천장과 반자사이의 거리가 2m 이상으로서 그 사이에 가연물이 존재하지 아니하는 부분
6. 천장·반자중 한쪽이 불연재료로 되어있고 천장과 반자사이의 거리가 1m 미만인 부분
7. 천장 및 반자가 불연재료 외의 것으로 되어 있고 천장과 반자사이의 거리가 0.5m 미만인 부분
8. 펌프실·물탱크실 엘리베이터 권상기실 그 밖의 이와 비슷한 장소
9. 삭제
10. 현관 또는 로비 등으로서 바닥으로부터 높이가 20m 이상인 장소
11. 영하의 냉장창고의 냉장실 또는 냉동창고의 냉동실
12. 고온의 노가 설치된 장소 또는 물과 격렬하게 반응하는 물품의 저장 또는 취급장소
13. 불연재료로 된 특정소방대상물 또는 그 부분으로서 다음 각 목의 어느 하나에 해당하는 장소
   가. 정수장·오물처리장 그 밖의 이와 비슷한 장소
   나. 펄프공장의 작업장·음료수공장의 세정 또는 충전하는 작업장 그 밖의 이와 비슷한 장소
   다. 불연성의 금속·석재 등의 가공공장으로서 가연성물질을 저장 또는 취급하지 아니하는 장소
   라. 가연성 물질이 존재하지 않는 「건축물의 에너지절약설계기준」에 따른 방풍실 〈신설 2021. 1. 29.〉
14. 실내에 설치된 테니스장·게이트볼장·정구장 또는 이와 비슷한 장소로서 실내 바닥·벽·천장이 불연재료 또는 준불연재료로 구성되어 있고 가연물이 존재하지 않는 장소로서 관람석이 없는 운동시설(지하층은 제외한다)
15. 「건축법 시행령」제46조제4항에 따른 공동주택 중 아파트의 대피공간

② 제10조제7항제6호의 연소할 우려가 있는 개구부에 다음 각 호의 기준에 따른 드렌처설비를 설치한 경우에는 해당 개구부에 한하여 스프링클러헤드를 설치하지 아니할 수 있다.
1. 드렌처헤드는 개구부 위 측에 2.5m 이내마다 1개를 설치할 것
2. 제어밸브(일제개방밸브·개폐표시형밸브 및 수동조작부를 합한 것을 말한다. 이하 같다)는

특정소방대상물 층마다에 바닥 면으로부터 0.8m 이상 1.5m 이하의 위치에 설치할 것

3. 수원의 수량은 드렌처헤드가 가장 많이 설치된 제어밸브의 드렌처헤드의 설치개수에 $1.6m^3$를 곱하여 얻은 수치 이상이 되도록 할 것
4. 드렌처설비는 드렌처헤드가 가장 많이 설치된 제어밸브에 설치된 드렌처헤드를 동시에 사용하는 경우에 각각의 헤드선단에 방수압력이 0.1MPa 이상, 방수량이 80L/min 이상이 되도록 할 것
5. 수원에 연결하는 가압송수장치는 점검이 쉽고 화재 등의 재해로 인한 피해우려가 없는 장소에 설치할 것

제16조(수원 및 가압송수장치의 펌프 등의 겸용)

① 스프링클러설비의 수원을 옥내소화전설비·간이스프링클러설비·화재조기진압용 스프링클러설비·물분무소화설비·포소화전설비 및 옥외소화전설비의 수원과 겸용하여 설치하는 경우의 저수량은 각 소화설비에 필요한 저수량을 합한 양 이상이 되도록 하여야 한다. 다만, 이들 소화설비중 고정식 소화설비(펌프·배관과 소화수 또는 소화약제를 최종 방출하는 방출구가 고정된 설비를 말한다. 이하 같다)가 2 이상 설치되어 있고, 그 소화설비가 설치된 부분이 방화벽과 방화문으로 구획되어 있는 경우에는 각 고정식 소화설비에 필요한 저수량 중 최대의 것 이상으로 할 수 있다.

② 스프링클러설비의 가압송수장치로 사용하는 펌프를 옥내소화전설비·간이스프링클러설비·화재조기진압용 스프링클러설비·물분무소화설비·포소화설비 및 옥외소화전설비의 가압송수장치와 겸용하여 설치하는 경우의 펌프의 토출량은 각 소화설비에 해당하는 토출량을 합한 양 이상이 되도록 하여야 한다. 다만, 이들 소화설비 중 고정식 소화설비가 2 이상 설치되어 있고, 그 소화설비가 설치된 부분이 방화벽과 방화문으로 구획되어 있으며 각 소화설비에 지장이 없는 경우에는 펌프의 토출량 중 최대의 것 이상으로 할 수 있다.

③ 옥내소화전설비·스프링클러설비·간이스프링클러설비·화재조기진압용 스프링클러설비·물분무소화설비·포소화설비 및 옥외소화전설비의 가압송수장치에 있어서 각 토출측배관과 일반급수용의 가압송수장치의 토출 측 배관을 상호 연결하여 화재 시 사용할 수 있다. 이 경우 연결배관에는 개폐표시형밸브를 설치하여야 하며, 각 소화설비의 성능에 지장이 없도록 하여야 한다.

④ 스프링클러설비의 송수구를 옥내소화전설비·간이스프링클러설비·화재조기진압용스프링클러설비·물분무소화설비·포소화설비·연결송수관설비 또는 연결살수설비의 송수구와 겸용으로 설치하는 경우에는 스프링클러설비의 송수구의 설치기준에 따르되 각각의 소화설비의 기능에 지장이 없도록 하여야 한다.

제17조(설치·유지기준의 특례)

소방본부장 또는 소방서장은 기존건축물이 증축·개축·대수선되거나 용도변경 되는 경우에 있어서 이 기준이 정하는 기준에 따라 해당 건축물에 설치하여야 할 스프링클러설비의 배관·배선 등의 공사가 현저하게 곤란하다고 인정되는 경우에는 해당 설비의 기능 및 사용에 지장이 없는 범위 안에서 스프링클러설비의 설치·유지기준의 일부를 적용하지 아니할 수 있다.

제18조(재검토 기한)

소방청장은 「훈령·예규 등의 발령 및 관리에 관한 규정」에 따라 이 고시 에 대하여 2022년 1월 1일 기준으로 매3년이 되는 시점(매 3년째의 12월 31일까지를 말한다)마다 그 타당성을 검토하여 개선 등의 조치를 하여야 한다.

[별표 1]

스프링클러헤드 수별 급수관의 구경(제8조제3항제3호관련)

(단위 : mm)

구분 \ 급수관의 구경	25	32	40	50	65	80	90	100	125	150
가	2	3	5	10	30	60	80	100	160	161 이상
나	2	4	7	15	30	60	65	100	160	161 이상
다	1	2	5	8	15	27	40	55	90	91 이상

주

1. 폐쇄형스프링클러헤드를 사용하는 설비의 경우로서 1개층에 하나의 급수배관(또는밸브 등)이 담당하는 구역의 최대면적은 3,000m^2를 초과하지 아니할 것
2. 폐쇄형스프링클러헤드를 설치하는 경우에는 “가”란의 헤드 수에 따를 것. 다만, 100개 이상의 헤드를 담당하는 급수배관(또는 밸브)의 구경을 100mm로 할 경우에는 수리계산을 통하여 제8조제3항제3호에서 규정한 배관의 유속에 적합하도록 할 것
3. 폐쇄형스프링클러헤드를 설치하고 반자 아래의 헤드와 반자속의 헤드를 동일 급수관의 가지관상에 병설하는 경우에는 “나”란의 헤드 수에 따를 것
4. 제10조제3항제1호의 경우로서 폐쇄형스프링클러헤드를 설치하는 설비의 배관구경은 “다”란에 따를 것
5. 개방형스프링클러헤드를 설치하는 경우 하나의 방수구역이 담당하는 헤드의 개수가 30개 이하일 때는 “다”란의 헤드수에 의하고, 30개를 초과할 때는 수리계산 방법에 따를 것

5. 간이스프링클러설비의 화재안전기준(NFSC 103A)

제1조(목적)

이 기준은 「화재예방, 소방시설 설치·유지 및 안전관리에 관한 법률」 제9조제1항에 따라 소방청장에게 위임한 사항 중 소화설비인 간이스프링클러설비의 설치·유지 및 안전관리에 필요한 사항을 규정함을 목적으로 한다.

제2조(적용범위)

「화재예방, 소방시설 설치·유지 및 안전관리에 관한 법률 시행령」(이하 "영"이라 한다) 별표 5 제1호마목에 따른 간이스프링클러설비 및 「다중이용업소의 안전관리에 관한 특별법」(이하 "특별법"이라 한다) 제9조제1항 및 같은 법 시행령(이하 "특별법령"이라 한다) 제9조제1항제1호가목에 따른 간이스프링클러설비는 이 기준에서 정하는 규정에 따라 설비를 설치하고 유지 관리하여야 한다.

제3조(정의)

이 기준에서 사용하는 용어의 정의는 다음과 같다.

1. "간이헤드"란 폐쇄형헤드의 일종으로 간이스프링클러설비를 설치하여야 하는 특정소방대상물의 화재에 적합한 감도·방수량 및 살수분포를 갖는 헤드를 말한다.
2. 삭제
3. "충압펌프"란 배관 내 압력 손실에 따른 주펌프의 빈번한 기동을 방지하기 위하여 압력을 보충하는 역할을 하는 펌프를 말한다.
4. "고가수조"란 구조물 또는 지형지물 등에 설치하여 자연낙차 압력으로 급수하는 수조를 말한다.
5. "압력수조"란 소화용수와 공기를 채우고 일정압력 이상으로 가압하여 그 압력으로 급수하는 수조를 말한다.
6. "가압수조"란 가압원인 압축공기 또는 불연성 고압기체에 따라 소방용수를 가압시키는 수조를 말한다.
7. "진공계"란 대기압 이하의 압력을 측정하는 계측기를 말한다.
8. "연성계"란 대기압 이상의 압력과 대기압 이하의 압력을 측정할 수 있는 계측기를 말한다.
9. "기동용수압개폐장치"란 소화설비의 배관 내 압력변동을 검지하여 자동적으로 펌프를 기동 및 정지시키는 것으로서 압력챔버 또는 기동용압력스위치 등을 말한다.

10. “가지배관”이란 간이헤드가 설치되어 있는 배관을 말한다.
11. “교차배관”이란 직접 또는 수직배관을 통하여 가지배관에 급수하는 배관을 말한다.
12. “주배관”이란 각 층을 수직으로 관통하는 수직배관을 말한다.
13. “신축배관”이란 가지배관과 간이헤드를 연결하는 구부림이 용이하고 유연성을 가진 배관을 말한다.
14. “급수배관”이란 수원 및 옥외송수구로부터 간이헤드에 급수하는 배관을 말한다.
14의2. "분기배관"이란 배관 측면에 구멍을 뚫어 둘 이상의 관로가 생기도록 가공한 배관으로서 확관형 분기배관과 비확관형 분기배관을 말한다. 〈신설 2021. 12. 16.〉
14의3. "확관형 분기배관"이란 배관의 측면에 조그만 구멍을 뚫고 소성가공으로 확관시켜 배관 용접이음자리를 만들거나 배관 용접이음자리에 배관이음쇠를 용접 이음한 배관을 말한다. 〈신설 2021. 12. 16.〉
14의4. "비확관형 분기배관"이란 배관의 측면에 분기호칭내경 이상의 구멍을 뚫고 배관이음쇠를 용접 이음한 배관을 말한다. 〈신설 2021. 12. 16.〉
15. “습식유수검지장치”란 1차측 및 2차측에 가압수를 가득 채운상태에서 폐쇄형 스프링클러헤드가 열린 경우 2차측의 압력저하로 시트가 열리어 가압수 등이 2차측으로 유출되도록 하는 장치(패들형을 포함한다)를 말한다.
16. “준비작동식유수검지장치”란 1차측에 가압수 등을 채우고 2차측에서 폐쇄형스프링클러 헤드까지 대기압 또는 저압으로 있다가 화재감지설비의 감지기 또는 화재감지용 헤드의 작동에 의하여 시트가 열리어 가압수 등이 2차측으로 유출되도록 하는 장치를 말한다.
17. “반사판(디프렉타)”이란 간이헤드의 방수구에서 유출되는 물을 세분시키는 작용을 하는 것을 말한다.
18. “개폐표시형밸브”란 밸브의 개폐여부를 외부에서 식별이 가능한 밸브를 말한다.
19. “캐비닛형 간이스프링클러설비”란 가압송수장치, 수조(「캐비넷형 간이스프링클러설비 성능인증 및 제품검사의 기술기준」에서 정하는 바에 따라 분리형으로 할 수 있다) 및 유수검지장치 등을 집적화하여 캐비닛 형태로 구성시킨 간이 형태의 스프링클러설비를 말한다.
20. “상수도직결형 간이스프링클러설비”란 수조를 사용하지 아니하고 상수도에 직접 연결하여 항상 기준 압력 및 방수량 이상을 확보할 수 있는 설비를 말한다.
21. “정격토출량”이란 정격토출압력에서의 펌프의 토출량을 말한다.
22. “정격토출압력”이란 정격토출량에서의 펌프의 토출측 압력을 말한다.

제4조(수원)

① 간이스프링클러설비의 수원은 다음 각 호와 같다.

1. 상수도직결형의 경우에는 수돗물
2. 수조("캐비닛형"을 포함한다)를 사용하려는 경우에는 적어도 1개 이상의 자동급수장치를 갖추어야 하며, 2개의 간이헤드에서 최소 10분[영 별표 5 제1호마목1)가 또는 6)과 7)에 해당하는 경우에는 5개의 간이헤드에서 최소 20분]이상 방수할 수 있는 양 이상을 수조에 확보할 것 〈개정 2011. 11. 24., 2013. 6. 10., 2015. 1. 23., 2021. 1. 12.〉

② 간이스프링클러설비의 수원을 수조로 설치하는 경우에는 소방설비의 전용수조로 하여야 한다. 다만, 다음 각 호의 어느 하나에 해당하는 경우에는 그러하지 아니하다.

1. 간이스프링클러펌프의 후드밸브 또는 흡수배관의 흡수구(수직회전축펌프의 흡수구를 포함한다. 이하 같다)를 다른 설비(소방용 설비 외의 것을 말한다. 이하 같다)의 후드밸브 또는 흡수구보다 낮은 위치에 설치한 때
2. 제5조제3항에 따른 고가수조로부터 간이스프링클러설비의 수직배관에 물을 공급하는 급수구를 다른 설비의 급수구보다 낮은 위치에 설치한 때

③ 제1항제2호에 따른 저수량을 산정함에 있어서 다른 설비와 겸용하여 간이스프링클러설비용 수조를 설치하는 경우에는 간이스프링클러설비의 후드밸브·흡수구 또는 수직배관의 급수구와 다른 설비의 후드밸브·흡수구 또는 수직배관의 급수구와의 사이의 수량을 그 유효수량으로 한다.

④ 간이스프링클러설비용 수조는 다음 각 호의 기준에 따라 설치하여야 한다.

1. 점검에 편리한 곳에 설치할 것
2. 동결방지조치를 하거나 동결의 우려가 없는 장소에 설치할 것
3. 수조의 외측에 수위계를 설치할 것. 다만, 구조상 불가피한 경우에는 수조의 맨홀 등을 통하여 수조 안의 물의 양을 쉽게 확인할 수 있도록 하여야 한다.
4. 수조의 상단이 바닥보다 높은 때에는 수조의 외측에 고정식 사다리를 설치할 것
5. 수조가 실내에 설치된 때에는 그 실내에 조명설비를 설치할 것
6. 수조의 밑부분에는 청소용 배수밸브 또는 배수관을 설치할 것
7. 수조의 외측의 보기 쉬운 곳에 "간이스프링클러설비용 수조"라고 표시한 표지를 할 것. 이 경우 그 수조를 다른 설비와 겸용하는 때에는 그 겸용되는 설비의 이름을 표시한 표지를 함께 하여야 한다.
8. 간이스프링클러펌프의 흡수배관 또는 간이스프링클러설비의 수직배관과 수조의 접속 부

분에는 "간이스프링클러설비용 배관"이라고 표시한 표지를 할 것. 다만, 수조와 가까운 장소에 간이스프링클러펌프가 설치되고 "간이스프링클러설비펌프"라고 표지를 설치한 때에는 그러하지 아니하다.

제5조(가압송수장치)

① 방수압력(상수도직결형의 상수도압력)은 가장 먼 가지배관에서 2개[영 별표 5 제1호마목1) 또는 6)과 7)에 해당하는 경우에는 5개]의 간이헤드를 동시에 개방할 경우 각각의 간이헤드 선단 방수압력은 0.1MPa 이상, 방수량은 50L/min 이상이어야 한다. 다만, 제6조제7호에 따른 주차장에 표준반응형스프링클러헤드를 사용할 경우 헤드 1개의 방수량은 80L/min 이상이어야 한다.

② 전동기 또는 내연기관에 따른 펌프를 이용하는 가압송수장치는 다음 각 호의 기준에 따라 설치하여야 한다.

1. 쉽게 접근할 수 있고 점검하기에 충분한 공간이 있는 장소로서 화재 및 침수등의 재해로 인한 피해를 받을 우려가 없는 곳에 설치할 것
2. 동결방지조치를 하거나 동결의 우려가 없는 장소에 설치할 것
3. 펌프는 전용으로 할 것. 다만, 다른 소화설비와 겸용하는 경우 각각의 소화설비의 성능에 지장이 없을 때에는 그러하지 아니하다.
4. 펌프의 토출측에는 압력계를 체크밸브 이전에 펌프토출측 플랜지에서 가까운 곳에 설치하고, 흡입측에는 연성계 또는 진공계를 설치할 것. 다만, 수원의 수위가 펌프의 위치보다 높거나 수직회전축 펌프의 경우에는 연성계 또는 진공계를 설치하지 아니할 수 있다.
5. 가압송수장치에는 정격부하운전 시 펌프의 성능을 시험하기 위한 배관을 설치할 것
6. 가압송수장치에는 체절운전시 수온의 상승을 방지하기 위한 순환배관을 설치할 것
7. 기동장치로는 기동용수압개폐장치 또는 이와 동등 이상의 성능이 있는 것을 설치하고 다음 각 목의 기준에 따른 충압펌프를 설치할 것. 다만, 캐비닛형의 경우에는 그러하지 아니하다.
   가. 펌프의 토출압력은 그 설비의 최고위 살수장치의 자연압보다 적어도 0.2MPa이 더 크도록 하거나 가압송수장치의 정격토출압력과 같게할 것
   나. 펌프의 정격토출량은 정상적인 누설량보다 적어서는 아니되며 간이스프링클러설비가 자동적으로 작동할 수 있도록 충분한 토출량을 유지할 것
8. 수원의 수위가 펌프보다 낮은 위치에 있는 가압송수장치에는 다음 각 목의 기준에 따른 물

올림장치를 설치할 것 다만, 캐비닛형일 경우에는 그러하지 아니하다.

가. 물올림장치에는 전용의 탱크를 설치할 것

나. 탱크의 유효수량은 100L 이상으로 하되, 구경 15mm 이상의 급수배관에 따라 당해탱크에 물이 계속 보급되도록 할 것

9. 내연기관을 사용하는 경우에는 제어반에 따라 내연기관의 자동기동 및 수동기동이 가능하고, 상시 충전되어 있는 축전지설비를 갖출 것

10. 삭제

11. 가압송수장치에는 "간이스프링클러펌프"라고 표시한 표지를 할 것. 이 경우 그 가압송수장치를 다른 설비와 겸용하는 때에는 그 겸용되는 설비의 이름을 함께 표시한 표지를 하여야 한다.

12. 가압송수장치는 부식 등으로 인한 펌프의 고착을 방지할 수 있도록 다음 각 목의 기준에 적합한 것으로 할 것. 다만, 충압펌프는 제외한다. 〈신설 2021. 7. 22.〉

가. 임펠러는 청동 또는 스테인리스 등 부식에 강한 재질을 사용할 것

나. 펌프축은 스테인리스 등 부식에 강한 재질을 사용할 것

③ 고가수조의 자연낙차를 이용한 가압송수장치는 다음 각 호의 기준에 따라 설치하여야 한다.

1. 고가수조의 자연낙차수두(수조의 하단으로부터 최고층에 설치된 헤드까지의 수직거리를 말한다)는 다음의 식에 따라 산출한 수치 이상이 되도록 할 것

$H = h_1 + 10$

H : 필요한 낙차(m)

h_1 : 배관의 마찰손실수두(m)

2. 고가수조에는 수위계·배수관·급수관·오버플로우관 및 맨홀을 설치할 것

④ 압력수조를 이용한 가압송수장치는 다음 각 호의 기준에 따라 설치하여야 한다.

1. 압력수조의 압력은 다음의 식에 따라 산출한 수치 이상으로 할 것

$P = p_1 + p_2 + 0.1$

P : 필요한 압력(MPa)

p_1 : 낙차의 환산수두압(MPa)

p_2 : 배관의 마찰손실수두압(MPa)

2. 압력수조에는 수위계·급수관·배수관·급기관·맨홀·압력계· 안전장치 및 압력저하 방지를 위한 자동식 공기압축기를 설치 할 것

⑤ 가압수조를 이용한 가압송수장치는 다음 각 호의 기준에 따라 설치하여야 한다.

1. 가압수조의 압력은 간이헤드 2개를 동시에 개방할 때 적정방수량 및 방수압이 10분[영 별표 5 제1호마목1) 또는 6)과 7)에 해당하는 경우에는 5개의 간이헤드에서 최소 20분] 이상 유지되도록 할 것
2. 삭제
3. 삭제
4. 소방청장이 정하여 고시한 「가압수조식가압송수장치의 성능인증 및 제품검사의 기술기준」에 적합한 것으로 설치할 것

⑥ 캐비닛형 간이스프링클러설비를 사용할 경우 소방청장이 정하여 고시한 「캐비넷형간이스프링클러설비 성능인증 및 제품검사의 기술기준」에 적합한 것으로 설치하여야 한다.

⑦ 영 별표 5 제1호마목1) 또는 6)과 7)에 해당하는 특정소방대상물의 경우에는 상수도직결형 및 캐비닛형 간이스프링클러설비를 제외한 가압송수장치를 설치하여야 한다.

제6조(간이스프링클러설비의 방호구역·유수검지장치)

간이스프링클러설비의 방호구역(간이스프링클러설비의 소화범위에 포함된 영역을 말한다. 이하 같다)·유수검지장치는 다음 각 호의 기준에 적합하여야 한다. 다만, 캐비닛형의 경우에는 제3호의 기준에 적합하여야 한다.

1. 하나의 방호구역의 바닥면적은 1,000m^2를 초과하지 아니할 것
2. 하나의 방호구역에는 1개 이상의 유수검지장치를 설치하되, 화재발생시 접근이 쉽고 점검하기 편리한 장소에 설치할 것
3. 하나의 방호구역은 2개층에 미치지 아니하도록 할 것. 다만, 1개층에 설치되는 간이헤드의 수가 10개 이하인 경우에는 3개층 이내로 할 수 있다.
4. 유수검지장치는 실내에 설치하거나 보호용 철망 등으로 구획하여 바닥으로부터 0.8m 이상 1.5m 이하의 위치에 설치하되, 그 실 등에는 개구부가 가로 0.5m 이상 세로 1m 이상의 출입문을 설치하고 그 출입문 상단에 "유수검지장치실"이라고 표시한 표지를 설치할 것. 다만, 유수검지장치를 기계실(공조용기계실을 포함한다)안에 설치하는 경우에는 별도의 실 또는 보호용 철망을 설치하지 아니하고 기계실 출입문 상단에 "유수검지장치실"이라고 표시한 표지를 설치할 수 있다. 〈개정 2008. 12. 15., 2013. 6. 10., 2021. 7. 22.〉
5. 간이헤드에 공급되는 물은 유수검지장치를 지나도록 할 것. 다만, 송수구를 통하여 공급되는 물은 그렇지 않다.
6. 자연낙차에 따른 압력수가 흐르는 배관 상에 설치된 유수검지장치는 화재 시 물의 흐름을 검

지할 수 있는 최소한의 압력이 얻어질 수 있도록 수조의 하단으로부터 낙차를 두어 설치할 것

7. 간이스프링클러설비가 설치되는 특정소방대상물에 부설된 주차장부분(영 별표 5 제1호바목에 해당하지 아니하는 부분에 한한다)에는 습식 외의 방식으로 하여야 한다. 다만, 동결의 우려가 없거나 동결을 방지할 수 있는 구조 또는 장치가 된 곳은 그렇지 않다.

제7조(제어반)

간이스프링클러설비에는 다음 각 호의 어느 하나의 기준에 따른 제어반을 설치하여야 한다. 다만, 캐비닛형 간이스프링클러설비의 경우에는 그렇지 않다.

1. 상수도 직결형의 경우에는 급수배관에 설치되어 급수를 차단할 수 있는 개폐밸브(제8조제16항제1호나목의 급수차단장치를 포함한다) 및 유수검지장치의 작동상태를 확인할 수 있어야 하며, 예비전원이 확보되고 예비전원의 적합여부를 시험할 수 있어야 한다.
2. 상수도 직결형을 제외한 방식의 것에 있어서는 「스프링클러설비의 화재안전기준(NFSC 103)」 제13조를 준용한다.

제8조(배관 및 밸브)

① 배관과 배관이음쇠는 다음 각 호의 어느 하나에 해당하는 것 또는 동등 이상의 강도·내식성 및 내열성을 국내·외 공인기관으로부터 인정 받은 것을 사용하여야 하고, 배관용 스테인리스 강관(KS D 3576)의 이음을 용접으로 할 경우에는 알곤용접방식에 따른다. 다만, 상수도직결형에 사용하는 배관 및 밸브는 「수도법」 제14조(수도용 자재와 제품의 인증 등)에 적합한 제품을 사용하여야 한다. 또한, 본 조에서 정하지 않은 사항은 건설기술 진흥법 제44조제1항의 규정에 따른 건축기계설비공사 표준설명서에 따른다.

1. 배관 내 사용압력이 1.2MPa 미만일 경우에는 다음 각 목의 어느 하나에 해당하는 것
   가. 배관용 탄소강관(KS D 3507)
   나. 이음매 없는 구리 및 구리합금관(KS D 5301). 다만, 습식의 배관에 한한다.
   다. 배관용 스테인리스강관(KS D 3576) 또는 일반배관용 스테인리스강관(KS D 3595)
   라. 덕타일 주철관(KS D 4311)
2. 배관 내 사용압력이 1.2 MPa 이상일 경우에는 다음 가 목의 어느 하나에 해당하는 것
   가. 압력배관용탄소강관(KS D 3562)
   나. 배관용 아크용접 탄소강 강관(KS D 3583)배관

② 제1항에도 불구하고 다음 각 호의 어느 하나에 해당하는 장소에는 소방청장이 정하여 고시한

「소방용합성수지배관의 성능인증 및 제품검사의 기술기준」에 적합한 소방용 합성수지배관으로 설치할 수 있다.

1. 배관을 지하에 매설하는 경우
2. 다른 부분과 내화구조로 구획된 덕트 또는 피트의 내부에 설치하는 경우
3. 천장(상층이 있는 경우에는 상층바닥의 하단을 포함한다. 이하 같다)과 반자를 불연재료 또는 준불연재료로 설치하고 그 내부에 습식으로 배관을 설치하는 경우

③ 급수배관은 다음 각 호의 기준에 따라 설치하여야 한다.

1. 전용으로 할 것. 다만, 상수도직결형의 경우에는 수도배관 호칭지름 32mm 이상의 배관이어야 하고, 간이헤드가 개방될 경우에는 유수신호 작동과 동시에 다른 용도로 사용하는 배관의 송수를 자동 차단할 수 있도록 하여야 하며, 배관과 연결되는 이음쇠 등의 부속품은 물이 고이는 현상을 방지하는 조치를 하여야 한다.
2. 급수를 차단할 수 있는 개폐밸브는 개폐표시형으로 할 것. 이 경우 펌프의 흡입측배관에는 버터플라이밸브외의 개폐표시형밸브를 설치하여야 한다.
3. 배관의 구경은 제5조제1항에 적합하도록 수리계산에 의하거나 별표 1의 기준에 따라 설치할 것. 다만, 수리계산에 의하는 경우 가지배관의 유속은 6m/s, 그 밖의 배관의 유속은 10m/s를 초과할 수 없다.

④ 펌프의 흡입측배관은 다음 각 호의 기준에 따라 설치하여야 한다.

1. 공기고임이 생기지 아니하는 구조로 하고 여과장치를 설치할 것
2. 수조가 펌프보다 낮게 설치된 경우에는 각 펌프(충압펌프를 포함한다)마다 수조로부터 별도로 설치할 것

⑤ 연결송수관설비의 배관과 겸용할 경우의 주배관은 구경 100mm 이상, 방수구로 연결되는 배관의 구경은 65mm 이상의 것으로 하여야 한다.

⑥ 펌프의 성능은 체절운전 시 정격토출압력의 140%를 초과하지 아니하고, 정격토출량의 150%로 운전 시 정격토출압력의 65% 이상이 되어야 하며, 펌프의 성능시험배관은 다음 각호의 기준에 적합하여야 한다.

1. 성능시험배관은 펌프의 토출측에 설치된 개폐밸브 이전에서 분기하여 설치하고, 유량측정장치를 기준으로 전단 직관부에 개폐밸브를 후단 직관부에는 유량조절밸브를 설치할 것
2. 유량측정장치는 성능시험배관의 직관부에 설치하되, 펌프의 정격토출량의 175% 이상 측정할 수 있는 성능이 있을 것

⑦ 가압송수장치의 체절운전 시 수온의 상승을 방지하기 위하여 체크밸브와 펌프사이에서 분기한 구경 20mm 이상의 배관에 체절압력 미만에서 개방되는 릴리프밸브를 설치하여야 한다.

⑧ 동결방지조치를 하거나 동결의 우려가 없는 장소에 설치하여야 한다. 다만, 보온재를 사용할 경우에는 난연재료 성능 이상의 것으로 하여야 한다.

⑨ 가지배관의 배열은 다음 각 호의 기준에 따른다.

1. 토너먼트(tournament)방식이 아닐 것
2. 교차배관에서 분기되는 지점을 기점으로 한쪽 가지배관에 설치되는 간이헤드의 개수(반자 아래와 반자속의 헤드를 하나의 가지배관 상에 병설하는 경우에는 반자 아래에 설치하는 헤드의 개수)는 8개 이하로 할 것. 다만, 다음 각 목의 어느 하나에 해당하는 경우에는 그러하지 아니하다.
   가. 기존의 방호구역 안에서 칸막이 등으로 구획하여 1개의 간이헤드를 증설하는 경우
   나. 격자형 배관방식(2 이상의 수평주행배관 사이를 가지배관으로 연결하는 방식을 말한다)을 채택하는 때에는 펌프의 용량, 배관의 구경 등을 수리학적으로 계산한 결과 간이헤드의 방수압 및 방수량이 소화목적을 달성하는 데 충분하다고 인정되는 경우
3. 가지배관과 간이헤드 사이의 배관을 신축배관으로 하는 경우에는 소방청장이 정하여 고시한 「스프링클러설비신축배관 성능인증 및 제품검사의 기술기준」에 적합한 것으로 설치할 것. 이 경우 신축배관의 설치길이는 소방청장이 정하여 고시한 「스프링클러설비의 화재안전기준」 제10조제3항의 거리를 초과하지 않을 것

⑩ 가지배관에 하향식간이헤드를 설치하는 경우에 가지배관으로부터 간이헤드에 이르는 헤드접속배관은 가지관상부에서 분기할 것. 다만, 소화설비용 수원의 수질이 「먹는물관리법」 제5조에 따라 먹는물의 수질기준에 적합하고 덮개가 있는 저수조로부터 물을 공급받는 경우에는 가지배관의 측면 또는 하부에서 분기할 수 있다.

⑪ 준비작동식유수검지장치를 사용하는 간이스프링클러설비에 있어서 유수검지장치 2차측 배관의 부대설비는 다음 각 호의 기준에 따른다.

1. 개폐표시형밸브를 설치할 것
2. 제1호에 따른 밸브와 준비작동식유수검지장치 사이의 배관은 다음 각 목과 같은 구조로 할 것
   가. 수직배수배관과 연결하고 동 연결배관상에는 개폐밸브를 설치할 것
   나. 자동배수장치 및 압력스위치를 설치할 것
   다. 나목에 따른 압력스위치는 수신부에서 준비작동식유수검지장치의 개방여부를 확인할 수 있게 설치할 것

⑫ 간이스프링클러설비에는 유수검지장치를 시험할 수 있는 시험 장치를 다음 각 호의 기준에 따라 설치하여야 한다. 다만, 준비작동식유수검지장치를 설치하는 부분은 그러하지 아니하

다. 〈개정 2008. 12. 15., 2011. 11. 24., 2013. 6. 10., 2021. 7. 22.〉

1. 펌프(캐비닛형 제외)를 가압송수장치로 사용하는 경우 유수검지장치 2차측 배관에 연결하여 설치하고, 펌프 외의 가압송수장치를 사용하는 경우 유수검지장치에서 가장 먼 거리에 위치한 가지배관의 끝으로부터 연결하여 설치할 것
2. 시험장치배관의 구경은 25 mm 이상으로 하고, 그 끝에 개폐밸브 및 개방형간이헤드 또는 간이스프링클러헤드와 동등한 방수성능을 가진 오리피스를 설치할 것. 이 경우 개방형간이헤드는 반사판 및 프레임을 제거한 오리피스만으로 설치할 수 있다.
3. 시험배관의 끝에는 물받이 통 및 배수관을 설치하여 시험 중 방사된 물이 바닥에 흘러내리지 아니하도록 하여야 한다. 다만, 목욕실・화장실 또는 그 밖의 곳으로서 배수처리가 쉬운 장소에 시험배관을 설치한 경우에는 그렇지 않다.

⑬ 배관에 설치되는 행가는 다음 각 호의 기준에 따라 설치하여야 한다.

1. 가지배관에는 간이헤드의 설치지점 사이마다 1개 이상의 행가를 설치하되, 간이헤드간의 거리가 3.5m를 초과하는 경우에는 3.5m 이내마다 1개 이상 설치할 것. 이 경우 상향식간이헤드와 행가 사이에는 8cm 이상의 간격을 두어야 한다.
2. 교차배관에는 가지배관과 가지배관 사이마다 1개 이상의 행가를 설치하되, 가지배관 사이의 거리가 4.5m를 초과하는 경우에는 4.5m이내마다 1개 이상 설치할 것
3. 제1호 및 제2호의 수평주행배관에는 4.5m 이내마다 1개 이상 설치할 것

⑭ 급수배관에 설치되어 급수를 차단할 수 있는 개폐밸브에는 그 밸브의 개폐상태를 감시제어반에서 확인할 수 있도록 급수개폐밸브 작동표시 스위치를 다음 각 호의 기준에 따라 설치하여야 한다.

1. 급수개폐밸브가 잠길 경우 탬퍼스위치의 동작으로 인하여 감시제어반 또는 수신기에 표시되어야 하며 경보음을 발할 것
2. 탬퍼스위치는 감시제어반 또는 수신기에서 동작의 유무확인과 동작시험, 도통시험을 할 수 있을 것
3. 급수개폐밸브의 작동표시 스위치에 사용되는 전기배선은 내화전선 또는 내열전선으로 설치할 것

⑮ 간이스프링클러설비 배관의 배수를 위한 기울기는 다음 각 호의 기준에 따른다.

1. 간이스프링클러설비의 배관을 수평으로 할 것. 다만, 배관의 구조상 소화수가 남아 있는 곳에는 배수밸브를 설치하여야 한다.

⑯ 간이스프링클러설비의 배관 및 밸브 등의 순서는 다음 각 호의 기준에 따라 설치하여야 한다.

1. 상수도직결형은 다음 각 목의 기준에 따라 설치할 것

가. 수도용계량기, 급수차단장치, 개폐표시형밸브, 체크밸브, 압력계, 유수검지장치(압력스위치 등 유수검지장치와 동등 이상의 기능과 성능이 있는 것을 포함한다. 이하 같다), 2개의 시험밸브의 순으로 설치할 것

나. 간이스프링클러설비 이외의 배관에는 화재시 배관을 차단할 수 있는 급수차단장치를 설치할 것

2. 펌프 등의 가압송수장치를 이용하여 배관 및 밸브 등을 설치하는 경우에는 수원, 연성계 또는 진공계(수원이 펌프보다 높은 경우를 제외한다. 이하 같다), 펌프 또는 압력수조, 압력계, 체크밸브, 성능시험배관, 개폐표시형밸브, 유수검지장치, 시험밸브의 순으로 설치할 것

3. 가압수조를 가압송수장치로 이용하여 배관 및 밸브등을 설치하는 경우에는 수원, 가압수조, 압력계, 체크밸브, 성능시험배관, 개폐표시형밸브, 유수검지장치, 2개의 시험밸브의 순으로 설치할 것

4. 캐비닛형의 가압송수장치에 배관 및 밸브 등을 설치하는 경우에는 수원, 연성계 또는 진공계(수원이 펌프보다 높은 경우를 제외한다. 이하 같다), 펌프 또는 압력수조, 압력계, 체크밸브, 개폐표시형밸브, 2개의 시험밸브의 순으로 설치할 것. 다만, 소화용수의 공급은 상수도와 직결된 바이패스관 또는 펌프에서 공급받아야 한다.

⑰ 배관은 다른 설비의 배관과 쉽게 구분이 될 수 있는 위치에 설치하거나 그 배관표면 또는 배관 보온재표면은 「한국산업표준(배관계의 식별 표시, KS A 0503)」 또는 적색으로 식별이 가능하도록 소방용설비의 배관임을 표시하여야 한다.

⑱ 확관형 분기배관을 사용할 경우에는 소방청장이 정하여 고시한 「분기배관의 성능인증 및 제품검사의 기술기준」에 적합한 것으로 설치하여야 한다. 〈개정 2013. 6. 10., 2015. 1. 23., 2017. 7. 26., 2021. 12. 16.〉

제9조(간이헤드)

간이헤드는 다음 각 호의 기준에 적합한 것을 사용하여야 한다.

1. 폐쇄형간이헤드를 사용할 것

2. 간이헤드의 작동온도는 실내의 최대 주위천장온도가 0℃ 이상 38℃ 이하인 경우 공칭작동온도가 57℃에서 77℃의 것을 사용하고, 39℃ 이상 66℃ 이하인 경우에는 공칭작동온도가 79℃에서 109℃의 것을 사용할 것

3. 간이헤드를 설치하는 천장·반자·천장과 반자사이·덕트·선반 등의 각 부분으로부터 간이헤드

까지의 수평거리는 2.3m(「스프링클러헤드의 형식승인 및 제품검사의 기술기준」 유효반경의 것으로 한다.) 이하가 되도록 하여야 한다. 다만, 성능이 별도로 인정된 간이헤드를 수리계산에 따라 설치하는 경우에는 그러하지 아니하다.

4. 상향식간이헤드 또는 하향식간이헤드의 경우에는 간이헤드의 디플렉터에서 천장 또는 반자까지의 거리는 25mm에서 102mm 이내가 되도록 설치하여야 하며, 측벽형간이헤드의 경우에는 102mm에서 152mm사이에 설치할 것 다만, 플러쉬 스프링클러헤드의 경우에는 천장 또는 반자까지의 거리를 102 mm 이하가 되도록 설치할 수 있다.
5. 간이헤드는 천장 또는 반자의 경사·보·조명장치 등에 따라 살수장애의 영향을 받지 아니하도록 설치할 것
6. 제4호의 규정에도 불구하고 소방대상물의 보와 가장 가까운 간이헤드는 다음 표의 기준에 따라 설치할 것. 다만, 천장면에서 보의 하단까지의 길이가 55cm를 초과하고 보의 하단 측면 끝부분으로부터 간이헤드까지의 거리가 간이헤드 상호간 거리의 2분의 1 이하가 되는 경우에는 간이헤드와 그 부착면과의 거리를 55cm 이하로 할 수 있다.

간이헤드의 반사판 중심과 보의 수평거리	간이헤드의 반사판 높이와 보의 하단 높이의 수직거리
0.75m 미만	보의 하단보다 낮을 것
0.75m 이상 1m 미만	0.1m 미민일 것
1m 이상 1.5m 미만	0.15m 미만일 것
1.5m 이상	0.3m 미만일 것

7. 상향식간이헤드 아래에 설치되는 하향식간이헤느에는 상향식 헤드의 방출수를 차단할 수 있는 유효한 차폐판을 설치할 것
8. 간이스프링클러설비를 설치하여야 할 소방대상물에 있어서는 간이헤드 설치 제외에 관한 사항은 「스프링클러설비의 화재안전기준」 제15조제1항을 준용한다.
9. 제6조제7호에 따른 주차장에는 표준반응형스프링클러헤드를 설치하여야 하며 설치기준은 「스프링클러설비의 화재안전기준(NFSC 103)」제10조를 준용한다.

제10조(음향장치 및 기동장치)

① 간이스프링클러설비의 음향장치 및 기동장치는 다음 각 호의 기준에 따라 설치하여야 한다.

1. 습식유수검지장치를 사용하는 설비에 있어서는 간이헤드가 개방되면 유수검지장치가 화재신호를 발신하고 그에 따라 음향장치가 경보되도록 할 것
2. 음향장치는 습식유수검지장치의 담당구역마다 설치하되 그 구역의 각 부분으로부터 하나의 음향장치까지의 수평거리는 25m 이하가 되도록 할 것

3. 음향장치는 경종 또는 사이렌(전자식 사이렌을 포함한다)으로 하되, 주위의 소음 및 다른 용도의 경보와 구별이 가능한 음색으로 할 것. 이 경우 경종 또는 사이렌은 자동화재탐지설비·비상벨설비 또는 자동식사이렌설비의 음향장치와 겸용할 수 있다.
4. 주음향장치는 수신기의 내부 또는 그 직근에 설치할 것.
5. 5층(지하층을 제외한다) 이상으로서 연면적이 3,000m^{2}를 초과하는 소방대상물 또는 그 부분에 있어서는 2층 이상의 층에서 발화한 때에는 발화층 및 그 직상층에 한하여, 1층에서 발화한 때에는 발화층·그 직상층 및 지하층에 한하여, 지하층에서 발화한 때에는 발화층·그 직상층 및 기타의 지하층에 한하여 경보를 발할 수 있도록 할 것
6. 음향장치는 다음 각 목의 기준에 따른 구조 및 성능의 것으로 할 것
   가. 정격전압의 80% 전압에서 음향을 발할 수 있는 것으로 할 것
   나. 음량은 부착된 음향장치의 중심으로부터 1m 떨어진 위치에서 90dB 이상이 되는 것으로 할 것

② 간이스프링클러설비의 가압송수장치로서 펌프가 설치되는 경우에는 그 펌프의 작동은 다음 각 호의 어느 하나의 기준에 적합하여야 한다.
1. 습식유수검지장치를 사용하는 설비에 있어서는 동장치의 발신이나 기동용수압개폐장치에 따라 작동되거나 또는 이 두 가지의 혼용에 따라 작동될 수 있도록 할 것
2. 준비작동식유수검지장치를 사용하는 설비에 있어서는 화재감지기의 화재감지나 기동용수압개폐장치에 따라 작동되거나 또는 이 두 가지의 혼용에 따라 작동될 수 있도록 할 것

③ 준비작동식유수검지장치의 작동 기준은 「스프링클러설비의 화재안전기준(NFSC 103)」 제9조제3항을 준용한다.

④ 제1항부터 제3항의 배선(감지기 상호간의 배선은 제외한다)은 「옥내소화전설비의 화재안전기준(NFSC 102)」 별표 1에 따라 내화 또는 내열성능이 있는 배선을 사용하되, 다른 배선과 공유하는 회로방식이 되지 아니하도록 하여야 한다. 다만, 음향장치의 작동에 지장을 주지 아니하는 회로방식의 경우에는 그러하지 아니하다.

제11조(송수구)

간이스프링클러설비에는 소방차로부터 그 설비에 송수할 수 있는 송수구를 다음 각 호의 기준에 따라 설치하여야 한다. 다만, 「다중이용업소의 안전관리에 관한 특별법」 제9조제1항 및 같은 법 시행령 제9조에 해당하는 영업장(건축물 전체가 하나의 영업장일 경우는 제외)에 설치되는 상수도직결형 또는 캐비닛형의 경우에는 송수구를 설치하지 아니할 수 있다.

1. 송수구는 소방차가 쉽게 접근할 수 있는 잘 보이는 장소에 설치하되 화재층으로부터 지면으로 떨어지는 유리창 등이 송수 및 그 밖의 소화작업에 지장을 주지 아니하는 장소에 설치할 것
2. 송수구로부터 간이스프링클러설비의 주배관에 이르는 연결배관에 개폐밸브를 설치한 때에는 그 개폐상태를 쉽게 확인 및 조작할 수 있는 옥외 또는 기계실 등의 장소에 설치할 것
3. 구경 65mm의 단구형 또는 쌍구형으로 하여야 하며, 송수배관의 안지름은 40mm 이상으로 할 것
4. 지면으로부터 높이가 0.5m 이상 1m 이하의 위치에 설치할 것
5. 송수구의 가까운 부분에 자동배수밸브(또는 직경 5mm의 배수공) 및 체크밸브를 설치할 것. 이 경우 자동배수밸브는 배관안의 물이 잘 빠질 수 있는 위치에 설치하되, 배수로 인하여 다른 물건 또는 장소에 피해를 주지 아니하여야 한다.
6. 송수구에는 이물질을 막기 위한 마개를 씌울 것

제12조(비상전원)

간이스프링클러설비에는 다음 각 호의 기준에 적합한 비상전원 또는 「소방시설용비상전원수전설비의 화재안전기준 (NFSC 602)」의 규정에 따른 비상전원수전설비를 설치하여야 한다. 다만, 무전원으로 작동되는 간이스프링클러설비의 경우에는 모든 기능이 10분[영 별표 5 제1호마목1) 또는 6)과 7)에 해당하는 경우에는 20분] 이상 유효하게 지속될 수 있는 구조를 갖추어야 한다.

1. 간이스프링클러설비를 유효하게 10분[영 별표 5 제1호마목1) 또는 6)과 7)에 해당하는 경우에는 20분]이상 작동할 수 있도록 할 것
2. 상용전원으로부터 전력의 공급이 중단된 때에는 자동으로 비상전원으로부터 전원을 공급받을 수 있는 구조로 할 것

제13조(수원 및 가압송수장치의 펌프 등의 겸용)

① 간이스프링클러설비의 수원을 옥내소화전설비·스프링클러설비·화재조기진압용 스프링클러설비·물분무소화설비·포소화전설비 및 옥외소화전설비의 수원과 겸용하여 설치하는 경우의 저수량은 각 소화설비에 필요한 저수량을 합한 양이상이 되도록 하여야 한다. 다만, 이들 소화설비중 고정식 소화설비(펌프·배관과 소화수 또는 소화약제를 최종 방출하는 방출구가 고정된 설비를 말한다. 이하 같다)가 2이상 설치되어 있고, 그 소화설비가 설치된 부분이 방화벽과 방화문으로 구획되어 있는 경우에는 각 고정식 소화설비에 필요한 저수량 중 최대의 것

이상으로 할 수 있다.

② 간이스프링클러설비의 가압송수장치로 사용하는 펌프를 옥내소화전설비·스프링클러설비·화재조기진압용 스프링클러설비·물분무소화설비·포소화설비 및 옥외소화전설비의 가압송수장치와 겸용하여 설치하는 경우의 펌프의 토출량은 각 소화설비에 해당하는 토출량을 합한 양 이상이 되도록 하여야 한다. 다만, 이들 소화설비중 고정식 소화설비가 2 이상 설치되어 있고, 그 소화설비가 설치된 부분이 방화벽과 방화문으로 구획되어 있으며 각 소화설비에 지장이 없는 경우에는 펌프의 토출량중 최대의 것 이상으로 할 수 있다.

③ 옥내소화전설비·스프링클러설비·간이스프링클러설비·화재조기진압용 스프링클러설비·물분무소화설비·포소화설비 및 옥외소화전설비의 가압송수장치에 있어서 각 토출측배관과 일반급수용의 가압송수장치의 토출측배관을 상호 연결하여 화재시 사용할 수 있다. 이 경우 연결배관에는 개·폐표시형밸브를 설치하여야 하며, 각 소화설비의 성능에 지장이 없도록 하여야 한다.

④ 간이스프링클러설비의 송수구를 옥내소화전설비·스프링클러설비·화재조기진압용 스프링클러설비·물분무소화설비·포소화설비·연결송수관설비 또는 연결살수설비의 송수구와 겸용으로 설치하는 경우에는 스프링클러설비의 송수구의 설치기준에 따르되 각각의 소화설비의 기능에 지장이 없도록 하여야 한다.

제14조(설치·유지기준의 특례)

소방본부장 또는 소방서장은 기존건축물이 증축·개축·대수선되거나 용도 변경되는 경우에 있어서 이 기준이 정하는 기준에 따라 해당 건축물에 설치하여야 할 간이스프링클러설비의 배관·배선 등의 공사가 현저하게 곤란하다고 인정되는 경우에는 해당 설비의 기능 및 사용에 지장이 없는 범위 안에서 간이스프링클러설비의 설치·유지기준의 일부를 적용하지 않을 수 있다.

제15조(재검토 기한)

소방청장은 「훈령·예규 등의 발령 및 관리에 관한 규정」에 따라 이 고시에 대하여 2022년 1월 1일 기준으로 매3년이 되는 시점(매 3년째의 12월31일까지를 말한다)마다 그 타당성을 검토하여 개선 등의 조치를 하여야 한다.

6. 화재조기진압용 스프링클러설비의 화재안전기준(NFSC 103B)

제1조(목적)

이 기준은 「화재예방, 소방시설 설치·유지 및 안전관리에 관한 법률」 제9조제1항에 따라 소방청장에게 위임한 사항 중 소화설비인 화재조기진압용 스프링클러설비의 설치·유지 및 안전관리에 필요한 사항을 규정함을 목적으로 한다.

제2조(적용범위)

「화재예방, 소방시설 설치·유지 및 안전관리에 관한 법률 시행령」(이하 "영"이라 한다) 별표 5제1호라목에 따른 스프링클러설비 중 「스프링클러설비의 화재안전기준(NFSC 103)」 제10조제2항의 랙크식창고에 설치하는 화재조기진압용 스프링클러설비는 이 기준에서 정하는 규정에 따라 설비를 설치하고 유지·관리하여야 한다.

제3조(정의)

이 기준에서 사용하는 용어의 정의는 다음과 같다

1. "화재조기진압용 스프링클러헤드"란 특정 높은 장소의 화재위험에 대하여 조기에 진화할 수 있도록 설계된 스프링클러헤드를 말한다.
2. "충압펌프"란 배관 내 압력손실에 따른 주펌프의 빈번한 기동을 방지하기 위하여 충압역할을 하는 펌프를 말한다.
3. "고가수조"란 구조물 또는 지형지물 등에 설치하여 자연낙차압력으로 급수하는 수조를 말한다.
4. "압력수조"란 소화용수와 공기를 채우고 일정압력 이상으로 가압하여 그 압력으로 급수하는 수조를 말한다.
5. "정격토출량"이란 정격토출압력에서의 펌프의 토출량을 말한다.
6. "정격토출압력"이란 정격토출량에서의 펌프의 토출측 압력을 말한다.
7. "진공계"란 대기압 이하의 압력을 측정하는 계측기를 말한다.
8. "연성계"란 대기압 이상의 압력과 대기압 이하의 압력을 측정할 수 있는 계측기를 말한다.
9. "체절운전"이란 펌프의 성능시험을 목적으로 펌프토출측의 개폐밸브를 닫은 상태에서 펌프를 운전하는 것을 말한다.
10. "기동용수압개폐장치"란 소화설비의 배관내 압력변동을 검지하여 자동적으로 펌프를 기동 및 정지시키는 것으로서 압력챔버 또는 기동용압력스위치 등을말한다.

11. “유수검지장치”란 습식유수검지장치를 말하며 본체내의 유수현상을 자동적으로 검지하여 신호 또는 경보를 발하는 장치를 말한다.
12. “가지배관”이란 화재조기진압용 스프링클러헤드가 설치되어 있는 배관을 말한다.
13. “교차배관”이란 직접 또는 수직배관을 통하여 가지배관에 급수하는 배관을 말한다.
14. “주배관”이란 각 층을 수직으로 관통하는 수직배관을 말한다.
15. “신축배관”이란 가지배관과 스프링클러헤드를 연결하는 구부림이 용이하도록 유연성을 가진 배관을 말한다.
16. “급수배관”이란 수원 및 옥외송수구로부터 화재조기진압용 스프링클러헤드에 급수하는 배관을 말한다.
16의2. "분기배관"이란 배관 측면에 구멍을 뚫어 둘 이상의 관로가 생기도록 가공한 배관으로서 확관형 분기배관과 비확관형 분기배관을 말한다. 〈신설 2021. 12. 16.〉
16의3. "확관형 분기배관"이란 배관의 측면에 조그만 구멍을 뚫고 소성가공으로 확관시켜 배관 용접이음자리를 만들거나 배관 용접이음자리에 배관이음쇠를 용접 이음한 배관을 말한다. 〈신설 2021. 12. 16.〉
16의4. "비확관형 분기배관"이란 배관의 측면에 분기호칭내경 이상의 구멍을 뚫고 배관이음쇠를 용접 이음한 배관을 말한다. 〈신설 2021. 12. 16.〉
17. “개폐표시형밸브”란 밸브의 개폐여부를 외부에서 식별이 가능한 밸브를 말한다.
18. “가압수조”란 가압원인 압축공기 또는 불연성 고압기체에 따라 소방용수를 가압시키는 수조를 말한다.

제4조(설치장소의 구조)

화재조기진압용 스프링클러설비를 설치할 장소의 구조는 다음 각 호에 적합하여야 한다.

1. 해당층의 높이가 13.7m 이하일 것. 다만, 2층 이상일 경우에는 해당층의 바닥을 내화구조로 하고 다른 부분과 방화구획 할 것
2. 천장의 기울기가 1,000분의 168을 초과하지 않아야 하고, 이를 초과하는 경우에는 반자를 지면과 수평으로 설치할 것
3. 천장은 평평하여야 하며 철재나 목재트러스 구조인 경우, 철재나 목재의 돌출부분이 102mm를 초과하지 아니할 것
4. 보로 사용되는 목재·콘크리트 및 철재사이의 간격이 0.9m 이상 2.3m 이하일 것. 다만, 보의 간격이 2.3m 이상인 경우에는 화재조기진압용 스프링클러헤드의 동작을 원활히 하기 위하

여 보로 구획된 부분의 천장 및 반자의 넓이가 28m^{2}를 초과하지 아니할 것

5. 창고내의 선반의 형태는 하부로 물이 침투되는 구조로 할 것

제5조(수원)

① 화재조기진압용 스프링클러설비의 수원은 수리학적으로 가장 먼 가지배관 3개에 각각 4개의 스프링클러헤드가 동시에 개방되었을 때 헤드선단의 압력이 별표 3에 따른 값 이상으로 60분간 방사할 수 있는 양으로 계산식은 다음과 같다.

$Q = 12 \times 60 \times K\sqrt{10p}$

Q : 수원의 양(l)

K : 상수 [l/min/(MPa)1/2]

p : 헤드선단의 압력(MPa)

② 화재조기진압용 스프링클러설비의 수원은 제1항에 따라 산출된 유효수량 외 유효수량의 3분의 1 이상을 옥상(화재조기진압용 스프링클러설비가 설치된 건축물의 주된 옥상을 말한다)에 설치하여야 한다. 다만, 다음 각 호의 어느 하나에 해당하는 경우에는 그러하지 아니하다.

1. 옥상이 없는 건축물 또는 공작물
2. 지하층만 있는 건축물
3. 제6조제2항에 따라 고가수조를 가압송수장치로 설치한 화재조기진압용 스프링클러설비
4. 수원이 건축물의 지붕보다 높은 위치에 설치된 경우
5. 건축물의 높이가 지표면으로부터 10m 이하인 경우
6. 주펌프와 동등 이상의 성능이 있는 별도의 펌프로서 내연기관의 기동과 연동하여 작동되거나 비상전원을 연결하여 설치한 경우
7. 제6조제4항에 따라 가압수조를 가압송수장치로 설치한 화재조기진압용 스프링클러설비

③ 옥상수조(제1항에 따라 산출된 유효수량의 3분의 1 이상을 옥상에 설치한 설비를 말한다. 이하 같다)는 이와 연결된 배관을 통하여 상시 소화수를 공급할 수 있는 구조인 특정소방대상물인 경우에는 둘 이상의 특정소방대상물이 있더라도 하나의 특정소방대상물에만 이를 설치할 수 있다.

④ 화재조기진압용 스프링클러설비의 수원을 수조로 설치하는 경우에는 소방설비의 전용수조로 하여야 한다. 다만, 다음 각 호의 어느 하나에 해당하는 경우에는 그러하지 아니하다.

1. 화재조기진압용스프링클러펌프의 후드밸브 또는 흡수배관의 흡수구(수직회전축펌프의 흡수구를 포함한다. 이하 같다)를 다른 설비(소방용 설비 외의 것을 말한다. 이하 같다)의

후드밸브 또는 흡수구보다 낮은 위치에 설치한 때

2. 제6조제2항에 따른 고가수조로부터 화재조기진압용 스프링클러설비의 수직배관에 물을 공급하는 급수구를 다른 설비의 급수구보다 낮은 위치에 설치한 때

⑤ 제1항과 제2항에 따른 저수량을 산정함에 있어서 다른 설비와 겸용하여 화재조기진압용 스프링클러설비용 수조를 설치하는 경우에는 화재조기진압용 스프링클러설비의 후드밸브·흡수구 또는 수직배관의 급수구와 다른 설비의 후드밸브·흡수구 또는 수직배관의 급수구와의 사이의 수량을 그 유효수량으로 한다.

⑥ 화재조기진압용 스프링클러설비용 수조는 다음 각 호의 기준에 따라 설치하여야 한다.

1. 점검에 편리한 곳에 설치할 것
2. 동결방지조치를 하거나 동결의 우려가 없는 장소에 설치할 것
3. 수조의 외측에 수위계를 설치할 것. 다만, 구조상 불가피한 경우에는 수조의 맨홀 등을 통하여 수조 안의 물의 양을 쉽게 확인할 수 있도록 하여야 한다.
4. 수조의 상단이 바닥보다 높은 때에는 수조의 외측에 고정식 사다리를 설치할 것
5. 수조가 실내에 설치된 때에는 그 실내에 조명설비를 설치할 것
6. 수조의 밑 부분에는 청소용 배수밸브 또는 배수관을 설치할 것
7. 수조의 외측의 보기 쉬운 곳에 "화재조기진압용 스프링클러설비용 수조"라고 표시한 표지를 할 것. 이 경우 그 수조를 다른 설비와 겸용하는 때에는 그 겸용되는 설비의 이름을 표시한 표지를 함께 하여야 한다.
8. 화재조기진압용 스프링클러펌프의 흡수배관 또는 화재조기진압용 스프링클러설비의 수직배관과 수조의 접속 부분에는 "화재조기진압용 스프링클러설비용 배관"이라고 표시한 표지를 할 것. 다만, 수조와 가까운 장소에 화재조기진압용 스프링클러펌프가 설치되고 화재조기진압용 스프링클러펌프에 제6조제1항제12호에 따른 표지를 설치한 때에는 그러하지 아니하다.

제6조(가압송수장치)

① 전동기 또는 내연기관에 따라 펌프를 이용하는 가압송수장치는 다음 각 호의 기준에 따라 설치하여야 한다.

1. 쉽게 접근할 수 있고 점검하기에 충분한 공간이 있는 장소로서 화재 및 침수 등의 재해로 인한 피해를 받을 우려가 없는 곳에 설치할 것
2. 동결방지조치를 하거나 동결의 우려가 없는 장소에 설치할 것
3. 펌프는 전용으로 할 것. 다만, 다른 소화설비와 겸용하는 경우 각각의 소화설비의 성능에

지장이 없을 때에는 그러하지 아니하다.

4. 펌프의 토출측에는 압력계를 체크밸브 이전에 펌프토출측 플랜지에서 가까운 곳에 설치하고, 흡입측에는 연성계 또는 진공계를 설치할 것. 다만, 수원의 수위가 펌프의 위치보다 높거나 수직회전축 펌프의 경우에는 연성계 또는 진공계를 설치하지 아니할 수 있다.
5. 가압송수장치에는 정격부하 운전 시 펌프의 성능을 시험하기 위한 배관을 설치할 것. 다만, 충압펌프의 경우에는 그러하지 아니하다.
6. 가압송수장치에는 체절운전 시 수온의 상승을 방지하기 위한 순환배관을 설치할 것. 다만, 충압펌프의 경우에는 그러하지 아니하다.
7. 기동용수압개폐장치(압력챔버)를 사용할 경우 그 용적은 100L 이상의 것으로 할 것
8. 수원의 수위가 펌프보다 낮은 위치에 있는 가압송수장치에는 다음 각 목의 기준에 따른 물올림장치를 설치할 것
   가. 물올림장치에는 전용의 수조를 설치할 것
   나. 수조의 유효수량은 100L 이상으로 하되, 구경 15mm 이상의 급수배관에 따라 당해 수조에 물이 계속 보급되도록 할 것
9. 제5조의 방사량 및 헤드선단의 압력을 충족할 것
10. 기동용수압개폐장치를 기동장치로 사용하는 경우에는 다음 각 목의 기준에 따른 충압펌프를 설치할 것
   가. 펌프의 토출압력은 그 설비의 최고위 살수장치의 자연압보다 적어도 0.2MPa이 더 크도록 하거나 가압송수장치의 정격토출압력과 같게 할 것
   나. 펌프의 정격토출량은 정상적인 누설량 보다 적어서는 아니 되며 화재조기진압용 스프링클러설비가 자동적으로 작동할 수 있도록 충분한 토출량을 유지할 것
11. 내연기관을 사용하는 경우에는 제어반에 따라 내연기관의 자동기동 및 수동기동이 가능하고, 상시 충전되어 있는 축전지설비를 갖출 것
12. 가압송수장치에는 "화재조기진압용 스프링클러펌프"라고 표시한 표지를 할 것. 이 경우 그 가압송수장치를 다른 설비와 겸용하는 때에는 그 겸용되는 설비의 이름을 표시한 표지를 함께 하여야 한다.
13. 가압송수장치가 기동이 된 경우에는 자동으로 정지되지 아니하도록 하여야 한다. 다만, 충압펌프의 경우에는 그렇지 않다.
14. 가압송수장치는 부식 등으로 인한 펌프의 고착을 방지할 수 있도록 다음 각 목의 기준에 적합한 것으로 할 것. 다만, 충압펌프는 제외한다. 〈신설 2021. 7. 22.〉
   가. 임펠러는 청동 또는 스테인리스 등 부식에 강한 재질을 사용할 것

나. 펌프축은 스테인리스 등 부식에 강한 재질을 사용할 것

② 고가수조의 자연낙차를 이용한 가압송수장치는 다음 각 호의 기준에 따라 설치하여야 한다.

1. 고가수조의 자연낙차수두(수조의 하단으로부터 최고층에 설치된 헤드까지의 수직거리를 말한다)는 다음의 식에 따라 산출한 수치 이상이 되도록 할 것

   $H = h_1 + h_2$

   H : 필요한 낙차(m)

   h_1 : 배관의 마찰손실수두(m)

   h_2 : 별표 3에 의한 최소방사압력의 환산수두(m)

2. 고가수조에는 수위계·배수관·급수관·오버플로우관 및 맨홀을 설치할 것

③ 압력수조를 이용한 가압송수장치는 다음 각 호의 기준에 따라 설치하여야 한다.

1. 압력수조의 압력은 다음의 식에 따라 산출한 수치 이상으로 할 것

   $P = p_1 + p_2 + p_3$

   P : 필요한 압력(MPa)

   p_1 : 낙차의 환산수두압(MPa)

   p_2 : 배관의 마찰손실수두압(MPa)

   p_3 : 별표3에 의한 최소방사압력(MPa)

2. 압력수조에는 수위계·급수관·배수관·급기관·맨홀·압력계·안전장치 및 압력저하 방지를 위한 자동식 공기압축기를 설치할 것

④ 가압수조를 이용한 가압송수장치는 다음 각 호의 기준에 따라 설치하여야 한다.

1. 가압수조의 압력은 제1항제9호에 따른 방수량 및 방수압이 20분 이상 유지되도록 할 것
2. 삭제
3. 가압수조 및 가압원은 「건축법 시행령」 제46조에 따른 방화구획 된 장소에 설치 할 것
4. 삭제
5. 소방청장이 정하여 고시한 「가압수조식 가압송수장치의 성능인증 및 제품검사의 기술기준」에 적합한 것으로 설치할 것

제7조(방호구역·유수검지장치)

화재조기진압용 스프링클러설비의 방호구역(화재조기진압용 스프링클러설비의 소화범위에 포함된 영역을 말한다. 이하 같다)·유수검지장치는 다음 각 호의 기준에 적합하여야 한다.

1. 하나의 방호구역의 바닥면적은 3,000m^2를 초과하지 아니할 것
2. 하나의 방호구역에는 1개 이상의 유수검지장치를 설치하되, 화재발생시 접근이 쉽고 점검하기 편리한 장소에 설치할 것.
3. 하나의 방호구역은 2개층에 미치지 아니하도록 할 것. 다만, 1개층에 설치되는 화재조기진압용 스프링클러헤드의 수가 10개 이하인 경우에는 3개층 이내로 할 수 있다.
4. 유수검지장치를 실내에 설치하거나 보호용 철망 등으로 구획하여 바닥으로부터 0.8m 이상 1.5m 이하의 위치에 설치하되, 그 실 등에는 개구부가 가로 0.5m 이상 세로 1m 이상의 출입문을 설치하고 그 출입문 상단에 "유수검지장치실"이라고 표시한 표지를 설치할 것. 다만, 유수검지장치를 기계실(공조용기계실을 포함한다)안에 설치하는 경우에는 별도의 실 또는 보호용 철망을 설치하지 아니하고 기계실 출입문 상단에 "유수검지장치실"이라고 표시한 표지를 설치할 수 있다.〈개정 2021. 7. 22.〉
5. 화재조기진압용 스프링클러헤드에 공급되는 물은 유수검지장치를 지나도록 할 것. 다만, 송수구를 통하여 공급되는 물은 그러하지 아니하다.
6. 자연낙차에 따른 압력수가 흐르는 배관 상에 설치된 유수검지장치는 화재시 물의 흐름을 검지할 수 있는 최소한의 압력이 얻어질 수 있도록 수조의 하단으로부터 낙차를 두어 설치할 것

제8조(배관)

① 화재조기진압용 스프링클러설비의 배관은 습식으로 하여야 한다

② 배관은 배관용탄소강관(KS D 3507) 또는 배관내 사용압력이 1.2MPa 이상일 경우에는 압력배관용탄소강관(KS D 3562) 또는 이음매 없는 동 및 동합금(KS D 5301)의 배관용 동관이나 이와 동등 이상의 강도·내식성 및 내열성을 가진 것으로 하여야 한다.

③ 제2항에도 불구하고 다음 각 호의 어느 하나에 해당하는 장소에는 법 제39조에 따라 제품검사에 합격한 소방용 합성수지배관으로 설치할 수 있다.

1. 배관을 지하에 매설하는 경우
2. 다른 부분과 내화구조로 구획된 덕트 또는 피트의 내부에 설치하는 경우
3. 천장(상층이 있는 경우에는 상층바닥의 하단을 포함한다. 이하 같다)과 반자를 불연재료 또는 준불연재료로 설치하고 그 내부에 습식으로 배관을 설치하는 경우

④ 급수배관은 다음 각 호의 기준에 따라 설치하여야 한다.

1. 전용으로 할 것. 다만, 화재조기진압용 스프링클러설비의 기동장치의 조작과 동시에 다른 설비의 용도에 사용하는 배관의 송수를 차단할 수 있거나, 화재조기진압용 스프링클러의

성능에 지장이 없는 경우에는 다른 설비와 겸용할수 있다.

2. 급수를 차단할 수 있는 개폐밸브는 개폐표시형으로 할 것. 이 경우 펌프의 흡입측 배관에는 버터플라이밸브외의 개폐표시형밸브를 설치하여야 한다.
3. 배관의 구경은 제5조제1항에 적합하도록 수리계산에 따라 설치할 것. 다만, 이 경우 가지배관의 유속은 6m/s, 그 밖의 배관의 유속은 10m/s를 초과할 수 없다.

⑤ 펌프의 흡입측배관은 다음 각 호의 기준에 따라 설치하여야 한다.

1. 공기고임이 생기지 아니하는 구조로 하고 여과장치를 설치할 것
2. 수조가 펌프보다 낮게 설치된 경우에는 각 펌프(충압펌프를 포함한다)마다 수조로부터 별도로 설치할 것

⑥ 연결송수관설비의 배관과 겸용할 경우의 주배관은 구경 100mm 이상, 방수구로 연결되는 배관의 구경은 65mm 이상의 것으로 하여야 한다.

⑦ 펌프의 성능은 체절운전 시 정격토출압력의 140%를 초과하지 아니하고, 정격토출량의 150%로 운전 시 정격토출압력의 65% 이상이 되어야 하며, 펌프의 성능시험배관은 다음 각 호의 기준에 적합하여야 한다.

1. 성능시험배관은 펌프의 토출측에 설치된 개폐밸브 이전에서 분기하여 설치하고, 유량측정장치를 기준으로 전단 직관부에 개폐밸브를 후단 직관부에는 유량조절밸브를 설치할 것
2. 유량측정장치는 성능시험배관의 직관부에 설치하되, 펌프의 정격토출량의 175% 이상 측정할 수 있는 성능이 있을 것

⑧ 가압송수장치의 체절운전 시 수온의 상승을 방지하기 위하여 체크밸브와 펌프사이에서 분기한 구경 20mm 이상의 배관에 체절압력 미만에서 개방되는 릴리프밸브를 설치하여야 한다.

⑨ 동결방지조치를 하거나 동결의 우려가 없는 장소에 설치하여야 한다. 다만, 보온재를 사용할 경우에는 난연재료 성능 이상의 것으로 하여야 한다.

⑩ 가지배관의 배열은 다음 각 호의 기준에 따른다.

1. 토너먼트방식이 아닐 것
2. 가지배관 사이의 거리는 2.4m 이상 3.7m 이하로 할 것. 다만, 천장의 높이가 9.1m 이상 13.7m 이하인 경우에는 2.4m 이상 3.1m 이하로 한다.
3. 교차배관에서 분기되는 지점을 기점으로 한쪽 가지배관에 설치되는 헤드의 개수(반자 아래와 반자속의 헤드를 하나의 가지배관 상에 병설하는 경우에는 반자 아래에 설치하는 헤드의 개수)는 8개 이하로 할 것. 다만, 다음 각 목의 어느 하나에 해당하는 경우에는 그러하지 아니하다.

   가. 기존의 방호구역 안에서 칸막이 등으로 구획하여 1개의 헤드를 증설하는 경우

나. 격자형 배관방식(2 이상의 수평주행배관 사이를 가지배관으로 연결하는 방식을 말한다)을 채택하는 때에는 펌프의 용량, 배관의 구경 등을 수리학적으로 계산한 결과 헤드의 방수압 및 방수량이 소화목적을 달성하는 데 충분하다고 인정되는 경우. 다만, 중앙소방기술심의위원회 또는 지방소방기술심의위원회의 심의를 거친 경우에 한정한다.

4. 가지배관과 화재조기진압용 스프링클러헤드 사이의 배관을 신축배관으로 하는 경우에는 소방청장이 정하여 고시한 「스프링클러설비신축배관 성능인증 및 제품검사의 기술기준」에 적합한 것으로 설치할 것. 이 경우 신축배관의 설치길이는 소방청장이 정하여 고시한 「스프링클러설비의 화재안전기준(NFSC 103)」 제10조제3항의 거리를 초과하지 아니할 것

⑪ 교차배관의 위치·청소구 및 가지배관의 헤드설치는 다음 각 호의 기준에 따른다.

1. 교차배관은 가지배관과 수평으로 설치하거나 또는 가지배관 밑에 설치하고, 그 구경은 제4항제3호에 따르되, 최소구경이 40mm 이상이 되도록 할 것
2. 청소구는 교차배관 끝에 40mm 이상 크기의 개폐밸브를 설치하고, 호스접결이 가능한 나사식 또는 고정배수 배관식으로 할 것. 이 경우 나사식의 개폐밸브는 옥내소화전 호스접결용의 것으로 하고, 나사보호용의 캡으로 마감하여야 한다.
3. 하향식헤드를 설치하는 경우에 가지배관으로부터 헤드에 이르는 헤드접속배관은 가지관 상부에서 분기할 것. 다만, 소화설비용 수원의 수질이 「먹는물관리법」 제5조에 따라 먹는 물의 수질기준에 적합하고 덮개가 있는 저수조로부터 물을 공급받는 경우에는 가지배관의 측면 또는 하부에서 분기할 수 있다.

⑫ 유수검지장치를 시험할 수 있는 시험장치를 다음 각 호의 기준에 따라 설치하여야 한다. 〈개정 2012. 8. 20., 2021. 7. 22.〉

1. 유수검지장치 2차측 배관에 연결하여 설치할 것
2. 시험장치 배관의 구경은 32 mm 이상으로 하고, 그 끝에 개방형헤드 또는 화재조기진압용 스프링클러헤드와 동등한 방수성능을 가진 오리피스를 설치할 것. 이 경우 개방형헤드는 반사판 및 프레임을 제거한 오리피스만으로 설치할 수 있다.
3. 시험배관의 끝에는 물받이통 및 배수관을 설치하여 시험 중 방사된 물이 바닥에 흘러내리지 아니하도록 할 것. 다만, 목욕실・화장실 또는 그 밖의 곳으로서 배수처리가 쉬운 장소에 시험배관을 설치한 경우에는 그렇지 않다.

⑬ 배관에 설치되는 행가는 다음 각 호의 기준에 따라 설치하여야 한다.

1. 가지배관에는 헤드의 설치지점 사이마다 1개 이상의 행가를 설치하되, 헤드간의 거리가 3.5m를 초과하는 경우에는 3.5m 이내마다 1개 이상 설치할 것. 이 경우 상향식헤드와 행

가 사이에는 8cm 이상의 간격을 두어야 한다.

2. 교차배관에는 가지배관과 가지배관 사이마다 1개 이상의 행가를 설치하되, 가지배관 사이의 거리가 4.5m를 초과하는 경우에는 4.5m이내마다 1개 이상 설치할 것
3. 제1호와 제2호의 수평주행배관에는 4.5m 이내마다 1개 이상 설치할 것

⑭ 수직배수배관의 구경은 50mm 이상으로 하여야 한다.

⑮ 급수배관에 설치되어 급수를 차단할 수 있는 개폐밸브에는 그 밸브의 개폐상태를 감시제어반에서 확인할 수 있도록 급수개폐밸브 작동표시 스위치를 다음 각 호의 기준에 따라 설치하여야 한다.

1. 급수개폐밸브가 잠길 경우 탬퍼스위치의 동작으로 인하여 감시제어반 또는 수신기에 표시되어야 하며 경보음을 발할 것
2. 탬퍼스위치는 감시제어반 또는 수신기에서 동작의 유무확인과 동작시험, 도통시험을 할 수 있을 것
3. 급수개폐밸브의 작동표시 스위치에 사용되는 전기배선은 내화전선 또는 내열전선으로 설치할 것

⑯ 화재조기진압용 스프링클러설비 배관을 수평으로 하여야 한다. 다만, 배관의 구조상 소화수가 남아 있는 곳에는 배수밸브를 설치할 수 있다.

⑰ 배관은 다른 설비의 배관과 쉽게 구분이 될 수 있는 위치에 설치하거나그 배관표면 또는 배관 보온재표면의 색상을 달리하는 방법 등으로 소방용설비의 배관임을 표시하여야 한다.

⑱ 확관형 분기배관을 사용할 경우에는 소방청장이 정하여 고시한 「분기배관 성능인증 및 제품검사의 기술기준」에 적합한 것으로 설치하여야 한다. 〈개정 2012. 8. 20., 2015. 1. 23., 2017. 7. 26., 2021. 12. 16.〉

제9조(음향장치 및 기동장치)

① 화재조기진압용 스프링클러설비의 음향장치 및 기동장치는 다음 각 호의 기준에 따라 설치하여야 한다.

1. 유수검지장치를 사용하는 설비는 헤드가 개방되면 유수검지장치가 화재신호를 발신하고 그에 따라 음향장치가 경보되도록 할 것
2. 음향장치는 유수검지장치의 담당구역마다 설치하되 그 구역의 각 부분으로부터 하나의 음향장치까지의 수평거리는 25m 이하가 되도록 할 것
3. 음향장치는 경종 또는 사이렌(전자식 사이렌을 포함한다)으로 하되, 주위의 소음 및 다른 용도의 경보와 구별이 가능한 음색으로 할 것. 이 경우 경종 또는 사이렌은 자동화재탐지

설비·비상벨설비 또는 자동식사이렌설비의 음향장치와 겸용할 수 있다.

4. 주음향장치는 수신기의 내부 또는 그 직근에 설치할 것
5. 층수가 5층 이상으로서 연면적이 3,000m^2를 초과하는 특정소방대상물은 다음 각 목에 따라 경보를 발할 수 있도록 하여야 한다.
   가. 2층 이상의 층에서 발화한 때에는 발화층 및 그직상층에 경보를 발할 수 있도록 할 것
   나. 1층에서 발화한 때에는 발화층·그 직상층 및 지하층에 경보를 발할 수 있도록 할 것
   다. 지하층에서 발화한 때에는 발화층·그 직상층 및 기타의 지하층에 경보를 발할 수 있도록 할 것
6. 음향장치는 다음 각 목의 기준에 따른 구조 및 성능의 것으로 할 것
   가. 정격전압의 80% 전압에서 음향을 발할 수 있는 것으로 할 것
   나. 음량은 부착된 음향장치의 중심으로부터 1m 떨어진 위치에서 90폰 이상이 되는 것으로 할 것

② 화재조기진압용 스프링클러설비의 가압송수장치로서 펌프가 설치되는 경우에는 그 펌프의 작동은 유수검지장치의 발신이나 기동용수압개폐장치에 따라 작동되거나 또는 이 두 가지의 혼용에 따라 작동될 수 있도록 하여야 한다.

제10조(헤드)

화재조기진압용 스프링클러설비의 헤드는 다음 각 호에 적합하여야 한다.

1. 헤드 하나의 방호면적은 6.0m^2 이상 9.3m^2 이하로 할 것
2. 가지배관의 헤드 사이의 거리는 천장의 높이가 9.1m 미만인 경우에는 2.4m 이상 3.7m 이하로, 9.1m 이상 13.7m 이하인 경우에는 3.1m 이하으로 할 것
3. 헤드의 반사판은 천장 또는 반자와 평행하게 설치하고 저장물의 최상부와 914mm 이상 확보되도록 할 것
4. 하향식 헤드의 반사판의 위치는 천장이나 반자 아래 125mm 이상 355mm 이하일 것
5. 상향식 헤드의 감지부 중앙은 천장 또는 반자와 101mm 이상 152mm 이하이어야 하며, 반사판의 위치는 스프링클러배관의 윗부분에서 최소 178mm 상부에 설치되도록 할 것
6. 헤드와 벽과의 거리는 헤드 상호간 거리의 2분의 1을 초과하지 않아야 하며 최소 102mm 이상일 것
7. 헤드의 작동온도는 74℃ 이하일 것. 다만, 헤드 주위의 온도가 38℃ 이상의 경우에는 그 온도에서의 화재시험 등에서 헤드작동에 관하여 공인기관의 시험을 거친 것을 사용할 것

8. 헤드의 살수분포에 장애를 주는 장애물이 있는 경우에는 다음 각 목의 어느 하나에 적합할 것
   가. 천장 또는 천장근처에 있는 장애물과 반사판의 위치는 별도 1 또는 별도 2와 같이 하며, 천장 또는 천장근처에 보·덕트·기둥·난방기구·조명기구·전선관 및 배관 등의 기타 장애물이 있는 경우에는 장애물과 헤드 사이의 수평거리에 따른 장애물의 하단과 그 보다 윗부분에 설치되는 헤드 반사판 사이의 수직거리는 별표 1 또는 별도 3에 따를 것.
   나. 헤드 아래에 덕트·전선관·난방용배관 등이 설치되어 헤드의 살수를 방해하는 경우에 는 별표 1 또는 별도 3에 따를 것. 다만, 2개 이상의 헤드의 살수를 방해하는 경우에는 별표 2를 참고로 한다.
9. 상부에 설치된 헤드의 방출수에 따라 감열부에 영향을 받을 우려가 있는 헤드에는 방출수를 차단할 수 있는 유효한 차폐판을 설치할 것

제11조(저장물의 간격)

저장물품 사이의 간격은 모든 방향에서 152mm 이상의 간격을 유지하여야 한다.

제12조(환기구)

화재조기진압용 스프링클러설비의 환기구는 다음 각 호에 적합하여야 한다.

1. 공기의 유동으로 인하여 헤드의 작동온도에 영향을 주지 않는 구조일 것
2. 화재감지기와 연동하여 동작하는 자동식 환기장치를 설치하지 아니할 것. 다만, 자동식 환기장치를 설치할 경우에는 최소작동온도가 180℃ 이상일 것

제13조(송수구)

화재조기진압용 스프링클러설비에는 소방차로부터 그 설비에 송수할 수 있는 송수구를 다음 각 호의 기준에 따라 설치하여야 한다.

1. 송수구는 화재층으로부터 지면으로 떨어지는 유리창 등이 송수 및 그 밖의 소화작업에 지장을 주지 아니하는 장소에 설치할 것
2. 송수구로부터 주배관에 이르는 연결배관에 개폐밸브를 설치한 때에는 그 개폐상태를 쉽게 확인 및 조작할 수 있는 옥외 또는 기계실 등의 장소에 설치할 것
3. 구경 65mm의 쌍구형으로 할 것
4. 송수구에는 그 가까운 곳의 보기 쉬운 곳에 송수압력범위를 표시한 표지를 할 것
5. 송수구는 하나의 층의 바닥면적이 3,000m^2를 넘을 때마다 1개(5개를 넘을 경우에는 5개로

한다) 이상을 설치할 것

6. 지면으로부터 높이가 0.5m 이상 1m 이하의 위치에 설치할 것
7. 송수구의 가까운 부분에 자동배수밸브(또는 직경 5mm의 배수공) 및 체크밸브를 설치할 것. 이 경우 자동배수밸브는 배관안의 물이 잘 빠질 수 있는 위치에 설치하되, 배수로 인하여 다른 물건 또는 장소에 피해를 주지 아니하여야 한다.
8. 송수구에는 이물질을 막기 위한 마개를 씌어야 한다.

제14조(전원)

① 화재조기진압용 스프링클러설비에는 다음 각 호의 기준에 따른 상용전원회로의 배선을 설치하여야 한다. 다만, 가압수조방식으로서 모든 기능이 20분 이상 유효하게 지속될 수 있는 경우에는 그러하지 아니하다.

1. 저압수전인 경우에는 인입개폐기의 직후에서 분기하여 전용배선으로 하여야 하며, 전용의 전선관에 보호 되도록 할 것
2. 특별고압수전 또는 고압수전일 경우에는 전력용 변압기 2차측의 주차단기 1차측에서 분기하여 전용배선으로 하되, 상용전원의 상시공급에 지장이 없을 경우에는 주차단기 2차측에서 분기하여 전용배선으로 할 것. 다만, 가압송수장치의 정격입력전압이 수전전압과 같은 경우에는 제1호의 기준에 따른다.

② 화재조기진압용 스프링클러설비에는 자가발전설비, 축전지설비 또는 전기저장장치에 따른 비상전원을 설치하여야 한다. 다만, 2 이상의 변전소(「전기사업법」제67조에 따른 변전소를 말한다. 이하 같다)에서 전력을 동시에 공급받을 수 있거나 하나의 변전소로부터 전력의 공급이 중단되는 때에는 자동으로 다른 변전소로부터 전력을 공급받을 수 있도록 상용전원을 설치한 경우와 가압수조방식에는 비상전원을 설치하지 아니할 수 있다.

③ 제2항에 따라 비상전원 중 자가발전설비, 축전지설비(내연기관에 따른 펌프를 설치한 경우에는 내연기관의 기동 및 제어용축전지를 말한다) 또는 전기저장장치(외부 전기에너지를 저장해 두었다가 필요한 때 전기를 공급하는 장치)는 다음 각 호의 기준에 따라 설치하여야 한다.

1. 점검에 편리하고 화재 및 침수 등의 재해로 인한 피해를 받을 우려가 없는 곳에 설치할 것
2. 화재조기진압용 스프링클러설비를 유효하게 20분 이상 작동할 수 있어야 할 것
3. 상용전원으로부터 전력의 공급이 중단된 때에는 자동으로 비상전원으로부터 전력을 공급받을 수 있도록 할 것
4. 비상전원(내연기관의 기동 및 제어용 축전기를 제외한다)의 설치장소는 다른 장소와 방화

구획 할 것. 이 경우 그 장소에는 비상전원의 공급에 필요한 기구나 설비외의 것(열병합발전설비에 필요한 기구나 설비는 제외한다)을 두어서는 아니 된다.

5. 비상전원을 실내에 설치하는 때에는 그 실내에 비상조명등을 설치할 것

제15조(제어반)

① 화재조기진압용 스프링클러설비에는 제어반을 설치하되, 감시제어반과 동력제어반으로 구분하여 설치하여야 한다. 다만, 다음 각 호의 어느 하나에 해당하는 경우에는 감시제어반과 동력제어반으로 구분하여 설치하지 아니할 수 있다.

1. 다음 각 목의 어느 하나에 해당하지 아니하는 특정소방대상물에 설치되는 화재조기진압용 스프링클러설비
   가. 지하층을 제외한 층수가 7층 이상으로서 연면적이 2,000m^2 이상인 것
   나. 제1호에 해당하지 아니하는 특정소방대상물로서 지하층의 바닥면적의 합계가 3,000m^2 이상인 것. 다만, 차고·주차장 또는 보일러실·기계실·전기실 등 이와 유사한 장소의 면적은 제외한다.
2. 내연기관에 따른 가압송수장치를 사용하는 화재조기진압용 스프링클러설비
3. 고가수조에 따른 가압송수장치를 사용하는 화재조기진압용 스프링클러설비
4. 가압수조에 따른 가압송수장치를 사용하는 화재조기진압용 스프링클러설비

② 감시제어반의 기능은 다음 각 호의 기준에 적합하여야 한다. 다만, 제1항 각 호의 어느 하나에 해당하는 경우에는 제3호 및 제5호의 규정을 적용하지 아니한다.

1. 각 펌프의 작동여부를 확인할 수 있는 표시등 및 음향경보기능이 있어야 할 것
2. 각 펌프를 자동 및 수동으로 작동시키거나 중단시킬 수 있어야 한다.
3. 비상전원을 설치한 경우에는 상용전원 및 비상전원의 공급여부를 확인할 수 있어야 할 것
4. 수조 또는 물올림탱크가 저수위로 될 때 표시등 및 음향으로 경보할 것
5. 예비전원이 확보되고 예비전원의 적합여부를 시험할 수 있어야 할 것

③ 감시제어반은 다음 각 호의 기준에 따라 설치하여야 한다.

1. 화재 및 침수 등의 재해로 인한 피해를 받을 우려가 없는 곳에 설치할 것
2. 감시제어반은 스프링클러설비의 전용으로 할 것. 다만, 스프링클러설비의 제어에 지장이 없는 경우에는 다른 설비와 겸용할 수 있다.
3. 감시제어반은 다음 각 목의 기준에 따른 전용실안에 설치할 것. 다만 제1항 각 호의 어느 하나에 해당하는 경우와 공장, 발전소 등에서 설비를 집중 제어·운전할 목적으로 설치하

는 중앙제어실내에 감시제어반을 설치하는 경우에는 그러하지 아니하다.

가. 다른 부분과 방화구획을 할 것. 이 경우 전용실의 벽에는 기계실 또는 전기실 등의 감시를 위하여 두께 7mm 이상의 망입유리(두께 16.3mm 이상의 접합유리 또는 두께 28mm 이상의 복층유리를 포함한다)로 된 $4m^2$ 미만의 붙박이창을 설치할 수 있다.

나. 피난층 또는 지하 1층에 설치할 것. 다만, 「건축법 시행령」 제35조에 따라 특별피난계단이 설치되고 그 계단(부속실을 포함한다)출입구로부터 보행거리 5m이내에 전용실의 출입구가 있는 경우에는 지상 2층에 설치하거나 지하 1층 외의 지하층에 설치할 수 있다.

다. 비상조명등 및 급·배기설비를 설치할 것

라. 「무선통신보조설비의 화재안전기준(NFSC 505)」 제5조제3항에 따라 유효하게 통신이 가능할 것(영 별표 5의 제5호마목에 따른 무선통신보조설비가 설치된 특정소방대상물에 한한다.) 〈개정 2012. 8. 20., 2021. 3. 25.〉

마. 바닥면적은 감시제어반의 설치에 필요한 면적 외에 화재 시 소방대원이 그 감시제어반의 조작에 필요한 최소면적 이상으로 할 것

4. 제3호에 따른 전용실에는 특정소방대상물의 기계·기구 또는 시설 등의 제어 및 감시설비 외의 것을 두지 아니할 것
5. 각 유수검지장치의 작동여부를 확인할 수 있는 표시 및 경보기능이 있도록 할 것
6. 다음 각 목의 확인회로마다 도통시험 및 작동시험을 할 수 있도록 할 것

가. 기동용수압개폐장치의 압력스위치회로

나. 수조 또는 물올림탱크의 저수위감시회로

다. 유수검지장치 또는 압력스위치회로

라. 제8조제15항에 따른 개폐밸브의 폐쇄상태 확인회로

마. 그 밖의 이와 비슷한 회로

7. 감시제어반과 자동화재탐지설비의 수신기를 별도의 장소에 설치하는 경우에는 이들 상호간에 동시 통화가 가능하도록 할 것

④ 동력제어반은 다음 각 호의 기준에 따라 설치하여야 한다.

1. 앞면은 적색으로 하고 "화재조기진압용 스프링클러설비용 동력제어반"이라고 표시한 표지를 설치할 것
2. 외함은 두께 1.5mm 이상의 강판 또는 이와 동등 이상의 강도 및 내열성능이 있는 것으로 할 것
3. 그 밖의 동력제어반의 설치에 관하여는 제3항제1호 및 제2호의 기준을 준용할 것

제16조(배선 등)

① 화재조기진압용 스프링클러설비 배선은 「전기사업법」 제67조에 따른 기술기준에서 정한 것 외에 다음 각 호의 기준에 따라 설치하여야 한다.

1. 비상전원으로부터 동력제어반 및 가압송수장치에 이르는 전원회로배선은 내화배선으로 할 것. 다만, 자가발전설비와 동력제어반이 동일한 실에 설치된 경우에는 자가발전기로부터 그 제어반에 이르는 전원회로 배선은 그러하지 아니하다.
2. 상용전원으로부터 동력제어반에 이르는 배선, 그 밖의 스프링클러설비의 감시·조작 또는 표시등회로의 배선은 내화배선 또는 내열배선으로 할 것. 다만, 감시제어반 또는 동력제어반 안의 감시·조작 또는 표시등회로의 배선은 그러하지 아니하다.

② 제1항에 따른 내화배선 및 내열배선에 사용되는 전선 및 설치방법은 「옥내소화전설비의 화재안전기준(NFSC 102)」 별표 1의 기준에 따른다.

③ 화재조기진압용 스프링클러설비의 과전류차단기 및 개폐기에는 "화재조기진압용 스프링클러설비용"이라고 표시한 표지를 하여야 한다.

④ 화재조기진압용 스프링클러설비용 전기배선의 양단 및 접속단자에는 다음 각 호의 기준에 따라 표지하여야 한다.

1. 단자에는 "화재조기진압용 스프링클러설비단자"라고 표시한 표지를 부착할 것
2. 화재조기진압용 스프링클러설비용 전기배선의 양단에는 다른 배선과 식별이 용이하도록 표시할 것

제17조(설치제외)

다음 각 호에 해당하는 물품의 경우에는 화재조기진압용 스프링클러를 설치하여서는 아니 된다. 다만, 물품에 대한 화재시험등 공인기관의 시험을 받은 것은 제외한다.

1. 제4류 위험물
2. 타이어, 두루마리 종이 및 섬유류, 섬유제품 등 연소 시 화염의 속도가 빠르고 방사된 물이 하부까지에 도달하지 못하는 것

제18조(수원 및 가압송수장치의 펌프 등의 겸용)

① 화재조기진압용 스프링클러설비의 수원을 옥내소화전설비·스프링클러설비·간이스프링클러설비·물분무소화설비·포소화전설비 및 옥외소화전설비의 수원과 겸용하여 설치하는 경우의 저수량은 각 소화설비에 필요한 저수량을 합한 양 이상이 되도록 하여야 한다. 다만, 이들 소

화설비 중 고정식 소화설비(펌프·배관과 소화수 또는 소화약제를 최종 방출하는 방출구가 고정된 설비를 말한다. 이하 같다)가 2 이상 설치되어 있고, 그 소화설비가 설치된 부분이 방화벽과 방화문으로 구획되어 있는 경우에는 각 고정식 소화설비에 필요한 저수량 중 최대의 것 이상으로 할 수 있다.

② 화재조기진압용 스프링클러설비의 가압송수장치로 사용하는 펌프를 옥내소화전설비·스프링클러설비·간이스프링클러설비·물분무소화설비·포소화설비 및 옥외소화전설비의 가압송수장치와 겸용하여 설치하는 경우의 펌프의 토출량은 각 소화설비에 해당하는 토출량을 합한 양 이상이 되도록 하여야 한다. 다만, 이들 소화설비 중 고정식 소화설비가 2 이상 설치되어 있고, 그 소화설비가 설치된 부분이 방화벽과 방화문으로 구획되어 있으며 각 소화설비에 지장이 없는 경우에는 펌프의 토출량 중 최대의 것 이상으로 할 수 있다.

③ 옥내소화전설비·스프링클러설비·간이스프링클러설비·화재조기진압용 스프링클러설비·물분무소화설비·포소화설비 및 옥외소화전설비의 가압송수장치에 있어서 각 토출측배관과 일반급수용의 가압송수장치의 토출측 배관을 상호 연결하여 화재 시 사용할 수 있다. 이 경우 연결배관에는 개폐표시형 밸브를 설치하여야 하며, 각 소화설비의 성능에 지장이 없도록 하여야 한다.

④ 화재조기진압용 스프링클러설비의 송수구를 옥내소화전설비·스프링클러설비·간이스프링클러설비·물분무소화설비·포소화설비·연결송수관설비 또는 연결살수설비의 송수구와 겸용으로 설치하는 경우에는 스프링클러설비의 송수구의 설치기준에 따르되 각각의 소화설비의 기능에 지장이 없도록 하여야 한다.

제19조(설치·유지기준의 특례)

소방본부장 또는 소방서장은 기존건축물이 증축·개축·수선되거나 용도변경 되는 경우에 있어서 이 기준이 정하는 기준에 따라 해당 건축물에 설치하여야 할 화재조기진압용 스프링클러설비의 배관·배선 등의 공사가 현저하게 곤란하다고 인정되는 경우에는 당해 설비의 기능 및 사용에 지장이 없는 범위 안에서 화재조기진압용 스프링클러설비의 설치·유지기준의 일부를 적용하지 아니할 수 있다.

제20조(재검토기한)

소방청장은 「훈령·예규 등의 발령 및 관리에 관한 규정」에 따라 이 고시에 대하여 2022년 1월 1일 기준으로 매3년이 되는 시점(매 3년째의 12월 31일까지를 말한다)마다 그 타당성을 검토하여 개선 등의 조치를 하여야 한다.

7. 물분무소화설비의 화재안전기준(NFSC 104)

제1조(목적)

이 기준은 「화재예방, 소방시설 설치·유지 및 안전관리에 관한 법률」 제9조제1항에 따라 소방청장에게 위임한 사항 중 물분무등소화설비인 물분무소화설비의 설치유지 및 안전관리에 필요한 사항을 규정함을 목적으로 한다.

제2조(적용범위)

「화재예방, 소방시설 설치·유지 및 안전관리에 관한 법률 시행령」(이하 "영"이라 한다) 별표 5 제1호바목에 따른 물분무소화설비는 이 기준에서 정하는 규정에 따라 설비를 설치하고 유지·관리하여야 한다.

제3조(정의)

이 기준에서 사용하는 용어의 정의는 다음과 같다.

1. "물분무헤드"란 화재 시 직선류 또는 나선류의 물을 충돌·확산시켜 미립상태로 분무함으로서 소화하는 헤드를 말한다.
2. "고가수조"란 구조물 또는 지형지물 등에 설치하여 자연낙차 압력으로 급수하는 수조를 말한다.
3. "압력수조"란 소화용수와 공기를 채우고 일정압력 이상으로 가압하여 그 압력으로 급수하는 수조를 말한다.
4. "급수배관"이란 수원 및 옥외송수구로부터 물분무헤드에 급수하는 배관을 말한다.

4의2. "분기배관"이란 배관 측면에 구멍을 뚫어 둘 이상의 관로가 생기도록 가공한 배관으로서 확관형 분기배관과 비확관형 분기배관을 말한다. 〈신설 2021. 12. 16.〉

4의3. "확관형 분기배관"이란 배관의 측면에 조그만 구멍을 뚫고 소성가공으로 확관시켜 배관 용접이음자리를 만들거나 배관 용접이음자리에 배관이음쇠를 용접 이음한 배관을 말한다. 〈신설 2021. 12. 16.〉

4의4. "비확관형 분기배관"이란 배관의 측면에 분기호칭내경 이상의 구멍을 뚫고 배관이음쇠를 용접 이음한 배관을 말한다. 〈신설 2021. 12. 16.〉

5. "진공계"란 대기압 이하의 압력을 측정하는 계측기를 말한다.
6. "연성계"란 대기압 이상의 압력과 대기압 이하의 압력을 측정할 수 있는 계측기를 말한다.
7. "기동용수압개폐장치"란 소화설비의 배관 내 압력변동을 검지하여 자동적으로 펌프를 기동

및 정지시키는 것으로서 압력챔버 또는 기동용압력스위치 등을말한다.

8. “일제개방밸브”란 화재발생시 자동 또는 수동식 기동장치에 따라 밸브가 열려지는 것을 말한다.
9. “가압수조”란 가압원인 압축공기 또는 불연성 고압기체에 따라 소방용수를 가압시키는 수조를 말한다.

제4조(수원)

① 물분무소화설비의 수원은 그 저수량이 다음 각 호의 기준에 적합하도록 하여야 한다.

1. 「소방기본법 시행령」 별표 2의 특수가연물을 저장 또는 취급하는 특정소방대상물 또는 그 부분에 있어서 그 바닥면적(최대 방수구역의 바닥면적을 기준으로 하며, $50m^2$ 이하인 경우에는 $50m^2$) $1m^2$에 대하여 10L/min로 20분간 방수할 수 있는 양 이상으로 할 것
2. 차고 또는 주차장은 그 바닥면적(최대 방수구역의 바닥면적을 기준으로 하며, $50m^2$이하인 경우에는 $50m^2$) $1m^2$에 대하여 20L/min로 20분간 방수할 수 있는 양 이상으로 할 것
3. 절연유 봉입 변압기는 바닥부분을 제외한 표면적을 합한 면적 $1m^2$에 대하여 10L/min로 20분간 방수할 수 있는 양 이상으로 할 것
4. 케이블트레이, 케이블덕트 등은 투영된 바닥면적 $1m^2$에 대하여 12L/min로 20분간 방수할 수 있는 양 이상으로 할 것
5. 콘베이어 벨트 등은 벨트부분의 바닥면적 $1m^2$에 대하여 10L/min로 20분간 방수할 수 있는 양 이상으로 할 것

② 물분무소화설비의 수원을 수조로 설치하는 경우에는 소방설비의 전용수조로 하여야 한다. 다만, 다음 각 호의 어느 하나에 해당하는 경우에는 그러하지 아니하다.

1. 물분무소화설비 펌프의 후드밸브 또는 흡수배관의 흡수구(수직회전축펌프의 흡수구를 포함한다. 이하 같다)를 다른 설비(소방용 설비 외의 것을 말한다. 이하 같다)의 후드밸브 또는 흡수구보다 낮은 위치에 설치한 때
2. 제5조제2항에 따른 고가수조로부터 물분무소화설비의 수직배관에 물을 공급하는 급수구를 다른 설비의 급수구보다 낮은 위치에 설치한 때

③ 제1항에 따른 저수량을 산정함에 있어서 다른 설비와 겸용하여 물분무소화설비용 수조를 설치하는 경우에는 물분무소화설비의 후드밸브·흡수구 또는 수직배관의 급수구와 다른 설비의 후드밸브·흡수구 또는 수직배관의 급수구와의 사이의 수량을 그 유효수량으로 한다.

④ 물분무소화설비용 수조는 다음 각 호의 기준에 따라 설치하여야 한다.

1. 점검에 편리한 곳에 설치할 것
2. 동결방지조치를 하거나 동결의 우려가 없는 장소에 설치할 것

3. 수조의 외측에 수위계를 설치할 것. 다만, 구조상 불가피한 경우에는 수조의 맨홀 등을 통하여 수조 안의 물의 양을 쉽게 확인할 수 있도록 하여야 한다.
4. 수조의 상단이 바닥보다 높은 때에는 수조의 외측에 고정식 사다리를 설치할 것
5. 수조가 실내에 설치된 때에는 그 실내에 조명설비를 설치할 것
6. 수조의 밑부분에는 청소용 배수밸브 또는 배수관을 설치할 것
7. 수조의 외측의 보기 쉬운 곳에 "물분무소화설비용 수조"라고 표시한 표지를 할 것. 이 경우 그 수조를 다른 설비와 겸용하는 때에는 그 겸용되는 설비의 이름을 표시한 표지를 함께 하여야 한다.
8. 물분무소화설비의 흡수배관 또는 물분무소화설비의 수직배관과 수조의 접속 부분에는 "물분무소화설비용 배관"이라고 표시한 표지를 할 것. 다만, 수조와 가까운 장소에 물분무소화설비펌프가 설치되고 물분무소화설비에 제5조제1항제13호에 따른 표지를 설치한 때에는 그러하지 아니하다.

제5조(가압송수장치)

① 전동기 또는 내연기관에 따른 펌프를 이용하는 가압송수장치는 다음 각 호의 기준에 따라 설치하여야 한다.

1. 점검에 편리하고 화재 등의 재해로 인한 피해를 받을 우려가 없는 곳에 설치할 것
2. 펌프의 1분당 토출량은 다음 각 목의 기준에 따라 설치할 것
   가. 「소방기본법 시행령」 별표 2의 특수가연물을 저장·취급하는 특정소방대상물 또는 그 부분은 그 바닥면적(최대 방수구역의 바닥면적을 기준으로 하며, 50m^2 이하인 경우에는 50m^2) 1m^{2}에 대하여 10L를 곱한 양 이상이 되도록 할 것
   나. 차고 또는 주차장은 그 바닥면적(최대 방수구역의 바닥면적을 기준으로 하며, 50m^2 이하인 경우에는 50m^2) 1m^{2}에 대하여 20L를 곱한 양 이상이 되도록 할 것
   다. 절연유 봉입 변압기는 바닥면적을 제외한 표면적을 합한 면적 1m^{2}당 10L를 곱한 양 이상이 되도록 할 것
   라. 케이블트레이, 케이블덕트 등은 투영된 바닥면적 1m^{2}당 12L를 곱한 양 이상이 되도록 할 것
   마. 콘베이어 벨트 등은 벨트부분의 바닥면적 1m^{2}당 10L를 곱한 양 이상이 되도록 할 것
3. 펌프의 양정은 다음의 식에 따라 산출한 수치 이상이 되도록 할 것

$H = h_1 + h_2$

H : 필요한 양정(m)

h_1 : 물분무헤드의 설계압력 환산수두(m)

h_2 : 배관의 마찰손실수두(m)

4. 동결방지조치를 하거나 동결의 우려가 없는 장소에 설치할 것
5. 펌프는 전용으로 할 것. 다만, 다른 소화설비와 겸용하는 경우 각각의 소화설비의 성능에 지장이 없을 때에는 그러하지 아니하다.
6. 펌프의 토출측에는 압력계를 체크밸브이전에 펌프토출측 플랜지에서 가까운 곳에 설치하고, 흡입측에는 연성계 또는 진공계를 설치할 것. 다만, 수원의 수위가 펌프의 위치보다 높거나 수직회전축 펌프의 경우에는 연성계 또는 진공계를 설치하지 아니할 수 있다.
7. 가압송수장치에는 정격부하운전 시 펌프의 성능을 시험하기 위한 배관을 설치할 것. 다만, 충압펌프의 경우에는 그러하지 아니하다.
8. 가압송수장치에는 체절운전 시 수온의 상승을 방지하기 위한 순환배관을 설치할 것. 다만, 충압펌프의 경우에는 그러하지 아니하다.
9. 기동용수압개폐장치(압력챔버)를 사용할 경우 그 용적은 100L 이상의 것으로 할 것
10. 수원의 수위가 펌프보다 낮은 위치에 있는 가압송수장치에는 다음 각 목의 기준에 따른 물올림장치를 설치할 것
    가. 물올림장치에는 전용의 수조를 설치할 것
    나. 수조의 유효수량은 100L 이상으로 하되, 구경 15mm 이상의 급수배관에 따라 해당수조에 물이 계속 보급되도록 할 것
11. 기동용수압개폐장치를 기동장치로 사용할 경우에는 다음 각 목의 기준에 따른 충압펌프를 설치할 것
    가. 펌프의 토출압력은 그 설비의 최고위 물분무헤드의 자연압 보다 적어도 0.2MPa이 더 크도록 하거나 가압송수장치의 정격토출압력과 같게 할 것
    나. 펌프의 정격토출량은 정상적인 누설량 보다 적어서는 아니 되며, 물분무소화설비가 자동적으로 작동할 수 있도록 충분한 토출량을 유지할 것
12. 내연기관을 사용하는 경우에는 제어반에 따라 내연기관의 자동기동 및 수동기동이 가능하고, 상시 충전되어 있는 축전지설비를 갖출 것
13. 가압송수장치에는 "물분무소화설비펌프"라고 표시한 표지를 할 것. 이 경우 그 가압송수장치를 다른 설비와 겸용하는 때에는 그 겸용되는 설비의 이름을 표시한 표지를 함께 하여야 한다.

14. 가압송수장치가 기동이 된 경우에는 자동으로 정지되지 아니하도록 하여야 한다. 다만, 충압펌프의 경우에는 그렇지 않다.
15. 가압송수장치는 부식 등으로 인한 펌프의 고착을 방지할 수 있도록 다음 각 목의 기준에 적합한 것으로 할 것. 다만, 충압펌프는 제외한다. 〈신설 2021. 7. 22.〉
   가. 임펠러는 청동 또는 스테인리스 등 부식에 강한 재질을 사용할 것
   나. 펌프축은 스테인리스 등 부식에 강한 재질을 사용할 것

② 고가수조의 자연낙차를 이용한 가압송수장치는 다음 각 호의 기준에 따라 설치하여야 한다.
1. 고가수조의 자연낙차수두(수조의 하단으로부터 최고층에 설치된 물분무헤드까지의 수직거리를 말한다)는 다음의 식에 따라 산출한 수치 이상이 되도록 할 것

   $H = h_1 + h_2$

   H : 필요한 낙차(m)

   h_1 : 물분무헤드의 설계압력 환산수두(m)

   h_2 : 배관의 마찰손실수두(m)
2. 고가수조에는 수위계·배수관·급수관·오버플로우관 및 맨홀을 설치할 것

③ 압력수조를 이용한 가압송수장치는 다음 각 호의 기준에 따라 설치하여야 한다.
1. 압력수조의 압력은 다음의 식에 따라 산출한 수치 이상이 되도록 할 것

   $P = p_1 + p_2 + p_3$

   P : 필요한 압력(MPa)

   p_1 : 물분무헤드의 설계압력(MPa)

   p_2 : 배관의 마찰손실수두압(MPa)

   p_3 : 낙차의 환산수두압(MPa)
2. 압력수조에는 수위계·급수관·배수관·급기관·맨홀·압력계·안전장치 및 압력저하방지를 위한 자동식 공기압축기를 설치할 것

④ 가압수조를 이용한 가압송수장치는 다음 각 호의 기준에 따라 설치하여야 한다.
1. 가압수조의 압력은 제1항제10호에 따른 방수량 및 방수압이 20분 이상 유지되도록 할 것
2. 삭제
3. 가압수조 및 가압원은 「건축법 시행령」 제46조에 따른 방화구획 된 장소에 설치 할 것
4. 삭제
5. 소방청장이 정하여 고시한 「가압수조식 가압송수장치의 성능인증 및 제품검사의 기술기준」에 적합한 것으로 설치할 것

제6조(배관 등)

① 배관은 배관용탄소강관(KS D 3507) 또는 배관 내 사용압력이 1.2 MPa 이상일 경우에는 압력배관용탄소강관(KS D 3562) 또는 이음매 없는 동 및 동합금(KS D5301)의 배관용동관이나 이와 동등 이상의 강도·내식성 및 내열성을 가진 것으로 하여야 한다. 다만, 다음 각 호의 어느 하나에 해당하는 장소에는 법 제39조에 따라 제품검사에 합격한 소방용 합성수지배관으로 설치할 수 있다.

1. 배관을 지하에 매설하는 경우
2. 다른 부분과 내화구조로 구획된 덕트 또는 피트의 내부에 설치하는 경우
3. 천장(상층이 있는 경우에는 상층바닥의 하단을 포함한다. 이하 같다)과 반자를 불연재료 또는 준불연재료로 설치하고 그 내부에 습식으로 배관을 설치하는 경우

② 급수배관은 전용으로 하여야 한다. 다만, 물분무소화설비의 기동장치의 조작과 동시에 다른 설비의 용도에 사용하는 배관의 송수를 차단할 수 있거나, 물분무소화설비의 성능에 지장이 없는 경우에는 다른 설비와 겸용할 수 있다.

③ 펌프의 흡입측배관은 다음 각 호의 기준에 따라 설치하여야 한다.

1. 공기고임이 생기지 아니하는 구조로 하고 여과장치를 설치할 것
2. 수조가 펌프보다 낮게 설치된 경우에는 각 펌프(충압펌프를 포함한다)마다 수조로부터 별도로 설치할 것

④ 연결송수관설비의 배관과 겸용할 경우의 주배관은 구경 100mm 이상, 방수구로 연결되는 배관의 구경은 65mm 이상의 것으로 하여야 한다.

⑤ 삭제

⑥ 펌프의 성능은 체절운전 시 정격토출압력의 140%를 초과하지 아니하고, 정격토출량의 150%로 운전 시 정격토출압력의 65% 이상이 되어야 하며, 펌프의 성능시험배관은 다음 각 호의 기준에 적합하여야 한다.

1. 성능시험배관은 펌프의 토출측에 설치된 개폐밸브 이전에서 분기하여 설치하고, 유량측정장치를 기준으로 전단 직관부에 개폐밸브를 후단 직관부에는 유량조절밸브를 설치할 것
2. 유량측정장치는 성능시험배관의 직관부에 설치하되, 펌프의 정격토출량의 175% 이상 측정할 수 있는 성능이 있을 것

⑦ 가압송수장치의 체절운전 시 수온의 상승을 방지하기 위하여 체크밸브와 펌프사이에서 분기한 구경 20mm 이상의 배관에 체절압력 미만에서 개방되는 릴리프밸브를 설치하여야 한다.

⑧ 동결방지조치를 하거나 동결의 우려가 없는 장소에 설치하여야 한다. 다만, 보온재를 사용할

경우에는 난연재료 성능 이상의 것으로 하여야 한다.

⑨ 급수배관에 설치되어 급수를 차단할 수 있는 개폐밸브는 개폐표시형으로 하여야 한다. 이 경우 펌프의 흡입측배관에는 버터플라이밸브외의 개폐표시형밸브를 설치하여야 한다.

⑩ 급수배관에 설치되어 급수를 차단할 수 있는 개폐밸브에는 그 밸브의 개폐상태를 감시제어반에서 확인할 수 있도록 급수개폐밸브 작동표시 스위치를 다음 각 호의 기준에 따라 설치하여야 한다.

1. 급수개폐밸브가 잠길 경우 탬퍼스위치의 동작으로 인하여 감시제어반 또는 수신기에 표시되어야 하며 경보음을 발할 것
2. 탬퍼스위치는 감시제어반에서 동작의 유무확인과 동작시험, 도통시험을 할 수 있을 것
3. 급수개폐밸브의 작동표시 스위치에 사용되는 전기배선은 내화전선 또는 내열전선으로 설치할 것

⑪ 배관은 다른 설비의 배관과 쉽게 구분이 될 수 있는 위치에 설치하거나 그 배관표면 또는 배관 보온재표면의 색상을 달리하는 방법 등으로 소방용설비의 배관임을 표시하여야 한다.

⑫ 확관형 분기배관을 사용할 경우에는 소방청장이 정하여 고시한 「분기배관의 성능인증 및 제품검사의 기술기준」에 적합한 것으로 설치하여야 한다. 〈개정 2012. 8. 20., 2021. 12. 16.〉

제7조(송수구)

물분무소화설비에는 소방펌프자동차로부터 그 설비에 송수할 수 있는 송수구를 다음 각 호의 기준에 따라 설치하여야 한다.

1. 송수구는 화재층으로부터 지면으로 떨어지는 유리창 등이 송수 및 그 밖의 소화작업에 지장을 주지 아니하는 장소에 설치할 것. 이 경우 가연성가스의 저장·취급시설에 설치하는 송수구는 그 방호대상물로부터 20m 이상의 거리를 두거나 방호대상물에 면하는 부분이 높이 1.5m 이상 폭 2.5m 이상의 철근콘크리트 벽으로 가려진 장소에 설치하여야 한다.
2. 송수구로부터 물분무소화설비의 주배관에 이르는 연결배관에 개폐밸브를 설치한 때에는 그 개폐상태를 쉽게 확인 및 조작할 수 있는 옥외 또는 기계실 등의 장소에 설치할 것
3. 구경 65mm의 쌍구형으로 할 것
4. 송수구에는 그 가까운 곳의 보기 쉬운 곳에 송수압력범위를 표시한 표지를 할 것
5. 송수구는 하나의 층의 바닥면적이 3,000m^2를 넘을 때마다 1개(5개를 넘을 경우에는 5개로 한다) 이상을 설치할 것
6. 지면으로부터 높이가 0.5m 이상 1m 이하의 위치에 설치할 것

7. 송수구의 가까운 부분에 자동배수밸브(또는 직경 5mm의 배수공) 및 체크밸브를 설치할 것. 이 경우 자동배수밸브는 배관안의 물이 잘 빠질 수 있는 위치에 설치하되, 배수로 인하여 다른 물건 또는 장소에 피해를 주지 아니하여야 한다.
8. 송수구에는 이물질을 막기 위한 마개를 씌울 것

제8조(기동장치)

① 물분무소화설비의 수동식기동장치는 다음 각 호의 기준에 따라 설치하여야 한다.
  1. 직접 조작 또는 원격조작에 따라 각각의 가압송수장치 및 수동식 개방밸브 또는 가압송수장치 및 자동개방밸브를 개방할 수 있도록 설치할 것
  2. 기동장치의 가까운 곳의 보기 쉬운 곳에 "기동장치"라고 표시한 표지를 할 것

② 자동식 기동장치는 자동화재탐지설비의 감지기의 작동 또는 폐쇄형스프링클러헤드의 개방과 연동하여 경보를 발하고, 가압송수장치 및 자동개방밸브를 기동할 수 있는 것으로 하여야 한다. 다만, 자동화재탐지설비의 수신기가 설치되어 있는 장소에 상시 사람이 근무하고 있고, 화재 시 물분무소화설비를 즉시 작동시킬 수 있는 경우에는 그러하지 아니하다.

제9조(제어밸브 등)

① 물분무소화설비의 제어밸브 기타 밸브는 다음 각 호의 기준에 따라 설치하여야 한다.
  1. 제어밸브는 바닥으로부터 0.8m 이상 1.5m 이하의 위치에 설치할 것
  2. 제어밸브의 가까운 곳의 보기 쉬운 곳에 "제어밸브"라고 표시한 표지를 할 것

② 자동 개방밸브 및 수동식 개방밸브는 다음 각 호의 기준에 따라 설치하여야 한다.
  1. 자동개방밸브의 기동조작부 및 수동식개방밸브는 화재시 용이하게 접근할 수 있는 곳의 바닥으로부터 0.8m 이상 1.5m 이하의 위치에 설치할 것
  2. 자동개방밸브 및 수동식개방밸브의 2차측 배관부분에는 해당 방수구역 외에 밸브의 작동을 시험할 수 있는 장치를 설치할 것. 다만, 방수구역에서 직접 방사시험을 할 수 있는 경우에는 그러하지 아니하다.

제10조(물분무헤드)

① 물분무헤드는 표준방사량으로 해당 방호대상물의 화재를 유효하게 소화하는데 필요한 수를 적정한 위치에 설치하여야 한다.

② 고압의 전기기기가 있는 장소는 전기의 절연을 위하여 전기기기와 물분무헤드 사이에 다음

표에 따른 거리를 두어야 한다.

전압(kW)	거리(cm)	전압(kW)	거리(cm)
66 이하	70 이상	154 초과 181 이하	180 이상
66 초과 77 이하	80 이상	181 초과 220 이하	210 이상
77 초과 110 이하	110 이상	220 초과 275 이하	260 이상
110 초과 154 이하	150 이상		

제11조(배수설비)

물분무소화설비를 설치하는 차고 또는 주차장에는 다음 각 호의 기준에 따라 배수설비를 하여야 한다.

1. 차량이 주차하는 장소의 적당한 곳에 높이 10cm 이상의 경계턱으로 배수구를 설치할 것
2. 배수구에는 새어나온 기름을 모아 소화할 수 있도록 길이 40m 이하마다 집수관·소화핏트 등 기름분리장치를 설치할 것
3. 차량이 주차하는 바닥은 배수구를 향하여 100분의 2 이상의 기울기를 유지할 것
4. 배수설비는 가압송수장치의 최대송수능력의 수량을 유효하게 배수할 수 있는 크기 및 기울기로 할 것

제12조(전원)

① 물분무소화설비에는 그 특정소방대상물의 수전방식에 따라 다음 각 호의 기준에 따른 상용전원회로의 배선을 설치하여야 한다. 다만, 가압수조방식으로서 모든 기능이 20분 이상 유효하게 지속될 수 있는 경우에는 그러하지 아니하다.

1. 저압수전인 경우에는 인입개폐기의 직후에서 분기하여 전용배선으로 하여야 하며, 전용의 전선관에 보호 되도록 할 것
2. 특별고압수전 또는 고압수전일 경우에는 전력용 변압기 2차측의 주차단기 1차측에서 분기하여 전용배선으로 하되, 상용전원의 상시공급에 지장이 없을 경우에는 주차단기 2차측에서 분기하여 전용배선으로 할 것. 다만, 가압송수장치의 정격입력전압이 수전전압과 같은 경우에는 제1호의 기준에 따른다.

② 물분무소화설비의 비상전원은 자가발전설비, 축전지설비(내연기관에 따른 펌프를 사용하는 경우에는 내연기관의 기동 및 제어용 축전지를 말한다) 또는 전기저장장치(외부 전기에너지를 저장해 두었다가 필요한 때 전기를 공급하는 장치)로서 다음 각 호의 기준에 따라 설치하여야 한다. 다만, 2 이상의 변전소(「전기사업법」 제67조에 따른 변전소를 말한다. 이하 같다)

에서 전력을 동시에 공급받을 수 있거나 하나의 변전소로부터 전력의 공급이 중단되는 때에는 자동으로 다른 변전소로부터 전원을 공급받을 수 있도록 상용전원을 설치한 경우와 가압수조방식에는 비상전원을 설치하지 아니할 수 있다.

1. 점검에 편리하고 화재 및 침수 등의 재해로 인한 피해를 받을 우려가 없는 곳에 설치할 것
2. 물분무소화설비를 유효하게 20분 이상 작동할 수 있도록 할 것
3. 상용전원으로부터 전력의 공급이 중단된 때에는 자동으로 비상전원으로부터 전력을 공급받을 수 있도록 할 것
4. 비상전원(내연기관의 기동 및 제어용 축전기를 제외한다)의 설치장소는 다른 장소와 방화구획 할 것. 이 경우 그 장소에는 비상전원의 공급에 필요한 기구나 설비외의 것(열병합발전설비에 필요한 기구나 설비는 제외한다)을 두어서는 아니 된다.
5. 비상전원을 실내에 설치하는 때에는 그 실내에 비상조명등을 설치할 것

제13조(제어반)

① 물분무소화설비에는 제어반을 설치하되, 감시제어반과 동력제어반으로 구분하여 설치하여야 한다. 다만, 다음 각 호의 어느 하나에 해당하는 경우에는 감시제어반과 동력제어반으로 구분하여 설치하지 않을 수 있다.

1. 다음 각 목의 어느 하나에 해당하지 아니하는 특정소방대상물에 설치되는 물분무소화설비
   가. 지하층을 제외한 층수가 7층 이상으로서 연면적이 2,000m^2 이상인 것
   나. 제1호에 해당하지 아니하는 특정소방대상물로서 지하층의 바닥면적의 합계가 3,000m^2 이상인 것. 다만, 차고·주차장 또는 보일러실·기계실·전기실 등 이와 유사한 장소의 면적은 제외한다.
2. 내연기관에 따른 가압송수장치를 사용하는 물분무소화설비
3. 고가수조에 따른 가압송수장치를 사용하는 물분무소화설비
4. 가압수조에 따른 가압송수장치를 사용하는 물분무소화설비

② 감시제어반의 기능은 다음 각 호의 기준에 적합하여야 한다. 다만, 제1항 각 호의 어느 하나에 해당하는 경우에는 제3호 및 제6호의 규정을 적용하지 않는다.

1. 각 펌프의 작동여부를 확인할 수 있는 표시등 및 음향경보기능이 있어야 할 것
2. 각 펌프를 자동 및 수동으로 작동시키거나 중단시킬 수 있어야 한다.
3. 비상전원을 설치한 경우에는 상용전원 및 비상전원의 공급여부를 확인할 수 있어야 할 것
4. 수조 또는 물올림탱크가 저수위로 될 때 표시등 및 음향으로 경보할 것
5. 각 확인회로(기동용수압개폐장치의 압력스위치회로·수조 또는 물올림탱크의 감시회로를

말한다)마다 도통시험 및 작동시험을 할 수 있어야 할 것

6. 예비전원이 확보되고 예비전원의 적합여부를 시험할 수 있어야 할 것

③ 감시제어반은 다음 각 호의 기준에 따라 설치하여야 한다.

1. 화재 및 침수 등의 재해로 인한 피해를 받을 우려가 없는 곳에 설치할 것
2. 감시제어반은 물분무소화설비의 전용으로 할 것. 다만, 물분무소화설비의 제어에 지장이 없는 경우에는 다른 설비와 겸용할 수 있다.
3. 감시제어반은 다음 각 목의 기준에 따른 전용실안에 설치할 것. 다만 제1항 각 호의 어느 하나에 해당하는 경우와 공장, 발전소 등에서 설비를 집중 제어·운전할 목적으로 설치하는 중앙제어실내에 감시제어반을 설치하는 경우에는 그렇지 않다.

가. 다른 부분과 방화구획을 할 것. 이 경우 전용실의 벽에는 기계실 또는 전기실 등의 감시를 위하여 두께 7mm 이상의 망입유리(두께 16.3mm 이상의 접합유리 또는 두께 28mm 이상의 복층유리를 포함한다)로 된 $4m^2$ 미만의 붙박이창을 설치할 수 있다.

나. 피난층 또는 지하 1층에 설치할 것. 다만, 다음의 어느 하나에 해당하는 경우에는 지상 2층에 설치하거나 지하 1층외의 지하층에 설치할 수 있다.

(1) 「건축법 시행령」 제35조에 따라 특별피난계단이 설치되고 그 계단(부속실을 포함한다)출입구로부터 보행거리 5m이내에 전용실의 출입구가 있는 경우

(2) 아파트의 관리동(관리동이 없는 경우에는 경비실)에 설치하는 경우

다. 비상조명등 및 급·배기설비를 설치할 것

라. 「무선통신보조설비의 화재안전기준(NFSC 505)」 제5조제3항에 따라 유효하게 통신이 가능할 것(영 별표 5의 제5호마목에 따른 무선통신보조설비가 설치된 특정소방대상물에 한한다.) 〈개정 2013. 6. 10., 2021. 3. 25.〉

마. 바닥면적은 감시제어반의 설치에 필요한 면적 외에 화재 시 소방대원이 그 감시제어반의 조작에 필요한 최소면적 이상으로 할 것

4. 제3호에 따른 전용실에는 특정소방대상물의 기계·기구 또는 시설 등의 제어 및 감시설비 외의 것을 두지 아니할 것

④ 동력제어반은 다음 각 호의 기준에 따라 설치하여야 한다.

1. 앞면은 적색으로 하고 "물분무소화설비용 동력제어반"이라고 표시한 표지를 설치할 것
2. 외함은 두께 1.5mm 이상의 강판 또는 이와 동등 이상의 강도 및 내열성능이 있는 것으로 할 것
3. 그 밖의 동력제어반의 설치에 관하여는 제3항제1호 및 제2호의 기준을 준용할 것

제14조 (배선 등)

① 물분무소화설비의 배선은 「전기사업법」 제67조에 따른 기술기준에서 정한 것 외에 다음 각 호의 기준에 따라 설치하여야 한다.

1. 비상전원으로부터 동력제어반 및 가압송수장치에 이르는 전원회로배선은 내화배선으로 할 것. 다만, 자가발전설비와 동력제어반이 동일한 실에 설치된 경우에는 자가발전기로부터 그 제어반에 이르는 전원회로배선은 그렇지 않다.
2. 상용전원으로부터 동력제어반에 이르는 배선, 그 밖의 물분무소화설비의 감시·조작 또는 표시등회로의 배선은 내화배선 또는 내열배선으로 할 것. 다만, 감시제어반 또는 동력제어반 안의 감시·조작 또는 표시등회로의 배선은 그렇지 않다.

② 제1항에 따른 내화배선 및 내열배선에 사용되는 전선 및 설치방법은 「옥내소화전설비의 화재안전기준(NFSC 102)」 별표 1의 기준에 따른다.

③ 물분무소화설비의 과전류차단기 및 개폐기에는 "물분무소화설비용"이라고 표시한 표지를 하여야 한다.

④ 물분무소화설비용 전기배선의 양단 및 접속단자에는 다음 각 호의 기준에 따라 표지하여야 한다.

1. 단자에는 "물분무소화설비단자"라고 표시한 표지를 부착할 것
2. 물분무소화설비용 전기배선의 양단에는 다른 배선과 식별이 용이하도록 표시할 것

제15조(물분무헤드의 설치제외)

다음 각 호의 장소에는 물분무헤드를 설치하지 않을 수 있다.

1. 물에 심하게 반응하는 물질 또는 물과 반응하여 위험한 물질을 생성하는 물질을 저장 또는 취급하는 장소
2. 고온의 물질 및 증류범위가 넓어 끓어 넘치는 위험이 있는 물질을 저장 또는 취급하는 장소
3. 운전시에 표면의 온도가 260℃ 이상으로 되는 등 직접 분무를 하는 경우 그 부분에 손상을 입힐 우려가 있는 기계장치 등이 있는 장소

제16조(수원 및 가압송수장치의 펌프 등의 겸용)

① 물분무소화설비의 수원을 옥내소화전설비·스프링클러설비·간이스프링클러설비·화재조기진압용 스프링클러설비·포소화전설비 및 옥외소화전설비의 수원과 겸용하여 설치하는 경우의 저수량은 각 소화설비에 필요한 저수량을 합한 양 이상이 되도록 하여야 한다. 다만, 이들 소

화설비 중 고정식 소화설비(펌프·배관과 소화수 또는 소화약제를 최종 방출하는 방출구가 고정된 설비를 말한다. 이하 같다)가 2 이상 설치되어 있고, 그 소화설비가 설치된 부분이 방화벽과 방화문으로 구획되어 있는 경우에는 각 고정식 소화설비에 필요한 저수량 중 최대의 것 이상으로 할 수 있다.

② 물분무소화설비의 가압송수장치로 사용하는 펌프를 옥내소화전설비·스프링클러설비·간이스프링클러설비·화재조기진압용 스프링클러설비·포소화설비 및 옥외소화전설비의 가압송수장치와 겸용하여 설치하는 경우의 펌프의 토출량은 각 소화설비에 해당하는 토출량을 합한 양 이상이 되도록 하여야 한다. 다만, 이들 소화설비 중 고정식 소화설비가 2 이상 설치되어 있고, 그 소화설비가 설치된 부분이 방화벽과 방화문으로 구획되어 있으며 각 소화설비에 지장이 없는 경우에는 펌프의 토출량중 최대의 것 이상으로 할 수 있다.

③ 옥내소화전설비·스프링클러설비·간이스프링클러설비·화재조기진압용 스프링클러설비·물분무소화설비·포소화설비 및 옥외소화전설비의 가압송수장치에 있어서 각 토출측배관과 일반급수용의 가압송수장치의 토출측배관을 상호 연결하여 화재시 사용할 수 있다. 이 경우 연결배관에는 개·폐표시형밸브를 설치하여야 하며, 각 소화설비의 성능에 지장이 없도록 하여야 한다.

④ 물분무소화설비의 송수구를 옥내소화전설비·스프링클러설비·간이스프링클러설비·화재조기진압용 스프령클러설비·포소화설비·연결송수관설비 또는 연결살수설비의 송수구와 겸용으로 설치하는 경우에는 스프링클러설비의 송수구의 설치기준에 따르되 각각의 소화설비의 기능에 지장이 없도록 하여야 한다.

제17조(설치·유지기준의 특례)

소방본부장 또는 소방서장은 기존건축물이 증축·개축·대수선되거나 용도변경되는 경우에 있어서 이 기준이 정하는 기준에 따라 해당 건축물에 설치하여야 할 물분무소화설비의 배관·배선 등의 공사가 현저하게 곤란하다고 인정되는 경우에는 해당 설비의 기능 및 사용에 지장이 없는 범위 안에서 물분무소화설비의 설치·유지기준의 일부를 적용하지 않을 수 있다.

제18조(재검토 기한)

소방청장은 「훈령·예규 등의 발령 및 관리에 관한 규정」에 따라 이 고시에 대하여 2022년 1월 1일 기준으로 매3년이 되는 시점(매 3년째의 12월 31일까지를 말한다)마다 그 타당성을 검토하여 개선 등의 조치를 하여야 한다.

8. 미분무소화설비의 화재안전기준(NFSC 104A)

제1조(목적)

이 기준은 「화재예방, 소방시설 설치·유지 및 안전관리에 관한 법률」 제9조제1항에 따라 소방청장에게 위임한 사항 중 미분무소화설비의 설치·유지 및 안전관리에 관한 사항을 규정함을 목적으로 한다.

제2조(적용범위)

「화재예방, 소방시설 설치·유지 및 안전관리에 관한 법률 시행령」(이하 "영"이라 한다) 별표 5 제1호 바목에 따른 물분무등소화설비 중 미분무소화설비는 이 기준에서 정하는 규정에 따라 설비를 설치하고 유지·관리하여야 한다.

제3조(정의)

이 기준에서 사용하는 용어의 정의는 다음과 같다.

1. "미분무소화설비"란 가압된 물이 헤드 통과 후 미세한 입자로 분무됨으로써 소화성능을 가지는 설비를 말하며, 소화력을 증가시키기 위해 강화액 등을 첨가할 수 있다.
2. "미분무"란 물만을 사용하여 소화하는 방식으로 최소설계압력에서 헤드로부터 방출되는 물입자 중 99 %의 누적체적분포가 400 ㎛ 이하로 분무되고 A,B,C급 화재에 적응성을 갖는 것을 말한다.
3. "미분무헤드"란 하나 이상의 오리피스를 가지고 미분무소화설비에 사용되는 헤드를 말한다.
4. "개방형 미분무헤드"란 감열체 없이 방수구가 항상 열려져 있는 헤드를 말한다.
5. "폐쇄형 미분무헤드"란 정상상태에서 방수구를 막고 있는 감열체가 일정온도에서 자동적으로 파괴·용융 또는 이탈됨으로써 방수구가 개방되는 헤드를 말한다.
6. "저압 미분무 소화설비"란 최고사용압력이 1.2 MPa 이하인 미분무소화설비를 말한다.
7. "중압 미분무 소화설비"란 사용압력이 1.2 MPa을 초과하고 3.5 MPa 이하인 미분무소화설비를 말한다.
8. "고압 미분무 소화설비"란 최저사용압력이 3.5 MPa을 초과하는 미분무소화설비를 말한다.
9. "폐쇄형 미분무소화설비"란 배관 내에 항상 물 또는 공기 등이 가압되어 있다가 화재로 인한 열로 폐쇄형 미분무헤드가 개방되면서 소화수를 방출하는 방식의 미분무소화설비를 말한다.
10. "개방형 미분무소화설비"란 화재감지기의 신호를 받아 가압송수장치를 동작시켜 미분무수

를 방출하는 방식의 미분무소화설비를 말한다.

11. “유수검지장치(패들형을 포함한다.)”란 본체내의 유수현상을 자동적으로 검지하여 신호 또는 경보를 발하는 장치를 말한다.
12. “전역방출방식”이란 고정식 미분무소화설비에 배관 및 헤드를 고정 설치하여 구획된 방호구역 전체에 소화수를 방출하는 설비를 말한다.
13. “국소방출방식”이란 고정식 미분무소화설비에 배관 및 헤드를 설치하여 직접 화점에 소화수를 방출하는 설비로서 화재발생 부분에 집중적으로 소화수를 방출하도록 설치하는 방식을 말한다.
14. “호스릴방식”이란 미분무건을 소화수 저장용기 등에 연결하여 사람이 직접 화점에 소화수를 방출하는 소화설비를 말한다.
15. “교차회로방식”이란 하나의 방호구역 내에 2 이상의 화재감지기회로를 설치하고 인접한 2 이상의 화재감지기가 동시에 감지되는 때에는 미분무 소화설비가 작동하여 소화수가 방출되는 방식을 말한다.
16. “가압수조”란 가압원인 압축공기 또는 불연성 고압기체에 의해 소방용수를 가압시키는 수조를 말한다.
17. “개폐표시형밸브”란 밸브의 개폐여부를 외부에서 식별이 가능한 밸브를 말한다.
18. “연소할 우려가 있는 개구부”란 각 방화구획을 관통하는 컨베이어·에스컬레이터 또는 이와 유사한 시설의 주위로서 방화구획을 할 수 없는 부분을 말한다.
19. “설계도서”란 특정소방대상물의 점화원, 연료의 특성과 형태 등에 따라서 발생할 수 있는 화재의 유형이 고려되어 작성된 것을 말한다.

제4조(설계도서 작성)

① 미분무소화설비의 성능을 확인하기 위하여 하나의 발화원을 가정한 설계도서는 다음 각 호 및 별표 1을 고려하여 작성되어야 하며, 설계도서는 일반설계도서와 특별설계도서로 구분한다.

1. 점화원의 형태
2. 초기 점화되는 연료 유형
3. 화재 위치
4. 문과 창문의 초기상태(열림, 닫힘) 및 시간에 따른 변화상태
5. 공기조화설비, 자연형(문, 창문) 및, 기계형 여부

6. 시공 유형과 내장재 유형

② 일반설계도서는 유사한 특정소방대상물의 화재사례 등을 이용하여 작성하고, 특별설계도서는 일반설계도서에서 발화 장소 등을 변경하여 위험도를 높게 만들어 작성하여야 한다.

③ 제1항 및 제2항에도 불구하고 검증된 기준에서 정하고 있는 것을 사용할 경우에는 적합한 도서로 인정할 수 있다.

제5조(설계도서의 검증)

① 소방관서에 허가동의를 받기 전에 법 제42조제1항에 따라 성능시험기관으로 지정받은 기관에서 그 성능을 검증받아야 한다.

② 설계도서의 변경이 필요한 경우 제1항에 의해 재검증을 받아야 한다.

제6조(수원)

① 미분무수 소화설비에 사용되는 용수는 「먹는물관리법」 제5조에 적합하고, 저수조 등에 충수할 경우 필터 또는 스트레이너를 통하여야 하며, 사용되는 물에는 입자·용해고체 또는 염분이 없어야 한다.

② 배관의 연결부(용접부 제외) 또는 주배관의 유입측에는 필터 또는 스트레이너를 설치하여야 하고, 사용되는 스트레이너에는 청소구가 있어야 하며, 검사·유지관리 및 보수 시에 배치위치를 변경하지 아니하여야 한다. 다만, 노즐이 막힐 우려가 없는 경우에는 설치하지 아니할 수 있다.

③ 사용되는 필터 또는 스트레이너의 메쉬는 헤드 오리피스 지름의 80% 이하가 되어야 한다.

④ 수원의 양은 다음의 식을 이용하여 계산한 양 이상으로 하여야 한다.

$Q = N \times D \times T \times S + V$

Q : 수원의 양(m^3)

N : 방호구역(방수구역) 내 헤드의 개수

D : 설계유량(m^3/min)

T : 설계방수시간(min)

S : 안전율(1.2 이상)

V : 배관의 총체적(m^3)

⑤ 첨가제의 양은 설계방수시간 내에 충분히 사용될 수 있는 양 이상으로 산정한다. 이 경우 첨가제가 소화약제인 경우 소방청장이 정하여 고시한 「소화약제 형식승인 및 제품검사의 기술

기준」에 적합한 것으로 사용하여야 한다.

제7조(수조)

① 수조의 재료는 냉간 압연 스테인리스 강판 및 강대(KS D 3698)의 STS 304 또는 이와 동등 이상의 강도·내식성·내열성이 있는 것으로 하여야 한다.

② 수조를 용접할 경우 용접찌꺼기 등이 남아 있지 아니하여야 하며, 부식의 우려가 없는 용접방식으로 하여야 한다.

③ 미분무 소화설비용 수조는 다음 각 호의 기준에 따라 설치하여야 한다.

1. 전용으로 하며 점검에 편리한 곳에 설치할 것
2. 동결방지조치를 하거나 동결의 우려가 없는 장소에 설치할 것
3. 수조의 외측에 수위계를 설치할 것. 다만, 구조상 불가피한 경우에는 수조의 맨홀 등을 통하여 수조 내 물의 양을 쉽게 확인할 수 있도록 하여야 한다.
4. 수조의 상단이 바닥보다 높은 때에는 수조의 외측에 고정식 사다리를 설치할 것
5. 수조가 실내에 설치된 때에는 그 실내에 조명 설비를 설치할 것
6. 수조의 밑 부분에는 청소용 배수밸브 또는 배수관을 설치할 것
7. 수조 외측의 보기 쉬운 곳에 "미분무설비용 수조"라고 표시한 표지를 할 것
8. 미분무펌프의 흡수배관 또는 수직배관과 수조의 접속부분에는 "미분무설비용 배관"이라고 표시한 표지를 할 것. 다만, 수조와 가까운 장소에 미분무펌프가 설치되고 미분무펌프에 제7호에 따른 표지를 설치한 때에는 그러하지 아니하다.

제8조(가압송수장치)

① 전동기 또는 내연기관에 따른 펌프를 이용하는 가압송수장치는 다음 각 호의 기준에 따라 설치하여야 한다.

1. 쉽게 접근할 수 있고 점검하기에 충분한 공간이 있는 장소로서 화재 및 침수 등의 재해로 인한 피해를 받을 우려가 없는 곳에 설치할 것
2. 동결방지조치를 하거나 동결의 우려가 없는 장소에 설치할 것
3. 펌프는 전용으로 할 것
4. 펌프의 토출 측에는 압력계를 체크밸브 이전에 펌프토출 측 가까운 곳에 설치할 것
5. 가압송수장치에는 정격부하 운전시 펌프의 성능을 시험하기 위한 배관을 설치할 것
6. 가압송수장치의 송수량은 최저설계압력에서 설계유량(L/min) 이상의 방수성능을 가진

기준개수의 모든 헤드로부터의 방수량을 충족시킬 수 있는 양 이상의 것으로 할 것

7. 내연기관을 사용하는 경우에는 제어반에 따라 내연기관의 자동기동 및 수동기동이 가능하고, 상시 충전되어 있는 축전지설비를 갖출 것
8. 가압송수장치에는 "미분무펌프"라고 표시한 표지를 할 것. 다만, 호스릴방식의 경우 "호스릴방식 미분무펌프"라고 표시한 표지를 할 것
9. 가압송수장치가 기동되는 경우에는 자동으로 정지되지 아니하도록 할 것

② 압력수조를 이용하는 가압송수장치는 다음 각 호의 기준에 따라 설치하여야 한다.

1. 압력수조는 배관용 스테인리스 강관(KS D 3676) 또는 이와 동등이상의 강도·내식성, 내열성을 갖는 재료를 사용할 것
2. 용접한 압력수조를 사용할 경우 용접찌꺼기 등이 남아 있지 아니하여야 하며, 부식의 우려가 없는 용접방식으로 하여야 한다.
3. 쉽게 접근할 수 있고 점검하기에 충분한 공간이 있는 장소로서 화재 및 침수 등의 재해로 인한 피해를 받을 우려가 없는 곳에 설치할 것
4. 동결방지조치를 하거나 동결의 우려가 없는 장소에 설치할 것
5. 압력수조는 전용으로 할 것
6. 압력수조에는 수위계·급수관·배수관·급기관·맨홀·압력계·안전장치 및 압력저하방지를 위한 자동식 공기압축기를 설치할 것
7. 압력수조의 토출 측에는 사용압력의 1.5배 범위를 초과하는 압력계를 설치하여야 한다.
8. 작동장치의 구조 및 기능은 다음 각 목의 기준에 적합하여야 한다.
   가. 화재감지기의 신호에 의하여 자동적으로 밸브를 개방하고 소화수를 배관으로 송출할 것
   나. 수동으로 작동할 수 있게 하는 장치를 설치할 경우에는 부주의로 인한 작동을 방지하기 위한 보호 장치를 강구할 것

③ 가압수조를 이용하는 가압송수장치는 다음 각 호의 기준에 따라 설치하여야 한다.

1. 가압수조의 압력은 설계 방수량 및 방수압이 설계방수시간 이상 유지되도록 할 것
2. 삭제
3. 가압수조 및 가압원은 「건축법 시행령」 제46조에 따른 방화구획 된 장소에 설치 할 것
4. 삭제
5. 가압수조를 이용한 가압송수장치는 소방청장이 정하여 고시한 「가압수조식 가압송수장치의 성능인증 및 제품검사의 기술기준」에 적합한 것으로 설치할 것
6. 가압수조는 전용으로 설치할 것

제9조(폐쇄형 미분무소화설비의 방호구역)

폐쇄형 미분무헤드를 사용하는 설비의 방호구역(미분무소화설비의 소화범위에 포함된 영역을 말한다. 이하 같다)은 다음 각 호의 기준에 적합하여야 한다.

1. 하나의 방호구역의 바닥면적은 펌프용량, 배관의 구경 등을 수리학적으로 계산한 결과 헤드의 방수압 및 방수량이 방호구역 범위 내에서 소화목적을 달성할 수 있도록 산정하여야 한다.
2. 하나의 방호구역은 2개 층에 미치지 아니하도록 할 것

제10조(개방형 미분무소화설비의 방수구역)

개방형 미분무 소화설비의 방수구역은 다음 각 호의 기준에 적합하여야 한다.

1. 하나의 방수구역은 2개 층에 미치지 아니 할 것
2. 하나의 방수구역을 담당하는 헤드의 개수는 최대 설계개수 이하로 할 것. 다만, 2개 이상의 방수구역으로 나눌 경우에는 하나의 방수구역을 담당하는 헤드의 개수는 최대설계개수의 1/2 이상으로 할 것
3. 터널, 지하구, 지하가 등에 설치할 경우 동시에 방수되어야 하는 방수구역은 화재가 발생된 방수구역 및 접한 방수구역으로 할 것

제11조(배관 등)

① 설비에 사용되는 구성요소는 STS 304 이상의 재료를 사용하여야 한다.

② 배관은 배관용 스테인리스 강관(KS D 3576)이나 이와 동등 이상의 강도·내식성 및 내열성을 가진 것으로 하여야 하고, 용접할 경우 용접찌꺼기 등이 남아 있지 아니하여야 하며, 부식의 우려가 없는 용접방식으로 하여야 한다.

③ 급수배관은 다음 각 호의 기준에 따라 설치하여야 한다.

1. 전용으로 할 것.
2. 급수를 차단할 수 있는 개폐밸브는 개폐표시형으로 할 것.

④ 펌프를 이용하는 가압송수장치에는 펌프의 성능이 체절운전 시 정격토출압력의 140 %를 초과하지 아니하고, 정격토출량의 150 %로 운전 시 정격토출압력의 65 % 이상이 되어야 하며 다음 각 호의 기준에 적합하도록 설치하여야 한다. 다만, 공인된 방법에 의한 별도의 성능을 제시할 경우에는 그러하지 아니하며 그 성능을 별도의 기준에 따라 확인하여야 한다.

1. 성능시험배관은 펌프의 토출 측에 설치된 개폐밸브 이전에서 분기하여 직선으로 설치하고, 유량측정장치를 기준으로 전단 직관부에는 개폐밸브를 후단 직관부에는 유량조절밸

브를 설치할 것

2. 유입구에는 개폐밸브를 둘 것

3. 개폐밸브와 유량측정장치 사이의 직관부 거리 및 유량측정장치와 유량조절밸브 사이의 직관부 거리는 해당 유량측정장치 제조사의 설치사양에 따른다.

4. 유량측정장치는 펌프의 정격토출량의 175 % 이상까지 측정할 수 있는 성능이 있을 것

5. 삭제

6. 성능시험배관의 호칭은 유량계 호칭에 따를 것

⑤ 동결방지조치를 하거나 동결의 우려가 없는 장소에 설치하여야 한다. 다만, 보온재를 사용할 경우에는 난연재료 성능 이상의 것으로 하여야 한다.

⑥ 교차배관의 위치·청소구 및 가지배관의 헤드설치는 다음 각 호의 기준에 따른다.

1. 교차배관은 가지배관과 수평으로 설치하거나 또는 가지배관 밑에 설치할 것

2. 청소구는 교차배관 끝에 개폐밸브를 설치하고, 호스접결이 가능한 나사식 또는 고정배수 배관식으로 할 것. 이 경우 나사식의 개폐밸브는 나사보호용의 캡으로 마감할 것

⑦ 미분무설비에는 그 성능을 확인하기 위한 시험장치를 다음 각 호의 기준에 따라 설치하여야 한다. 다만, 개방형헤드를 설치한 경우에는 그러하지 아니하다.

1. 가압장치에서 가장 먼 가지배관의 끝으로부터 연결하여 설치할 것

2. 시험장치 배관의 구경은 가압장치에서 가장 먼 가지배관의 구경과 동일한 구경으로 하고, 그 끝에 개방형헤드를 설치할 것. 이 경우 개방형헤드는 동일 형태의 오리피스만으로 설치할 수 있다.

3. 시험배관의 끝에는 물받이 통 및 배수관을 설치하여 시험 중 방사된 물이 바닥에 흘러내리지 아니하도록 할 것. 다만, 목욕실·화장실 또는 그 밖의 곳으로서 배수처리가 쉬운 장소에 시험배관을 설치한 경우에는 그러하지 아니하다.

⑧ 배관에 설치되는 행가는 다음 각 호의 기준에 따라 설치하여야 한다.

1. 가지배관에는 헤드의 설치지점 사이마다, 교차배관에는 가지배관과 가지배관 사이마다 1개 이상의 행가를 설치할 것

2. 제1호의 수평주행배관에는 4.5 m 이내마다 1개 이상 설치할 것

⑨ 수직배수배관의 구경은 50 mm 이상으로 하여야 한다. 다만, 수직배관의 구경이 50 mm 미만인 경우에는 수직배관과 동일한 구경으로 할 수 있다.

⑩ 주차장의 미분무 소화설비는 습식외의 방식으로 하여야 한다. 다만, 주차장이 벽 등으로 차단되어 있고 출입구가 자동으로 열리고 닫히는 구조인 것으로서 다음 각 호의 어느 하나에 해당하는 경우에는 그러하지 아니하다.

1. 동절기에 상시 난방이 되는 곳이거나 그 밖에 동결의 염려가 없는 곳
2. 미분무 소화설비의 동결을 방지할 수 있는 구조 또는 장치가 된 것

⑪ 급수배관에 설치되어 급수를 차단할 수 있는 개폐밸브에는 그 밸브의 개폐상태를 감시제어반에서 확인할 수 있도록 급수개폐밸브 작동표시 스위치를 다음 각 호의 기준에 따라 설치하여야 한다.

1. 급수개폐밸브가 잠길 경우 탬퍼스위치의 동작으로 인하여 감시제어반 또는 수신기에 표시되어야 하며 경보음을 발할 것
2. 탬퍼스위치는 감시제어반 또는 수신기에서 동작의 유무확인과 동작시험, 도통시험을 할 수 있을 것
3. 급수개폐밸브의 작동표시 스위치에 사용되는 전기배선은 내화전선 및 내열전선으로 설치할 것

⑫ 미분무설비 배관의 배수를 위한 기울기는 다음 각 호의 기준에 따른다.

1. 폐쇄형 미분무 소화설비의 배관을 수평으로 할 것. 다만, 배관의 구조상 소화수가 남아 있는 곳에는 배수밸브를 설치하여야 한다.
2. 개방형 미분무 소화설비에는 헤드를 향하여 상향으로 수평주행배관의 기울기를 500분의 1 이상, 가지배관의 기울기를 250분의 1 이상으로 할 것. 다만, 배관의 구조상 기울기를 줄 수 없는 경우에는 배수를 원활하게 할 수 있도록 배수밸브를 설치하여야 한다.

⑬ 배관은 다른 설비의 배관과 쉽게 구분이 될 수 있는 위치에 설치하거나, 그 배관표면 또는 배관 보온재표면의 색상은 「한국산업표준(배관계의 식별 표시, KS A 0503)」 또는 적색으로 식별이 가능하도록 소방용설비의 배관임을 표시하여야 한다.

⑭ 호스릴방식의 설치는 다음 각 호에 따라 설치하여야 한다.

1. 방호대상물의 각 부분으로부터 하나의 호스 접결구까지의 수평거리가 25 m 이하가 되도록 할 것
2. 소화약제 저장용기의 개방밸브는 호스의 설치 장소에서 수동으로 개폐할 수 있는 것으로 할 것
3. 소화약제 저장용기의 가장 가까운 곳의 보기 쉬운 곳에 표시등을 설치하고 호스릴 미분무 소화설비가 있다는 뜻을 표시한 표지를 할 것
4. 그 밖의 사항은 「옥내소화전설비의 화재안전기준」 제7조(함 및 방수구 등)에 적합할 것

제12조(음향장치 및 기동장치)

① 미분무 소화설비의 음향장치 및 기동장치는 다음 각 호의 기준에 따라 설치하여야 한다.

1. 폐쇄형 미분무헤드가 개방되면 화재신호를 발신하고 그에 따라 음향장치가 경보되도록 할 것
2. 개방형 미분무설비는 화재감지기의 감지에 따라 음향장치가 경보되도록 할 것. 이 경우 화재감지기 회로를 교차회로방식으로 하는 때에는 하나의 화재감지기 회로가 화재를 감지하는 때에도 음향장치가 경보되도록 하여야 한다.
3. 음향장치는 방호구역 또는 방수구역마다 설치하되 그 구역의 각 부분으로부터 하나의 음향장치까지의 수평거리는 25m 이하가 되도록 할 것
4. 음향장치는 경종 또는 사이렌(전자식 사이렌을 포함한다)으로 하되, 주위의 소음 및 다른 용도의 경보와 구별이 가능한 음색으로 할 것. 이 경우 경종 또는 사이렌은 자동화재탐지설비·비상벨설비 또는 자동식사이렌설비의 음향장치와 겸용할 수 있다.
5. 주음향장치는 수신기의 내부 또는 그 직근에 설치할 것
6. 5층(지하층을 제외한다) 이상의 소방대상물 또는 그 부분에 있어서는 2층 이상의 층에서 발화한 때에는 발화층 및 그 직상층에 한하여, 1층에서 발화한 때에는 발화층과 그 직상층 및 지하층에 한하여, 지하층에서 발화한 때에는 발화층·그 직상층 및 기타의 지하층에 한하여 경보를 발할 수 있도록 할 것
7. 음향장치는 다음 각 목의 기준에 따른 구조 및 성능의 것으로 할 것
   가. 정격전압의 80% 전압에서 음향을 발할 수 있는 것으로 할 것
   나. 음량은 부착된 음향장치의 중심으로부터 1 m 떨어진 위치에서 90 dB 이상이 되는 것으로 할 것
8. 화재감지기 회로에는 다음 각 목의 기준에 따른 발신기를 설치할 것. 다만, 자동화재탐지설비의 발신기가 설치된 경우에는 그러하지 아니하다.
   가. 조작이 쉬운 장소에 설치하고, 스위치는 바닥으로부터 0.8 m 이상 1.5 m 이하의 높이에 설치할 것
   나. 소방대상물의 층마다 설치하되, 당해 소방대상물의 각 부분으로부터 하나의 발신기까지의 수평거리가 25 m 이하가 되도록 할 것. 다만, 복도 또는 별도로 구획된 실로서 보행거리가 40 m 이상일 경우에는 추가로 설치하여야 한다.
   다. 발신기의 위치를 표시하는 표시등은 함의 상부에 설치하되, 그 불빛은 부착면으로부터 15° 이상의 범위안에서 부착지점으로부터 10m 이내의 어느 곳에서도 쉽게 식별할 수 있는 적색등으로 할 것

제13조(헤드)

① 미분무헤드는 소방대상물의 천장·반자·천장과 반자사이·덕트·선반 기타 이와 유사한 부분에 설계자의 의도에 적합하도록 설치하여야 한다.

② 하나의 헤드까지의 수평거리 산정은 설계자가 제시하여야 한다.

③ 미분무 설비에 사용되는 헤드는 조기반응형 헤드를 설치하여야 한다.

④ 폐쇄형 미분무헤드는 그 설치장소의 평상시 최고주위온도에 따라 다음 식에 따른 표시온도의 것으로 설치하여야 한다.

$T_a = 0.9T_m - 27.3℃$

T_a : 최고주위온도

T_m : 헤드의 표시온도

⑤ 미분무 헤드는 배관, 행거 등으로부터 살수가 방해되지 아니하도록 설치하여야 한다.

⑥ 미분무 헤드는 설계도면과 동일하게 설치하여야 한다.

⑦ 미분무 헤드는 '한국소방산업기술원' 또는 법 제42조제1항의 규정에 따라 성능시험기관으로 지정받은 기관에서 검증받아야 한다.

제14조(전원)

미분무소화설비의 전원은 「스프링클러설비의 화재안전기준」 제12조를 준용한다.

제15조(제어반)

① 미분무 소화설비에는 제어반을 설치하되, 감시제어반과 동력제어반으로 구분하여 설치하여야 한다. 다만, 가압수조에 따른 가압송수장치를 사용하는 미분무 소화설비의 경우와 별도의 시방서를 제시할 경우에는 그러하지 아니할 수 있다.

② 감시제어반의 기능은 다음 각 호의 기준에 적합하여야 한다.

1. 각 펌프의 작동여부를 확인할 수 있는 표시등 및 음향경보기능이 있어야 할 것
2. 각 펌프를 자동 및 수동으로 작동시키거나 작동을 중단시킬 수 있어야 할 것
3. 비상전원을 설치한 경우에는 상용전원 및 비상전원의 공급여부를 확인할 수 있어야 할 것
4. 수조가 저수위로 될 때 표시등 및 음향으로 경보할 것
5. 예비전원이 확보되고 예비전원의 적합여부를 시험할 수 있어야 할 것

③ 감시제어반은 다음 각 호의 기준에 따라 설치하여야 한다.

1. 화재 및 침수 등의 재해로 인한 피해를 받을 우려가 없는 곳에 설치할 것

2. 감시제어반은 미분무 소화설비의 전용으로 할 것
3. 감시제어반은 다음 각 목의 기준에 따른 전용실안에 설치할 것
   가. 다른 부분과 방화구획을 할 것. 이 경우 전용실의 벽에는 기계실 또는 전기실 등의 감시를 위하여 두께 7mm 이상의 망입유리(두께 16.3 mm 이상의 접합유리 또는 두께 28 mm 이상의 복층유리를 포함한다)로 된 4 m^2 미만의 붙박이창을 설치할 수 있다.
   나. 피난층 또는 지하 1층에 설치할 것
   다. 무선통신보조설비의 화재안전기준(NFSC 505) 제6조의 규정에 따른 무선기기 접속단자(영 별표 5의 제5호마목에 따른 무선통신보조설비가 설치된 특정소방대상물에 한한다)를 설치할 것
   라. 바닥면적은 감시제어반의 설치에 필요한 면적 외에 화재시 소방대원이 그 감시제어반의 조작에 필요한 최소면적 이상으로 할 것
4. 제3호에 따른 전용실에는 소방대상물의 기계·기구 또는 시설 등의 제어 및 감시설비외의 것을 두지 아니할 것
5. 다음의 각 확인회로마다 도통시험 및 작동시험을 할 수 있도록 할 것
   가. 수조의 저수위감시회로
   나. 개방식 미분무 소화설비의 화재감지기회로
   다. 개폐밸브의 폐쇄상태 확인회로
   라. 그 밖의 이와 비슷한 회로
6. 감시제어반과 자동화재탐지설비의 수신기를 별도의 장소에 설치하는 경우에는 이들 상호간에 동시 통화가 가능하도록 할 것

④ 동력제어반은 다음 각 호의 기준에 따라 설치하여야 한다.
1. 앞면은 적색으로 하고 "미분무 소화설비용 동력제어반"이라고 표시한 표지를 설치할 것
2. 외함은 두께 1.5 mm 이상의 강판 또는 이와 동등 이상의 강도 및 내열성능이 있는 것으로 할 것
3. 그 밖의 동력제어반의 설치에 관하여는 제3항제1호 및 제2호의 기준을 준용할 것

⑤ 발전기 제어반은 「스프링클러설비의 화재안전기준」 제13조를 준용한다.

제16조(배선 등)

① 미분무 소화설비의 배선은 「전기사업법」 제67조에 따른 기술기준에서 정한 것 외에 다음 각 호의 기준에 따라 설치하여야 한다.

1. 비상전원으로부터 동력제어반 및 가압송수장치에 이르는 전원회로배선은 내화배선으로 할 것. 다만, 자가발전설비와 동력제어반이 동일한 실에 설치된 경우에는 자가발전기로부터 그 제어반에 이르는 전원회로배선은 그러하지 아니하다.
2. 상용전원으로부터 동력제어반에 이르는 배선, 그 밖의 미분무 소화설비의 감시·조작 또는 표시등회로의 배선은 내화배선 또는 내열배선으로 할 것. 다만, 감시제어반 또는 동력제어반 안의 감시·조작 또는 표시등회로의 배선은 그러하지 아니하다.

② 제1항에 따른 내화배선 및 내열배선에 사용되는 전선 및 설치방법은 「옥내소화전설비의 화재안전기준」의 별표 1의 기준에 따른다.

③ 미분무 소화설비의 과전류차단기 및 개폐기에는 "미분무 소화설비용"이라고 표시한 표지를 하여야 한다.

④ 미분무 소화설비용 전기배선의 양단 및 접속단자에는 다음 각 호의 기준에 따라표지하여야 한다.

1. 단자에는 "미분무 소화설비단자"라고 표시한 표지를 부착할 것
2. 미분무 소화설비용 전기배선의 양단에는 다른 배선과 식별이 용이하도록 표시할 것

제17조(청소·시험·유지 및 관리 등)

① 미분무 소화설비의 청소·유지 및 관리 등은 건축물의 모든 부분(건축설비를 포함한다.)을 완성한 시점부터 최소 연 1회 이상 실시하여 그 성능 등을 확인하여야 한다.

② 미분무 소화설비의 배관 등의 청소는 배관의 수리계산 시 설계된 최대방출량으로 방출하여 배관 내 이물질이 제거될 수 있는 충분한 시간동안 실시하여야 한다.

③ 미분무 소화설비의 성능시험은 제8조에서 정한 기준에 따라 실시한다.

제18조(재검토기한)

소방청장은 이 고시에 대하여 「훈령·예규 등의 발령 및 관리에 관한 규정」에 따라 2022년 1월 1일 기준으로 매3년이 되는 시점(매 3년째의 12월 31일까지를 말한다)마다 그 타당성을 검토하여 개선 등의 조치를 하여야 한다.

9. 포소화설비의 화재안전기준(NFSC 105)

제1조(목적)

이 기준은 「화재예방, 소방시설 설치·유지 및 안전관리에 관한 법률」 제9조제1항에 따라 소방청장에게 위임한 사항 중 물분무등소화설비인 포소화설비의 설치·유지 및 안전관리에 필요한 사항을 규정함을 목적으로 한다.

제2조(적용범위)

「화재예방, 소방시설 설치·유지 및 안전관리에 관한 법률 시행령」(이하 "영"이라 한다) 별표 5 제1호바목에 따른 포소화설비는 이 기준에서 정하는 규정에 따라 설비를 설치하고 유지·관리하여야 한다.

제3조(정의)

이 기준에서 사용하는 용어의 정의는 다음과 같다.

1. "고가수조"란 구조물 또는 지형지물 등에 설치하여 자연낙차 압력으로 급수하는 수조를 말한다.
2. "압력수조"란 소화용수와 공기를 채우고 일정압력 이상으로 가압하여 그 압력으로 급수하는 수조를 말한다.
3. "충압펌프"란 배관내 압력손실에 따른 주펌프의 빈번한 기동을 방지하기 위하여 충압역할을 하는 펌프를 말한다.
4. "연성계"란 대기압 이상의 압력과 대기압 이하의 압력을 측정할 수 있는 계측기를 말한다.
5. "진공계"란 대기압 이하의 압력을 측정하는 계측기를 말한다.
6. "정격토출량"이란 정격토출압력에서의 펌프의 토출량을 말한다.
7. "정격토출압력"이란 정격토출량에서의 펌프의 토출측 압력을 말한다.
8. "전역방출방식"이란 고정식 포 발생장치로 구성되어 포 수용액이 방호대상물 주위가 막혀진 공간이나 밀폐 공간 속으로 방출되도록 된 설비방식을 말한다.
9. "국소방출방식"이란 고정된 포 발생장치로 구성되어 화점이나 연소 유출물 위에 직접 포를 방출하도록 설치된 설비방식을 말한다.
10. "팽창비"란 최종 발생한 포 체적을 원래 포 수용액 체적으로 나눈 값을 말한다.
11. "개폐표시형밸브"란 밸브의 개폐여부를 외부에서 식별이 가능한 밸브를 말한다.
12. "기동용수압개폐장치"란 소화설비의 배관내 압력변동을 검지하여 자동적으로 펌프를 기동

및 정지시키는 것으로서 압력챔버 또는 기동용압력스위치 등을 말한다.

13. “포워터스프링클러설비”란 포워터스프링클러헤드를 사용하는 포소화설비를 말한다.
14. “포헤드설비”란 포헤드를 사용하는 포소화설비를 말한다.
15. “고정포방출설비”란 고정포방출구를 사용하는 설비를 말한다.
16. “호스릴포소화설비”란 호스릴포방수구·호스릴 및 이동식 포노즐을 사용하는 설비를 말한다.
17. “포소화전설비”란 포소화전방수구·호스 및 이동식포노즐을 사용하는 설비를 말한다.
18. “송액관”이란 수원으로부터 포헤드·고정포방출구 또는 이동식포노즐에 급수하는 배관을 말한다.
19. “급수배관”이란 수원 및 옥외송수구로부터 포소화설비의 헤드 또는 방출구에 급수하는 배관을 말한다.

19의2. "분기배관"이란 배관 측면에 구멍을 뚫어 둘 이상의 관로가 생기도록 가공한 배관으로서 확관형 분기배관과 비확관형 분기배관을 말한다. 〈신설 2021. 12. 16.〉

19의3. "확관형 분기배관"이란 배관의 측면에 조그만 구멍을 뚫고 소성가공으로 확관시켜 배관 용접이음자리를 만들거나 배관 용접이음자리에 배관이음쇠를 용접 이음한 배관을 말한다. 〈신설 2021. 12. 16.〉

19의4. "비확관형 분기배관"이란 배관의 측면에 분기호칭내경 이상의 구멍을 뚫고 배관이음쇠를 용접 이음한 배관을 말한다. 〈신설 2021. 12. 16.〉

20. “펌프 푸로포셔너방식”이란 펌프의 토출관과 흡입관 사이의 배관도중에 설치한 흡입기에 펌프에서 토출된 물의 일부를 보내고, 농도 조정밸브에서 조정된 포 소화약제의 필요량을 포 소화약제 탱크에서 펌프 흡입측으로 보내어 이를 혼합하는 방식을 말한다.
21. “프레져 푸로포셔너방식”이란 펌프와 발포기의 중간에 설치된 벤추리관의 벤추리작용과 펌프 가압수의 포 소화약제 저장탱크에 대한 압력에 따라 포 소화약제를 흡입·혼합하는 방식을 말한다.
22. “라인 푸로포셔너방식”이란 펌프와 발포기의 중간에 설치된 벤추리관의 벤추리작용에 따라 포 소화약제를 흡입·혼합하는 방식을 말한다.
23. “프레져사이드 푸로포셔너방식”이란 펌프의 토출관에 압입기를 설치하여 포 소화약제 압입용펌프로 포 소화약제를 압입시켜 혼합하는 방식을 말한다.
24. “가압수조”란 가압원인 압축공기 또는 불연성 고압기체에 따라 소방용수를 가압시키는 수조를 말한다.
25. “압축공기포소화설비”란 압축공기 또는 압축질소를 일정비율로 포수용액에 강제 주입 혼합하는 방식을 말한다.

제4조(종류 및 적응성)

특정소방대상물에 따라 적응하는 포소화설비는 다음 각 호와 같다.

1. 「소방기본법 시행령」 별표 2의 특수가연물을 저장·취급하는 공장 또는 창고 : 포워터스프링클러설비·포헤드설비 또는 고정포방출설비, 압축공기포소화설비
2. 차고 또는 주차장 : 포워터스프링클러설비·포헤드설비 또는 고정포방출설비, 압축공기포소화설비. 다만, 다음 각 목의 어느 하나에 해당하는 차고·주차장의 부분에는 호스릴포소화설비 또는 포소화전설비를 설치할 수 있다.
   가. 완전 개방된 옥상주차장 또는 고가 밑의 주차장으로서 주된 벽이 없고 기둥뿐이거나 주위가 위해방지용 철주 등으로 둘러쌓인 부분
   나. 〈삭제 2019. 8. 13.〉
   다. 지상 1층으로서 지붕이 없는 부분
   라. 〈삭제 2019. 8. 13.〉
3. 항공기격납고 : 포워터스프링클러설비·포헤드설비 또는 고정포방출설비, 압축공기포소화설비. 다만, 바닥면적의 합계가 1,000m^2 이상이고 항공기의 격납위치가 한정되어 있는 경우에는 그 한정된 장소외의 부분에 대하여는 호스릴포소화설비를 설치할 수 있다.
4. 발전기실, 엔진펌프실, 변압기, 전기케이블실, 유압설비 : 바닥면적의 합계가 300m^2 미만의 장소에는 고정식 압축공기포소화설비를 설치 할 수 있다.

제5조(수원)

① 포소화설비의 수원은 그 저수량이 특정소방대상물에 따라 다음 각 호의 기준에 적합하도록 하여야 한다.

1. 「소방기본법 시행령」 별표 2의 특수가연물을 저장·취급하는 공장 또는 창고 : 포워터스프링클러설비 또는 포헤드설비의 경우에는 포워터스프링클러헤드 또는 포헤드(이하 "포헤드"라 한다)가 가장 많이 설치된 층의 포헤드(바닥면적이 200m^2를 초과한 층은 바닥면적 200m^2 이내에 설치된 포헤드를 말한다)에서 동시에 표준방사량으로 10분간 방사할 수 있는 양 이상으로, 고정포방출설비의 경우에는 고정포방출구가 가장 많이 설치된 방호구역 안의 고정포방출구에서 표준방사량으로 10분간 방사할 수 있는 양 이상으로 한다. 이 경우 하나의 공장 또는 창고에 포워터스프링클러설비·포헤드설비 또는 고정포방출설비가 함께 설치된 때에는 각 설비별로 산출된 저수량중 최대의 것을 그 특정소방대상물에 설치하여야 할 수원의 양으로 한다.

2. 차고 또는 주차장 : 호스릴포소화설비 또는 포소화전설비의 경우에는 방수구가 가장 많은 층의 설치개수(호스릴포방수구 또는 포소화전방수구가 5개 이상 설치된 경우에는 5개)에 $6m^3$를 곱한 양 이상으로 포워터스프링클러설비·포헤드설비 또는 고정포방출설비의 경우에는 제1호의 기준을 준용한다. 이 경우 하나의 차고 또는 주차장에 호스릴포소화설비·포소화전설비·포워터스프링클러설비·포헤드설비 또는 고정포방출설비가 함께 설치된 때에는 각 설비별로 산출된 저수량 중 최대의 것을 그 차고 또는 주차장에 설치하여야 할 수원의 양으로 한다.
3. 항공기격납고 : 포워터스프링클러설비·포헤드설비 또는 고정포방출설비의 경우에는 포헤드 또는 고정포방출구가 가장 많이 설치된 항공기격납고의 포헤드 또는 고정포방출구에서 동시에 표준방사량으로 10분간 방사할 수 있는 양 이상으로 하되, 호스릴포소화설비를 함께 설치한 경우에는 호스릴포방수구가 가장 많이 설치된 격납고의 호스릴방수구수(호스릴포방수구가 5개 이상 설치된 경우에는 5개)에 $6m^3$를 곱한 양을 합한 양 이상으로 하여야 한다.
4. 압축공기포소화설비를 설치하는 경우 방수량은 설계 사양에 따라 방호구역에 최소 10분간 방사할수 있어야 한다.
5. 압축공기포소화설비의 설계방출밀도($L/min \cdot m^2$)는 설계사양에 따라 정하여야 하며 일반가연물, 탄화수소류는 $1.63L/min \cdot m^2$이상, 특수가연물, 알코올류와 케톤류는 $2.3L/min \cdot m^2$이상으로 하여야 한다.

② 포소화설비의 수원을 수조로 설치하는 경우에는 소방설비의 전용수조로 하여야 한다. 다만, 다음 각 호의 어느 하나에 해당하는 경우에는 그러하지 아니하다.
1. 포소화설비 펌프의 후드밸브 또는 흡수배관의 흡수구(수직회전축펌프의 흡수구를 포함한다. 이하 같다)를 다른 설비(소방용설비 외의 것을 말한다. 이하 같다)의 후드밸브 또는 흡수구보다 낮은 위치에 설치한 때
2. 제6조제2항에 따라 고가수조로부터 포소화설비의 수직배관에 물을 공급하는 급수구를 다른 설비의 급수구보다 낮은 위치에 설치한 때

③ 제1항에 따른 저수량을 산정함에 있어서 다른 설비와 겸용하여 포소화설비용 수조를 설치하는 경우에는 포소화설비의 후드밸브·흡수구 또는 수직배관의 급수구와의 다른 설비의 후드밸브·흡수구 또는 수직배관의 급수구와의 사이의 수량을 그 유효수량으로 한다.

④ 포소화설비용 수조는 다음 각 호의 기준에 따라 설치하여야 한다.
1. 점검에 편리한 곳에 설치할 것
2. 동결방지조치를 하거나 동결의 우려가 없는 장소에 설치할 것

3. 수조의 외측에 수위계를 설치할 것. 다만, 구조상 불가피한 경우에는 수조의 맨홀 등을 통하여 수조 안의 물의 양을 쉽게 확인할 수 있도록 하여야 한다.
4. 수조의 상단이 바닥보다 높은 때에는 수조의 외측에 고정식 사다리를 설치할 것
5. 수조가 실내에 설치된 때에는 그 실내에 조명설비를 설치할 것
6. 수조의 밑 부분에는 청소용 배수밸브 또는 배수관을 설치할 것
7. 수조의 외측의 보기 쉬운 곳에 "포소화설비용 수조"라고 표시한 표지를 할 것. 이 경우 그 수조를 다른 설비와 겸용하는 때에는 그 겸용되는 설비의 이름을 표시한 표지를 함께 하여야 한다.
8. 포소화설비 펌프의 흡수배관 또는 포소화설비의 수직배관과 수조의 접속부분에는 "포소화설비용 배관"이라고 표시한 표지를 할 것. 다만, 수조와 가까운 장소에 포소화설비 펌프가 설치되고 포소화설비 펌프에 제6조제1항제14호에 따른 표지를 설치한 때에는 그러하지 아니하다.

제6조(가압송수장치)

① 전동기 또는 내연기관에 따른 펌프를 이용하는 가압송수장치는 다음 각 호의 기준에 따라 설치하여야 한다. 다만, 가압송수장치의 주펌프는 전동기에 따른 펌프를 설치하여야 한다.

1. 쉽게 접근할 수 있고 점검하기에 충분한 공간이 있는 장소로서 화재 및 침수 등의 재해로 인한 피해를 받을 우려가 없는 곳에 설치할 것
2. 동결방지조치를 하거나 동결의 우려가 없는 장소에 설치 하여야 한다. 다만, 보온재를 사용할 경우에는 난연재료 성능이상의 것으로 하여야 한다.
3. 소화약제가 변질될 우려가 없는 곳에 설치할 것
4. 펌프의 토출량은 포헤드·고정포방출구 또는 이동식 포노즐의 설계압력 또는 노즐의 방사압력의 허용범위 안에서 포수용액을 방출 또는 방사할 수 있는 양 이상이 되도록 할 것
5. 펌프는 전용으로 할 것. 다만, 다른 소화설비와 겸용하는 경우 각각의 소화설비의 성능에 지장이 없을 때에는 그러하지 아니하다.
6. 펌프의 양정은 다음의 식에 따라 산출한 수치 이상이 되도록 할 것

$H = h_1 + h_2 + h_3 + h_4$

H : 필요한 양정(m)

h_1 : 방출구의 설계압력 환산수두 또는 노즐 선단의 방사압력 환산수두(m)

h_2 : 배관의 마찰손실수두(m)

h_3 : 낙차(m)

h_4 : 소방용 호스의 마찰손실수두(m)

7. 펌프의 토출측에는 압력계를 체크밸브 이전에 펌프토출측 플랜지에서 가까운 곳에 설치하고, 흡입측에는 연성계 또는 진공계를 설치할 것. 다만, 수원의 수위가 펌프의 위치보다 높거나 수직 회전축 펌프의 경우에는 연성계 또는 진공계를 설치하지 아니할 수 있다.
8. 가압송수장치에는 정격부하운전 시 펌프의 성능을 시험하기 위한 배관을 설치할 것. 다만, 충압펌프의 경우에는 그러하지 아니하다
9. 가압송수장치에는 체절운전 시 수온의 상승을 방지하기 위한 순환배관을 설치할 것. 다만, 충압펌프의 경우에는 그러하지 아니하다.
10. 기동용수압개폐장치(압력챔버)를 사용할 경우 그 용적은 100 L 이상의 것으로 할 것
11. 수원의 수위가 펌프보다 낮은 위치에 있는 가압송수장치에는 다음 각 목의 기준에 따른 물올림장치를 설치할 것
    가. 물올림장치에는 전용의 수조를 설치할 것
    나. 수조의 유효수량은 100 L 이상으로 하되, 구경 15mm 이상의 급수배관에 따라 해당 수조에 물이 계속 보급되도록 할 것
12. 기동용수압개폐장치를 기동장치로 사용하는 경우에는 다음 각 목의 기준에 따른 충압펌프를 설치할 것. 다만, 호스릴포소화설비 또는 포소화전설비를 설치한 경우 소화용 급수펌프로 상시충압이 가능하고 1개의 호스릴포방수구 또는 포소화전방수구를 개방할 때에 급수펌프가 정지되는 시간 없이 지속적으로 작동될 수 있고 다음 가목의 성능을 갖춘 경우에는 충압펌프를 별도로 설치하지 아니할 수 있다.
    가. 펌프의 토출압력은 그 설비의 최고위 일제개방밸브·포소화전 또는 호스릴포방수구의 자연압 보다 적어도 0.2 MPa이 더 크도록 하거나 가압송수장치의 정격토출압력과 같게 할 것
    나. 펌프의 정격토출량은 정상적인 누설량 보다 적어서는 아니 되며, 포소화설비가 자동적으로 작동할 수 있도록 충분한 토출량을 유지할 것
13. 내연기관을 사용하는 경우에는 제어반에 따라 내연기관의 자동기동 및 수동기동이 가능하고, 상시 충전되어 있는 축전지설비를 갖출 것
14. 가압송수장치에는 "포소화설비펌프"라고 표시한 표지를 할 것. 이 경우 그 가압송수장치를 다른 설비와 겸용하는 때에는 그 겸용되는 설비의 이름을 표시한 표지를 함께 하여야 한다.

15. 가압송수장치가 기동이 된 경우에는 자동으로 정지되지 아니하도록 하여야 한다. 다만, 충압펌프의 경우에는 그러하지 아니하다.
16. 압축공기포소화설비에 설치되는 펌프의 양정은 0.4MPa이상이 되어야 한다. 다만, 자동으로 급수장치를 설치한 때에는 전용펌프를 설치하지 아니할 수 있다.

② 고가수조의 자연낙차를 이용한 가압송수장치는 다음 각 호의 기준에 따라 설치하여야 한다.

1. 고가수조의 자연낙차수두(수조의 하단으로부터 최고층에 설치된 포헤드까지의 수직거리를 말한다)는 다음의 식에 따라 산출한 수치 이상이 되도록 할 것

$H = h_1 + h_2 + h_3$

H : 필요한 낙차(m)

h_1 : 방출구의 설계압력 환산수두 또는 노즐 선단의 방사압력 환산수두(m)

h_2 : 배관의 마찰손실수두(m)

h_3 : 소방용 호스의 마찰손실수두(m)

2. 고가수조에는 수위계·배수관·급수관·오버플로우관 및 맨홀을 설치할 것

③ 압력수조를 이용한 가압송수장치는 다음 각 호의 기준에 따라 설치하여야 한다.

1. 압력수조의 압력은 다음의 식에 따라 산출한 수치 이상이 되도록 할 것

$P = p_1 + p_2 + p_3 + p_4$

P : 필요한 압력(MPa)

p_1 : 방출구의 설계압력 또는 노즐 선단의 방사압력(MPa)

p_2 : 배관의 마찰손실수두압(MPa)

p_3 : 낙차의 환산수두압(MPa)

p_4 : 소방용 호스의 마찰손실수두압(MPa)

2. 압력수조에는 수위계·급수관·배수관·급기관·맨홀·압력계·안전장치 및 압력저하방지를 위한 자동식 공기압축기를 설치할 것

④ 가압송수장치에는 포헤드·고정방출구 또는 이동식 포노즐의 방사압력이 설계압력 또는 방사압력의 허용범위를 넘지 아니하도록 감압장치를 설치하여야 한다.

⑤ 가압송수장치는 다음 표에 따른 표준방사량을 방사할 수 있도록 하여야 한다.

구 분	표준방사량
포워터스프링클러헤드	75 l/min 이상
포헤드 · 고정포방출구 또는 이동식포노즐 · 압축공기포헤드	각 포헤드 · 고정포방출구 또는 이동식포노즐의 설계압력에 따라 방출되는 소화약제의 양

⑥ 가압수조를 이용한 가압송수장치는 다음 각 호의 기준에 따라 설치하여야 한다.

1. 가압수조의 압력은 제5항에 따른 방수량 및 방수압이 20분 이상 유지되도록 할 것
2. 삭제
3. 가압수조 및 가압원은 「건축법 시행령」 제46조에 따른 방화구획 된 장소에 설치 할 것
4. 삭제
5. 소방청장이 정하여 고시한 「가압수조식 가압송수장치의 성능인증 및 제품검사의 기술기준」에 적합한 것으로 설치할 것

제7조(배관 등)

① 배관은 배관용탄소강관(KS D 3507) 또는 배관 내 사용압력이 1.2 MPa 이상일 경우에는 압력배관용탄소강관(KS D 3562) 또는 이음매 없는 동 및 동합금(KS D5301)의 배관용동관이거나 이와 동등 이상의 강도·내식성 및 내열성을 가진 것으로 하여야 한다. 다만, 다음 각 호의 어느 하나에 해당하는 장소에는 법 제39조에 따라 제품검사에 합격한 소방용 합성수지배관으로 설치할 수 있다.

1. 배관을 지하에 매설하는 경우
2. 다른 부분과 내화구조로 구획된 덕트 또는 피트의 내부에 설치하는 경우
3. 천장(상층이 있는 경우에는 상층바닥의 하단을 포함한다. 이하 같다)과 반자를 불연재료 또는 준불연재료로 설치하고 그 내부에 습식으로 배관을 설치하는 경우

② 송액관은 포의 방출 종료후 배관안의 액을 배출하기 위하여 적당한 기울기를 유지하도록 하고 그 낮은 부분에 배액밸브를 설치하여야 한다.

③ 포워터스프링클러설비 또는 포헤드설비의 가지배관의 배열은 토너먼트방식이 아니어야 하며, 교차배관에서 분기하는 지점을 기점으로 한쪽 가지배관에 설치하는 헤드의 수는 8개 이하로 한다.

④ 송액관은 전용으로 하여야 한다. 다만, 포소화전의 기동장치의 조작과 동시에 다른 설비의 용도에 사용하는 배관의 송수를 차단할 수 있거나, 포소화설비의 성능에 지장이 없는 경우에는 다른 설비와 겸용할 수 있다.

⑤ 펌프의 흡입측배관은 다음 각 호의 기준에 따라 설치하여야 한다.

1. 공기고임이 생기지 아니하는 구조로 하고 여과장치를 설치할 것
2. 수조가 펌프보다 낮게 설치된 경우에는 각 펌프(충압펌프를 포함한다)마다 수조로부터 별도로 설치할 것.

⑥ 연결송수관설비의 배관과 겸용할 경우의 주배관은 구경 100mm 이상, 방수구로 연결되는 배관의 구경은 65mm 이상의 것으로 하여야 한다.

⑦ 펌프의 성능은 체절운전시 정격토출압력의 140%를 초과하지 아니하고, 정격토출량의 150%로 운전시 정격토출압력의 65% 이상이 되어야 하며, 펌프의 성능시험배관은 다음 각 호의 기준에 적합하여야 한다.

1. 성능시험배관은 펌프의 토출측에 설치된 개폐밸브 이전에서 분기하여 설치하고, 유량측정장치를 기준으로 전단 직관부에 개폐밸브를 후단 직관부에는 유량조절밸브를 설치할 것
2. 유량측정장치는 성능시험배관의 직관부에 설치하되, 펌프의 정격토출량의 175% 이상 측정할 수 있는 성능이 있을 것

⑧ 가압송수장치의 체절운전시 수온의 상승을 방지하기 위하여 체크밸브와 펌프사이에서 분기한 구경 20mm 이상의 배관에 체절압력 미만에서 개방되는 릴리프밸브를 설치하여야 한다.

⑨ 동결방지조치를 하거나 동결의 우려가 없는 장소에 설치하여야 한다. 다만, 보온재를 사용할 경우에는 난연재료 성능 이상의 것으로 하여야 한다.

⑩ 급수배관에 설치되어 급수를 차단할 수 있는 개폐밸브(포헤드·고정포방출구 또는 이동식 포노즐은 제외한다)는 개폐표시형으로 하여야 한다. 이 경우 펌프의 흡입측배관에는 버터플라이밸브외의 개폐표시형밸브를 설치하여야 한다.

⑪ 제10항의 개폐밸브에는 그 밸브의 개폐상태를 감시제어반에서 확인할 수 있는 급수개폐밸브 작동표시 스위치를 다음 각 호의 기준에 따라설치하여야 한다.

1. 급수개폐밸브가 잠길 경우 탬퍼스위치의 동작으로 인하여 감시제어반 또는 수신기에 표시되어야 하며 경보음을 발할 것
2. 탬퍼스위치는 감시제어반에서 동작의 유무확인과 동작시험, 도통시험을 할 수 있을 것
3. 급수개폐밸브의 작동표시 스위치에 사용되는 전기배선은 내화전선 또는 내열전선으로 설치할 것

⑫ 배관은 다른 설비의 배관과 쉽게 구분이 될 수 있는 위치에 설치하거나 그 배관표면 또는 배관 보온재표면의 색상은 적색 등으로 소방용 설비의 배관임을 표시하여야 한다.

⑬ 포소화설비에는 소방차로부터 그 설비에 송수할 수 있는 송수구를 다음 각 호의 기준에 따라 설치하여야 한다.

1. 송수구는 화재층으로부터 지면으로 떨어지는 유리창 등이 송수 및 그 밖의 소화작업에 지장을 주지 아니하는 장소에 설치할 것
2. 송수구로부터 포소화설비의 주배관에 이르는 연결배관에 개폐밸브를 설치한 때에는 그 개폐상태를 쉽게 확인 및 조작할 수 있는 옥외 또는 기계실 등의 장소에 설치할 것

3. 구경 65mm의 쌍구형으로 할 것
4. 송수구에는 그 가까운 곳의 보기 쉬운 곳에 송수압력범위를 표시한 표지를 할 것
5. 포소화설비의 송수구는 하나의 층의 바닥면적이 3,000m^2를 넘을 때마다 1개 이상을 설치할 것(5개를 넘을 경우에는 5개로 한다)
6. 지면으로부터 높이가 0.5m 이상 1m 이하의 위치에 설치할 것
7. 송수구의 가까운 부분에 자동배수밸브(또는 직경 5mm의 배수공) 및 체크밸브를 설치할 것. 이 경우 자동배수밸브는 배관안의 물이 잘 빠질 수 있는 위치에 설치하되, 배수로 인하여 다른 물건 또는 장소에 피해를 주지 아니하여야 한다.
8. 송수구에는 이물질을 막기 위한 마개를 씌울 것
9. 압축공기포소화설비를 스프링클러 보조설비로 설치하거나 압축공기포 소화설비에 자동으로 급수되는 장치를 설치한때에는 송수구 설치를 아니할 수 있다.

⑭ 압축공기포소화설비의 배관은 토너먼트방식으로 하여야 하고 소화약제가 균일하게 방출되는 등거리 배관구조로 설치하여야 한다.

⑮ 분기배관을 사용할 경우에는 소방청장이 정하여 고시한 「분기배관 성능인증 및 제품검사의 기술기준」에 적합한 것으로 설치하여야 한다.

제8조(저장탱크 등)

① 포 소화약제의 저장탱크(용기를 포함한다. 이하 같다)는 다음 각 호의 기준에 따라 설치하고 제9조에 따른 혼합장치와 배관 등으로 연결하여 두어야 한다.

1. 화재 등의 재해로 인한 피해를 받을 우려가 없는 장소에 설치할 것
2. 기온의 변동으로 포의 발생에 장애를 주지 아니하는 장소에 설치할 것. 다만, 기온의 변동에 영향을 받지 아니하는 포 소화약제의 경우에는 그러하지 아니하다.
3. 포 소화약제가 변질될 우려가 없고 점검에 편리한 장소에 설치할 것
4. 가압송수장치 또는 포 소화약제 혼합장치의 기동에 따라 압력이 가해지는 것 또는 상시 가압된 상태로 사용되는 것은 압력계를 설치할 것
5. 포 소화약제 저장량의 확인이 쉽도록 액면계 또는 계량봉 등을 설치할 것
6. 가압식이 아닌 저장탱크는 그라스게이지를 설치하여 액량을 측정할 수 있는 구조로 할 것

② 포 소화약제의 저장량은 다음 각 호의 기준에 따른다.

1. 고정포방출구 방식은 다음 각 목의 양을 합한 양 이상으로 할 것

   가. 고정포방출구에서 방출하기 위하여 필요한 양

   $$Q = A \times Q1 \times T \times S$$

Q : 포 소화약제의 양(L)

A : 탱크의 액표면적(m^2)

$Q1$: 단위 포소화수용액의 양($L/m^2 \cdot min$)

T : 방출시간(min)

S : 포 소화약제의 사용농도(%)

나. 보조 소화전에서 방출하기 위하여 필요한 양

$Q = N \times S \times 8{,}000L$

Q : 포 소화약제의 양(L)

N : 호스 접결구 수(3개 이상인 경우는 3)

S : 포 소화약제의 사용농도(%)

다. 가장 먼 탱크까지의 송액관(내경 75mm 이하의 송액관을 제외한다)에 충전하기 위하여 필요한 양

2. 옥내포소화전방식 또는 호스릴방식에 있어서는 다음의 식에 따라 산출한 양 이상으로 할 것. 다만, 바닥면적이 200m^2 미만인 건축물에 있어서는 그 75%로 할 수 있다.

$Q = N \times S \times 6{,}000L$

Q : 포 소화약제의 양(L)

N : 호스 접결구 수(5개 이상인 경우는 5)

S : 포 소화약제의 사용농도(%)

3. 포헤드방식 및 압축공기포소화설비에 있어서는 하나의 방사구역안에 설치된 포헤드를 동시에 개방하여 표준방사량으로 10분간 방사할 수 있는 양 이상으로 할 것

제9조(혼합장치)

포 소화약제의 혼합장치는 포 소화약제의 사용농도에 적합한 수용액으로 혼합할 수 있도록 다음 각 호의 어느 하나에 해당하는 방식에 따르되, 법 제39조에 따라 제품검사에 합격한 것으로 설치하여야 한다.

1. 펌프 푸로포셔너방식
2. 프레져 푸로포셔너방식
3. 라인 푸로포셔너방식
4. 프레져 사이드 푸로포셔너방식
5. 압축공기포 믹싱챔버방식

제10조(개방밸브)

포소화설비의 개방밸브는 다음 각 호의 기준에 따라 설치하여야 한다.

1. 자동 개방밸브는 화재감지장치의 작동에 따라 자동으로 개방되는 것으로 할 것
2. 수동식 개방밸브는 화재 시 쉽게 접근할 수 있는 곳에 설치할 것

제11조(기동장치)

① 포소화설비의 수동식 기동장치는 다음 각 호의 기준에 따라 설치하여야 한다.

1. 직접조작 또는 원격조작에 따라 가압송수장치·수동식개방밸브 및 소화약제 혼합장치를 기동할 수 있는 것으로 할 것
2. 2 이상의 방사구역을 가진 포소화설비에는 방사구역을 선택할 수 있는 구조로 할 것
3. 기동장치의 조작부는 화재 시 쉽게 접근할 수 있는 곳에 설치하되, 바닥으로부터 0.8m 이상 1.5m 이하의 위치에 설치하고, 유효한 보호장치를 설치할 것
4. 기동장치의 조작부 및 호스 접결구에는 가까운 곳의 보기 쉬운 곳에 각각 "기동장치의 조작부" 및 "접결구"라고 표시한 표지를 설치할 것
5. 차고 또는 주차장에 설치하는 포소화설비의 수동식 기동장치는 방사구역마다 1개 이상 설치할 것
6. 항공기격납고에 설치하는 포소화설비의 수동식 기동장치는 각 방사구역마다 2개 이상을 설치하되, 그 중 1개는 각 방사구역으로부터 가장 가까운 곳 또는 조작에 편리한 장소에 설치하고, 1개는 화재감지수신기를 설치한 감시실 등에 설치할 것

② 포소화설비의 자동식 기동장치는 자동화재탐지설비의 감지기의 작동 또는 폐쇄형스프링클러헤드의 개방과 연동하여 가압송수장치·일제개방밸브 및 포 소화약제 혼합장치를 기동시킬 수 있도록 다음 각 호의 기준에 따라 설치하여야 한다. 다만, 자동화재탐지설비의 수신기가 설치된 장소에 상시 사람이 근무하고 있고, 화재시 즉시 해당 조작부를 작동시킬 수 있는 경우에는 그러하지 아니하다.

1. 폐쇄형스프링클러헤드를 사용하는 경우에는 다음 각 목의 기준에 따를 것
   가. 표시온도가 79℃ 미만인 것을 사용하고, 1개의 스프링클러헤드의 경계면적은 20m^2 이하로 할 것
   나. 부착면의 높이는 바닥으로부터 5m 이하로 하고, 화재를 유효하게 감지할 수 있도록 할 것
   다. 하나의 감지장치 경계구역은 하나의 층이 되도록 할 것

2. 화재감지기를 사용하는 경우에는 다음 각 목의 기준에 따를 것
   가. 화재감지기는 「자동화재탐지설비의 화재안전기준(NFSC 203)」제7조의 기준에 따라 설치할 것
   나. 화재감지기 회로에는 다음 각 세목의 기준에 따른 발신기를 설치할 것
      (1) 조작이 쉬운 장소에 설치하고, 스위치는 바닥으로부터 0.8m 이상 1.5m 이하의 높이에 설치할 것
      (2) 특정소방대상물의 층마다 설치하되, 해당 특정소방대상물의 각 부분으로부터 수평거리가 25m 이하가 되도록 할 것. 다만, 복도 또는 별도로 구획된 실로서 보행거리가 40m 이상일 경우에는 추가로 설치하여야 한다.
      (3) 발신기의 위치를 표시하는 표시등은 함의 상부에 설치하되, 그 불빛은 부착 면으로부터 15° 이상의 범위 안에서 부착지점으로부터 10m 이내의 어느 곳에서도 쉽게 식별할 수 있는 적색등으로 할 것
3. 동결우려가 있는 장소의 포소화설비의 자동식 기동장치는 자동화재탐지설비와 연동으로 할 것

③ 포소화설비의 기동장치에 설치하는 자동경보장치는 다음 각 호의 기준에 따라 설치하여야 한다. 다만, 자동화재탐지설비에 따라 경보를 발할 수 있는 경우에는 음향경보장치를 설치하지 아니할 수 있다.

1. 방사구역마다 일제개방밸브와 그 일제개방밸브의 작동여부를 발신하는 발신부를 설치할 것. 이 경우 각 일제개방밸브에 설치되는 발신부 대신 1개층에 1개의 유수검지장치를 설치할 수 있다.
2. 상시 사람이 근무하고 있는 장소에 수신기를 설치하되, 수신기에는 폐쇄형스프링클러헤드의 개방 또는 감지기의 작동여부를 알 수 있는 표시장치를 설치할 것
3. 하나의 소방대상물에 2 이상의 수신기를 설치하는 경우에는 수신기가 설치된 장소 상호간에 동시 통화가 가능한 설비를 할 것

제12조(포헤드 및 고정포방출구)

① 포헤드 및 고정포방출구는 포의 팽창비율에 따라 다음 표에 따른 것으로 하여야 한다.

팽창비율에 따른 포의 종류	포방출구의 종류
팽창비가 20 이하인 것(저발포)	포헤드, 압축공기포헤드
팽창비가 80 이상 1,000 미만인 것(고발포)	고발포용 고정포방출구

② 포헤드는 다음 각 호의 기준에 따라 설치하여야 한다.

1. 포워터스프링클러헤드는 특정소방대상물의 천장 또는 반자에 설치하되, 바닥면적 $8m^2$마다 1개 이상으로 하여 해당 방호대상물의 화재를 유효하게 소화할 수 있도록 할 것
2. 포헤드는 특정소방대상물의 천장 또는 반자에 설치하되, 바닥면적 $9m^2$마다 1개 이상으로 하여 해당 방호대상물의 화재를 유효하게 소화할 수 있도록 할 것
3. 포헤드는 특정소방대상물별로 그에 사용되는 포 소화약제에 따라 1분당 방사량이 다음 표에 따른 양 이상이 되는 것으로 할 것

소방대상물	포 소화약제의 종류	바닥면적 $1m^2$당 방사량
차고・주차장 및 항공기격납고	단백포 소화약제	6.5 l 이상
	합성계면활성제포 소화약제	8.0 l 이상
	수성막포 소화약제	3.7 l 이상
소방기본법 시행령 별표 2의 특수가연물을 저장・취급하는 소방대상물	단백포 소화약제	6.5 l 이상
	합성계면활성제포 소화약제	6.5 l 이상
	수성막포 소화약제	6.5 l 이상

4. 특정소방대상물의 보가 있는 부분의 포헤드는 다음 표의 기준에 따라 설치할 것

포헤드와 보의 하단의 수직거리	포헤드와 보의 수평거리
0	0.75m 미만
0.1m 미만	0.75m 이상 1m 미만
0.1m 이상 0.15m 미만	1m 이상 1.5m 미만
0.15m 이상 0.30m 미만	1.5m 이상

5. 포헤드 상호간에는 다음 각 목의 기준에 따른 거리를 두도록 할 것
   가. 정방형으로 배치한 경우에는 다음의 식에 따라 산정한 수치 이하가 되도록 할 것
   $S = 2r \times \cos 45°$
   S : 포헤드 상호 간의 거리(m)
   r : 유효반경(2.1m)
   나. 장방형으로 배치한 경우에는 그 대각선의 길이가 다음의 식에 따라 산정한 수치 이하가 되도록 할 것
   $pt = 2r$
   pt : 대각선의 길이(m)
   r : 유효반경(2.1m)
6. 포헤드와 벽 방호구역의 경계선과는 제5호에 따른 거리의 2분의 1 이하의 거리를 둘 것

7. 압축공기포소화설비의 분사헤드는 천장 또는 반자에 설치하되 방호대상물에 따라 측벽에 설치할 수 있으며 유류탱크주위에는 바닥면적 13.9m^2마다 1개 이상, 특수가연물저장소에는 바닥면적 9.3m^2마다 1개 이상으로 당해 방호대상물의 화재를 유효하게 소화할 수 있도록 할 것

방호대상물	방호면적 1m^2에 대한 1분당 방출량
특수가연물	2.3L
기타의 것	1.63L

③ 차고・주차장에 설치하는 호스릴포소화설비 또는 포소화전설비는 다음 각 호의 기준에 따라야 한다.

1. 특정소방대상물의 어느 층에 있어서도 그 층에 설치된 호스릴포방수구 또는 포소화전방수구(호스릴포방수구 또는 포소화전방수구가 5개 이상 설치된 경우에는 5개)를 동시에 사용할 경우 각 이동식 포노즐 선단의 포수용액 방사압력이 0.35 MPa 이상이고 300L/min이상(1개층의 바닥면적이 200m^2 이하인 경우에는 230L/min 이상)의 포수용액을 수평거리 15m 이상으로 방사할 수 있도록 할 것
2. 저발포의 포소화약제를 사용할 수 있는 것으로 할 것
3. 호스릴 또는 호스를 호스릴포방수구 또는 포소화전방수구로 분리하여 비치하는 때에는 그로부터 3m 이내의 거리에 호스릴함 또는 호스함을 설치할 것
4. 호스릴함 또는 호스함은 바닥으로부터 높이 1.5m 이하의 위치에 설치하고 그 표면에는 "포호스릴함(또는 포소화전함)"이라고 표시한 표지와 적색의 위치표시등을 설치할 것
5. 방호대상물의 각 부분으로부터 하나의 호스릴포방수구까지의 수평거리는 15m 이하(포소화전방수구의 경우에는 25m 이하)가 되도록 하고 호스릴 또는 호스의 길이는 방호대상물의 각 부분에 포가 유효하게 뿌려질 수 있도록 할 것

④ 고발포용포방출구는 다음 각 호의 기준에 따라 설치하여야 한다.

1. 전역방출방식의 고발포용고정포방출구는 다음 각 목의 기준에 따를 것
   가. 개구부에 자동폐쇄장치(갑종방화문·을종방화문 또는 불연재료로된 문으로 포수용액이 방출되기 직전에 개구부가 자동적으로 폐쇄될 수 있는 장치를 말한다)를 설치할 것. 다만, 해당 방호구역에서 외부로 새는 양 이상의 포수용액을 유효하게 추가하여 방출하는 설비가 있는 경우에는 그러하지 아니하다.
   나. 고정포방출구(포발생기가 분리되어 있는 것은 해당 포발생기를 포함한다)는 특정소방대상물 및 포의 팽창비에 따른 종별에 따라 해당 방호구역의 관포체적(해당 바닥 면으

로부터 방호대상물의 높이보다 0.5m 높은 위치까지의 체적을 말한다) $1m^3$에 대하여 1분당 방출량이 다음 표에 따른 양 이상이 되도록 할 것

소방대상물	포의 팽창비	$1m^3$에 대한 분당 포수용액 방출량
항공기격납고	팽창비 80 이상 250 미만의 것	2.00 l
	팽창비 250 이상 500 미만의 것	0.50 l
	팽창비 500 이상 1,000 미만의 것	0.29 l
차고 또는 주차장	팽창비 80 이상 250 미만의 것	1.11 l
	팽창비 250 이상 500 미만의 것	0.28 l
	팽창비 500 이상 1,000 미만의 것	0.16 l
특수가연물을 저장 또는 취급하는 소방대상물	팽창비 80 이상 250 미만의 것	1.25 l
	팽창비 250 이상 500 미만의 것	0.31 l
	팽창비 500 이상 1,000 미만의 것	0.18 l

다. 고정포방출구는 바닥면적 $500m^2$마다 1개 이상으로 하여 방호대상물의 화재를 유효하게 소화할 수 있도록 할 것

라. 고정포방출구는 방호대상물의 최고부분보다 높은 위치에 설치할 것. 다만, 밀어올리는 능력을 가진 것은 방호대상물과 같은 높이로 할 수 있다.

2. 국소방출방식의 고발포용고정포방출구는 다음 각 목의 기준에 따를 것

가. 방호대상물이 서로 인접하여 불이 쉽게 붙을 우려가 있는 경우에는 불이 옮겨 붙을 우려가 있는 범위내의 방호대상물을 하나의 방호대상물로 하여 설치할 것

나. 고정포방출구(포발생기가 분리되어 있는 것에 있어서는 해당 포발생기를 포함한다)는 방호대상물의 구분에 따라 당해 방호대상물의 높이의 3배(1m 미만의 경우에는 1m)의 거리를 수평으로 연장한 선으로 둘러쌓인 부분의 면적 $1m^2$에 대하여 1분당 방출량이 다음 표에 따른 양 이상이 되도록 할 것

방호대상물	방호면적 $1m^2$에 대한 1분당 방출량
특수가연물	3 l
기타의 것	2 l

제13조(전원)

① 포소화설비에는 다음 각 호의 기준에 따라 상용전원회로의 배선을 설치하여야 한다. 다만, 가압수조방식으로서 모든 기능이 20분 이상 유효하게 지속될 수 있는 경우에는 그러하지 아니하다.

1. 저압수전인 경우에는 인입개폐기의 직후에서 분기하여 전용배선으로 하여야 하며, 전용

의 전선관에 보호 되도록 할 것

2. 특별고압수전 또는 고압수전일 경우에는 전력용 변압기 2차측의 주차단기 1차측에서 분기하여 전용배선으로 하되, 상용전원의 상시공급에 지장이 없을 경우에는 주차단기 2차측에서 분기하여 전용배선으로 할 것. 다만, 가압송수장치의 정격입력전압이 수전전압과 같은 경우에는 제1호의 기준에 따른다.

② 포소화설비에는 자가발전설비, 축전지설비 또는 전기저장장치에 따른 비상전원을 설치하되, 다음 각 호의 어느 하나에 해당하는 경우에는 비상전원수전설비로 설치할 수 있다. 다만, 2 이상의 변전소(「전기사업법」제67조에 따른 변전소를 말한다. 이하 같다)로부터 동시에 전력을 공급받을 수 있거나 하나의 변전소로부터 전력의 공급이 중단되는 때에는 자동으로 다른 변전소로부터 전력을 공급받을 수 있도록 상용전원을 설치한 경우와 가압수조방식에는 비상전원을 설치하지 아니할 수 있다.

1. 제4조제2호단서에 따라 호스릴포소화설비 또는 포소화전만을 설치한 차고·주차장
2. 포헤드설비 또는 고정포방출설비가 설치된 부분의 바닥면적(스프링클러설비가 설치된 차고·주차장의 바닥면적을 포함한다)의 합계가 $1,000m^2$ 미만인 것

③ 제2항에 따른 비상전원 중 자가발전설비, 축전지설비(내연기관에 따른 펌프를 사용하는 경우에는 내연기관의 기동 및 제어용 축전지를 말한다)또는 전기저장장치(외부 전기에너지를 저장해 두었다가 필요한 때 전기를 공급하는 장치)는 다음 각 호의 기준에 따르고, 비상전원수전설비는 「소방시설용비상전원수전설비의 화재안전기준(NFSC 602)」에 따라 설치하여야 한다.

1. 점검에 편리하고 화재 및 침수 등의 재해로 인한 피해를 받을 우려가 없는 곳에 설치할 것
2. 포소화설비를 유효하게 20분 이상 작동할 수 있도록 할 것
3. 상용전원으로부터 전력의 공급이 중단된 때에는 자동으로 비상전원으로부터 전력을 공급받을 수 있도록 할 것
4. 비상전원(내연기관의 기동 및 제어용 축전기를 제외한다)의 설치장소는 다른 장소와 방화구획 할 것. 이 경우 그 장소에는 비상전원의 공급에 필요한 기구나 설비외의 것(열병합발전설비에 필요한 기구나 설비는 제외한다)을 두어서는 아니 된다.
5. 비상전원을 실내에 설치하는 때에는 그 실내에 비상조명등을 설치할 것

제14조(제어반)

① 포소화설비에는 제어반을 설치하되, 감시제어반과 동력제어반으로 구분하여 설치하여야 한다. 다만, 다음 각 호의 어느 하나에 해당하는 경우에는 감시제어반과 동력제어반으로 구분하여 설치하지 아니할 수 있다.

1. 다음 각 목의 어느 하나에 해당하지 아니하는 특정소방대상물에 설치되는 포소화설비
   가. 지하층을 제외한 층수가 7층 이상으로서 연면적이 2,000m^2 이상인 것
   나. 가목에 해당하지 아니하는 특정소방대상물로서 지하층의 바닥면적의 합계가 3,000m^2 이상인 것. 다만, 차고·주차장 또는 보일러실·기계실·전기실 등 이와 유사한 장소의 면적은 제외한다.
2. 내연기관에 따른 가압송수장치를 사용하는 포소화설비
3. 고가수조에 따른 가압송수장치를 사용하는 포소화설비
4. 가압수조에 따른 가압송수장치를 사용하는 포소화설비

② 감시제어반의 기능은 다음 각 호의 기준에 적합하여야 한다. 다만, 제1항 각 호의 어느 하나에 해당하는 경우에는 제3호 및 제6호의 규정을 적용하지 아니한다.
1. 각 펌프의 작동여부를 확인할 수 있는 표시등 및 음향경보기능이 있어야 할 것
2. 각 펌프를 자동 및 수동으로 작동시키거나 중단시킬 수 있어야 할 것
3. 비상전원을 설치한 경우에는 상용전원 및 비상전원의 공급여부를 확인할 수 있어야 할 것
4. 수조 또는 물올림탱크가 저수위로 될 때 표시등 및 음향으로 경보할 것
5. 각 확인회로(기동용수압개폐장치의 압력스위치회로·수조 또는 물올림탱크의 감시회로를 말한다)마다 도통시험 및 작동시험을 할 수 있어야 할 것
6. 예비전원이 확보되고 예비전원의 적합여부를 시험할 수 있어야 할 것

③ 감시제어반은 다음 각 호의 기준에 따라 설치하여야 한다.
1. 화재 및 침수 등의 재해로 인한 피해를 받을 우려가 없는 곳에 설치할 것
2. 감시제어반은 포소화설비의 전용으로 할 것. 다만, 포소화설비의 제어에 지장이 없는 경우에는 다른 설비와 겸용할 수 있다.
3. 감시제어반은 다음 각 목의 기준에 따른 전용실안에 설치할 것. 다만 제1항 각 호의 어느 하나에 해당하는 경우와 공장, 발전소 등에서 설비를 집중 제어·운전할 목적으로 설치하는 중앙제어실내에 감시제어반을 설치하는 경우에는 그러하지 아니하다.
   가. 다른 부분과 방화구획을 할 것. 이 경우 전용실의 벽에는 기계실 또는 전기실 등의 감시를 위하여 두께 7mm 이상의 망입유리(두께 16.3mm 이상의 접합유리 또는 두께 28mm 이상의 복층유리를 포함한다)로 된 4m^2 미만의 붙박이창을 설치할 수 있다.
   나. 피난층 또는 지하 1층에 설치할 것. 다만, 다음 각 세목의 어느 하나에 해당하는 경우에는 지상 2층에 설치하거나 지하 1층 외의 지하층에 설치할 수 있다.
      (1) 「건축법 시행령」 제35조에 따라 특별피난계단이 설치되고 그 계단(부속실을 포함한다)출입구로부터 보행거리 5m이내에 전용실의 출입구가 있는 경우

(2) 아파트의 관리동(관리동이 없는 경우에는 경비실)에 설치하는 경우

다. 비상조명등 및 급·배기설비를 설치할 것

라. 「무선통신보조설비의 화재안전기준(NFSC 505)」 제5조제3항에 따라 유효하게 통신이 가능할 것(영 별표 5의 제5호마목에 따른 무선통신보조설비가 설치된 특정소방대상물에 한한다.) 〈개정 2012. 8. 20., 2021. 3. 25.〉

마. 바닥면적은 감시제어반의 설치에 필요한 면적외에 화재시 소방대원이 그 감시제어반의 조작에 필요한 최소면적 이상으로 할 것

4. 제3호에 따른 전용실에는 특정소방대상물의 기계·기구 또는 시설등의 제어 및 감시설비외의 것을 두지 아니할 것

④ 동력제어반은 다음 각 호의 기준에 따라 설치하여야 한다.

1. 앞면은 적색으로 하고 "포소화설비용 동력제어반"이라고 표시한 표지를 설치할 것
2. 외함은 두께 1.5mm 이상의 강판 또는 이와 동등 이상의 강도 및 내열성능이 있는 것으로 할 것
3. 그 밖의 동력제어반의 설치에 관하여는 제3항제1호 및 제2호의 기준을 준용할 것

제15조(배선 등)

① 포소화설비의 배선은 「전기사업법」 제67조에 따른 기술기준에서 정한 것 외에 다음 각 호의 기준에 따라 설치하여야 한다.

1. 비상전원으로부터 동력제어반 및 가압송수장치에 이르는 전원회로배선은 내화배선으로 할 것. 다만, 자가발전설비와 동력제어반이 동일한 실에 설치된 경우에는 자가발전기로부터 그 제어반에 이르는 전원회로배선은 그러하지 아니하다.
2. 상용전원으로부터 동력제어반에 이르는 배선, 그 밖의 포소화설비의 감시·조작 또는 표시등회로의 배선은 내화배선 또는 내열배선으로 할 것. 다만, 감시제어반 또는 동력제어반 안의 감시·조작 또는 표시등회로의 배선은 그러하지 아니하다.

② 제1항에 따른 내화배선 및 내열배선에 사용되는 전선 및 설치방법은 「옥내소화전설비의 화재안전기준(NFSC 102)」 별표 1의 기준에 따른다.

③ 포소화설비의 과전류차단기 및 개폐기에는 "포소화설비용"이라고 표시한 표지를 하여야 한다.

④ 포소화설비용 전기배선의 양단 및 접속단자에는 다음 각 호의 기준에 따라 표지하여야 한다.

1. 단자에는 "포소화설비단자"라고 표시한 표지를 부착할 것
2. 포소화설비용 전기배선의 양단에는 다른 배선과 식별이 용이하도록 표시할 것

제16조(수원 및 가압송수장치의 펌프 등의 겸용)

① 포소화전설비의 수원을 옥내소화전설비·스프링클러설비·간이스프링클러설비·화재조기진압용 스프링클러설비·물분무소화설비 및 옥외소화전설비의 수원과 겸용하여 설치하는 경우의 저수량은 각 소화설비에 필요한 저수량을 합한 양 이상이 되도록 하여야 한다. 다만, 이들 소화설비 중 고정식 소화설비(펌프·배관과 소화수 또는 소화약제를 최종 방출하는 방출구가 고정된 설비를 말한다. 이하 같다)가 2 이상 설치되어 있고, 그 소화설비가 설치된 부분이 방화벽과 방화문으로 구획되어 있는 경우에는 각 고정식 소화설비에 필요한 저수량 중 최대의 것 이상으로 할 수 있다.

② 포소화설비의 가압송수장치로 사용하는 펌프를 옥내소화전설비·스프링클러설비·간이스프링클러설비·화재조기진압용 스프링클러설비·물분무소화설비 및 옥외소화전설비의 가압송수장치와 겸용하여 설치하는 경우의 펌프의 토출량은 각 소화설비에 해당하는 토출량을 합한 양 이상이 되도록 하여야 한다. 다만, 이들 소화설비 중 고정식 소화설비가 2 이상 설치되어 있고, 그 소화설비가 설치된 부분이 방화벽과 방화문으로 구획되어 있으며 각 소화설비에 지장이 없는 경우에는 펌프의 토출량중 최대의 것 이상으로 할 수 있다.

③ 옥내소화전설비·스프링클러설비·간이스프링클러설비·화재조기진압용 스프링클러설비·물분무소화설비·포소화설비 및 옥외소화전설비의 가압송수장치에 있어서 각 토출측배관과 일반급수용의 가압송수장치의 토출측 배관을 상호 연결하여 화재시 사용할 수 있다. 이 경우 연결배관에는 개·폐표시형밸브를 설치하여야 하며, 각 소화설비의 성능에 지장이 없도록 하여야 한다.

④ 포소화설비의 송수구를 옥내소화전설비·스프링클러설비·간이스프링클러설비·화재조기진압용 스프링클러설비·물분무소화설비·연결송수관설비 또는 연결살수설비의 송수구와 겸용으로 설치하는 경우에는 스프링클러설비의 송수구의 설치기준에 따르되 각각의 소화설비의 기능에 지장이 없도록 하여야 한다.

제17조(설치·유지기준의 특례)

소방본부장 또는 소방서장은 기존건축물이 증축·개축·대수선되거나 용도변경되는 경우에 있어서 이 기준이 정하는 기준에 따라 해당 건축물에 설치하여야 할 포소화설비의 배관·배선 등의 공사가 현저하게 곤란하다고 인정되는 경우에는 해당 설비의 기능 및 사용에 지장이 없는 범위 안에서 포소화설비의 설치·유지기준의 일부를 적용하지 아니할 수 있다.

제18조(재검토기한)

소방청장은 「훈령·예규 등의 발령 및 관리에 관한 규정」에 따라 이 고시에 대하여 2022년 1월 1일을 기준으로 매3년이 되는 시점(매 3년째의 12월 31일까지를 말한다)마다 그 타당성을 검토하여 개선 등의 조치를 하여야 한다.

10. 이산화탄소소화설비의 화재안전기준(NFSC 106)

제1조(목적)

이 기준은 「화재예방, 소방시설 설치·유지 및 안전관리에 관한 법률」 제9조제1항에서 소방청장에게 위임한 사항 중 물분무등소화설비인 이산화탄소소화설비의 설치유지 및 안전관리에 요구되는 기준을 규정함을 그 목적으로 한다.

제2조(적용범위)

「화재예방, 소방시설 설치·유지 및 안전관리에 관한 법률 시행령」(이하 "영"이라 한다) 별표 5 제1호바목에 따른 이산화탄소소화설비는 이 기준에서 정하는 규정에 따라 설비를 설치하고 유지·관리하여야 한다.

제3조(정의)

이 기준에서 사용하는 용어의 정의는 다음과 같다.

1. "전역방출방식"이란 고정식 이산화탄소 공급장치에 배관 및 분사헤드를 고정 설치하여 밀폐 방호구역 내에 이산화탄소를 방출하는 설비를 말한다.
2. "국소방출방식"이란 고정식 이산화탄소 공급장치에 배관 및 분사헤드를 설치하여 직접 화점에 이산화탄소를 방출하는 설비로 화재발생부분에만 집중적으로 소화약제를 방출하도록 설치하는 방식을 말한다.
3. "호스릴방식"이란 분사헤드가 배관에 고정되어 있지 않고 소화약제 저장용기에 호스를 연결하여 사람이 직접 화점에 소화약제를 방출하는 이동식 소화설비를 말한다.
4. "충전비"란 용기의 용적과 소화약제의 중량과의 비율을 말한다.
5. "심부화재"란 목재 또는 섬유류와 같은 고체가연물에서 발생하는 화재형태로서 가연물 내부에서 연소하는 화재를 말한다.

6. “표면화재”란 가연성물질의 표면에서 연소하는 화재를 말한다.
7. “교차회로방식”이란 하나의 방호구역내에 2 이상의 화재감지기회로를 설치하고 인접한 2 이상의 화재감지기가 동시에 감지되는 때에는 이산화탄소소화설비가 작동하여 소화약제가 방출되는 방식을 말한다.
8. “방화문”이란 「건축법 시행령」 제64조에 따른 갑종방화문 또는 을종방화문으로써 언제나 닫힌 상태를 유지하거나 화재로 인한 연기의 발생 또는 온도의 상승에 따라 자동적으로 닫히는 구조를 말한다.

제4조(소화약제의 저장용기등)

① 이산화탄소 소화약제의 저장용기는 다음 각 호의 기준에 적합한 장소에 설치하여야 한다.
1. 방호구역외의 장소에 설치할 것. 다만, 방호구역내에 설치할 경우에는 피난 및 조작이 용이하도록 피난구부근에 설치하여야 한다.
2. 온도가 40℃ 이하이고, 온도변화가 적은 곳에 설치할 것
3. 직사광선 및 빗물이 침투할 우려가 없는 곳에 설치할 것
4. 방화문으로 구획된 실에 설치할 것
5. 용기의 설치장소에는 해당 용기가 설치된 곳임을 표시하는 표지를 할 것
6. 용기간의 간격은 점검에 지장이 없도록 3cm 이상의 간격을 유지할 것
7. 저장용기와 집합관을 연결하는 연결배관에는 체크밸브를 설치할 것. 다만, 저장용기가 하나의 방호구역만을 담당하는 경우에는 그러하지 아니하다.

② 이산화탄소 소화약제의 저장용기는 다음 각 호의 기준에 따라 설치하여야 한다.
1. 저장용기의 충전비는 고압식은 1.5 이상 1.9 이하, 저압식은 1.1 이상 1.4 이하로 할 것
2. 저압식 저장용기에는 내압시험압력의 0.64배부터 0.8배의 압력에서 작동하는 안전밸브와 내압시험압력의 0.8배부터 내압시험압력에서 작동하는 봉판을 설치할 것
3. 저압식 저장용기에는 액면계 및 압력계와 2.3 MPa 이상 1.9 MPa 이하의 압력에서 작동하는 압력경보장치를 설치할 것
4. 저압식 저장용기에는 용기내부의 온도가 섭씨 영하 18℃ 이하에서 2.1 MPa의 압력을 유지할 수 있는 자동냉동장치를 설치할 것
5. 저장용기는 고압식은 25 MPa 이상, 저압식은 3.5 MPa 이상의 내압시험압력에 합격한 것으로 할 것

③ 이산화탄소 소화약제 저장용기의 개방밸브는 전기식·가스압력식 또는 기계식에 따라 자동으로 개방되고 수동으로도 개방되는 것으로서 안전장치가 부착된 것으로 하여야 한다.

④ 이산화탄소 소화약제 저장용기와 선택밸브 또는 개폐밸브 사이에는 내압시험압력 0.8배에서 작동하는 안전장치를 설치하여야 한다.

제5조(소화약제)

이산화탄소 소화약제 저장량은 다음 각 호의 기준에 따른 양으로 한다. 이 경우 동일한 특정소방대상물 또는 그 부분에 2 이상의 방호구역이나 방호대상물이 있는 경우에는 각 방호구역 또는 방호대상물에 대하여 다음 각 호의 기준에 따라 산출한 저장량 중 최대의 것으로 할 수 있다.

1. 전역방출방식에 있어서 가연성액체 또는 가연성가스등 표면화재 방호대상물의 경우에는 다음 각 목의 기준에 따른다.

가. 방호구역의 체적(불연재료나 내열성의 재료로 밀폐된 구조물이 있는 경우에는 그 체적을 감한 체적) $1m^3$에 대하여 다음 표에 따른 양. 다만, 다음 표에 따라 산출한 양이 동표에 따른 저장량의 최저한도의 양 미만이 될 경우에는 그 최저한도의 양으로 한다.

방호구역 체적	방호구역의 체적 $1m^3$에 대한 소화약제의 양	소화약제 저장량의 최저한도의 양
$45m^3$ 미만	1.00kg	45kg
$45m^3$ 이상 $150m^3$ 미만	0.90kg	
$150m^3$ 이상 $1,450m^3$ 미만	0.80kg	135kg
$1,450m^3$ 이상	0.75kg	1,125kg

나. 별표1에 따른 설계농도가 34% 이상인 방호대상물의 소화약제량은 가목의 기준에 따라 산출한 기본소화약제량에 다음 표에 따른 보정계수를 곱하여 산출한다.

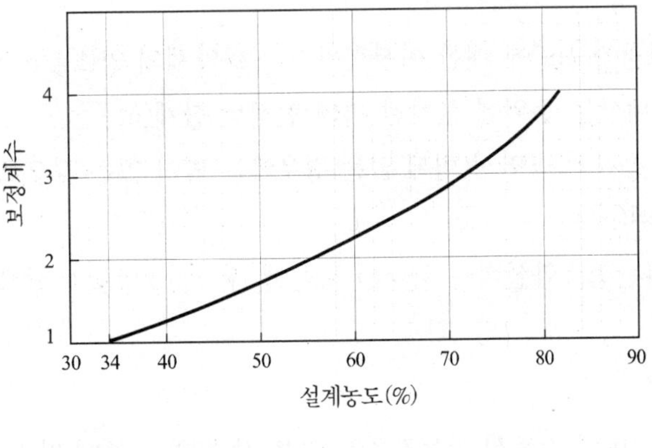

다. 방호구역의 개구부에 자동폐쇄장치를 설치하지 아니한 경우에는 가목 및 나목의 기준에 따라 산출한 양에 개구부면적 $1m^2$당 5kg을 가산하여야 한다. 이 경우 개구부의 면적은 방호구역 전체 표면적의 3% 이하로 하여야 한다.

2. 전역방출방식에 있어서 종이·목재·석탄·섬유류·합성수지류 등 심부화재 방호대상물의 경우에는 다음 각 목의 기준에 따른다.

가. 방호구역의 체적(불연재료나 내열성의 재료로 밀폐된 구조물이 있는 경우에는 그 체적을 감한 체적) $1m^3$에 대하여 다음 표에 따른 양 이상으로 하여야 한다.

방호대상물	방호구역의 체적 $1m^3$에 대한 소화약제의 양	설계농도(%)
유압기기를 제외한 전기설비, 케이블실	1.3kg	50
체적 $55m^3$ 미만의 전기설비	1.6kg	50
서고, 전자제품창고, 목재가공품창고, 박물관	2.0kg	65
고무류·면화류창고, 모피창고, 석탄창고, 집진설비	2.7kg	75

나. 방호구역의 개구부에 자동폐쇄장치를 설치하지 아니한 경우에는 가목의 기준에 따라 산출한 양에 개구부 면적 $1m^2$당 10kg을 가산하여야 한다. 이 경우 개구부의 면적은 방호구역 전체 표면적의 3% 이하로 하여야 한다.

3. 국소방출방식은 다음 각 목의 기준에 따라 산출한 양에 고압식은 1.4, 저압식은 1.1을 각각 곱하여 얻은 양 이상으로 할 것

가. 윗면이 개방된 용기에 저장하는 경우와 화재시 연소면이 한정되고 가연물이 비산할 우려가 없는 경우에는 방호대상물의 표면적 $1m^2$에 대하여 13kg

나. 가목외의 경우에는 방호공간(방호대상물의 각부분으로부터 0.6m의 거리에 따라 둘러싸인 공간을 말한다. 이하 같다)의 체적 $1m^3$에 대하여 다음의 식에 따라 산출한 양

$$Q = 8 - 6\frac{a}{A}$$

Q : 방호공간 $1m^3$에 대한 이산화탄소 소화약제의 양(kg/m^3)

a : 방호대상물 주위에 설치된 벽의 면적의 합계(m^2)

A : 방호공간의 벽면적(벽에 없는 경우에는 벽이 있는 것으로 가정한 당해 부분의 면적)의 합계(m^2)

4. 호스릴이산화탄소소화설비는 하나의 노즐에 대하여 90kg 이상으로 할 것

제6조(기동장치)

① 이산화탄소소화설비의 수동식 기동장치는 다음 각 호의 기준에 따라 설치하여야 한다. 이 경우 수동식 기동장치의 부근에는 소화약제의 방출을 지연시킬 수 있는 비상스위치(자동복귀

형 스위치로서 수동식 기동장치의 타이머를 순간정지시키는 기능의 스위치를 말한다)를 설치하여야 한다.

1. 전역방출방식은 방호구역마다, 국소방출방식은 방호대상물마다 설치할 것
2. 해당방호구역의 출입구부분 등 조작을 하는 자가 쉽게 피난할 수 있는 장소에 설치할 것
3. 기동장치의 조작부는 바닥으로부터 높이 0.8m 이상 1.5m 이하의 위치에 설치하고, 보호판 등에 따른 보호장치를 설치할 것
4. 기동장치에는 그 가까운 곳의 보기쉬운 곳에 "이산화탄소소화설비 기동장치"라고 표시한 표지를 할 것
5. 전기를 사용하는 기동장치에는 전원표시등을 설치할 것
6. 기동장치의 방출용 스위치는 음향경보장치와 연동하여 조작될 수 있는 것으로 할 것

② 이산화탄소소화설비의 자동식 기동장치는 자동화재탐지설비의 감지기의 작동과 연동하는 것으로서 다음 각 호의 기준에 따라 설치하여야 한다.

1. 자동식 기동장치에는 수동으로도 기동할 수 있는 구조로 할 것
2. 전기식 기동장치로서 7병 이상의 저장용기를 동시에 개방하는 설비는 2병 이상의 저장용기에 전자 개방밸브를 부착할 것
3. 가스압력식 기동장치는 다음 각 목의 기준에 따를 것
   가. 기동용가스용기 및 해당 용기에 사용하는 밸브는 25 MPa 이상의 압력에 견딜 수 있는 것으로 할 것
   나. 기동용가스용기에는 내압시험압력의 0.8배부터 내압시험압력 이하에서 작동하는 안전장치를 설치할 것
   다. 기동용가스용기의 용적은 5 L 이상으로 하고, 해당 용기에 저장하는 질소 등의 비활성기체는 6.0 MPa 이상(21 ℃ 기준)의 압력으로 충전 할 것
   라. 기동용가스용기에는 충전여부를 확인할 수 있는 압력게이지를 설치할 것
4. 기계식 기동장치는 저장용기를 쉽게 개방할 수 있는 구조로 할 것

③ 이산화탄소소화설비가 설치된 부분의 출입구 등의 보기 쉬운 곳에 소화약제의 방사를 표시하는 표시등을 설치하여야 한다.

제7조(제어반등)

이산화탄소소화설비의 제어반 및 화재표시반은 다음 각 호의 기준에 따라 설치하여야 한다. 다만, 자동화재탐지설비의 수신기의 제어반이 화재표시반의 기능을 가지고 있는 것은 화재표시반을 설치하지 아니할 수 있다.

1. 제어반은 수동기동장치 또는 감지기에서의 신호를 수신하여 음향경보장치의 작동, 소화약제의 방출 또는 지연 기타의 제어기능을 가진 것으로 하고, 제어반에는 전원표시등을 설치할 것
2. 화재표시반은 제어반에서의 신호를 수신하여 작동하는 기능을 가진 것으로 하되, 다음 각 목의 기준에 따라 설치할 것
   가. 각 방호구역마다 음향경보장치의 조작 및 감지기의 작동을 명시하는 표시등과 이와 연동하여 작동하는 벨·부자 등의 경보기를 설치할 것. 이 경우 음향경보장치의 조작 및 감지기의 작동을 명시하는 표시등을 겸용할 수 있다.
   나. 수동식 기동장치는 그 방출용스위치의 작동을 명시하는 표시등을 설치할 것
   다. 소화약제의 방출을 명시하는 표시등을 설치할 것
   라. 자동식 기동장치는 자동·수동의 절환을 명시하는 표시등을 설치할 것
3. 제어반 및 화재표시반의 설치장소는 화재에 따른 영향, 진동 및 충격에 따른 영향 및 부식의 우려가 없고 점검에 편리한 장소에 설치할 것
4. 제어반 및 화재표시반에는 해당 회로도 및 취급설명서를 비치할 것
5. 수동잠금밸브의 개폐여부를 확인할 수 있는 표시등을 설치할 것

제8조(배관 등)

① 이산화탄소소화설비의 배관은 다음 각 호의 기준에 따라 설치하여야 한다.

1. 배관은 전용으로 할 것
2. 강관을 사용하는 경우의 배관은 압력배관용탄소강관(KS D 3562)중 스케줄 80(저압식은 스케쥴 40) 이상의 것 또는 이와 동등 이상의 강도를 가진 것으로 아연도금 등으로 방식처리된 것을 사용할 것. 다만, 배관의 호칭구경이 20mm 이하인 경우에는 스케줄 40 이상인 것을 사용할 수 있다.
3. 동관을 사용하는 경우의 배관은 이음이 없는 동 및 동합금관(KS D 5301)으로서 고압식은 16.5 MPa 이상, 저압식은 3.75 MPa 이상의 압력에 견딜 수 있는 것을 사용할 것
4. 고압식의 경우 개폐밸브 또는 선택밸브의 2차측 배관부속은 호칭압력 2.0 MPa이상의 것을 사용하여야 하며, 1차측 배관부속은 호칭압력 4.0 MPa 이상의 것을 사용하여야 하고, 저압식의 경우에는 2.0 MPa의 압력에 견딜 수 있는 배관부속을 사용할 것

② 배관의 구경은 이산화탄소의 소요량이 다음 각 호의 기준에 따른 시간 내에 방사될 수 있는 것으로 하여야 한다.

1. 전역방출방식에 있어서 가연성액체 또는 가연성가스등 표면화재 방호대상물의 경우에는 1분
2. 전역방출방식에 있어서 종이, 목재, 석탄, 섬유류, 합성수지류 등 심부화재 방호대상물의

경우에는 7분. 이 경우 설계농도가 2분 이내에 30%에 도달하여야 한다.

3. 국소방출방식의 경우에는 30초

③ 소화약제의 저장용기와 선택밸브 사이의 집합배관에는 수동잠금밸브를 설치하되 선택밸브 직전에 설치할 것. 다만, 선택밸브가 없는 설비의 경우에는 저장용기실 내에 설치하되 조작 및 점검이 쉬운 위치에 설치하여야 한다.

제9조(선택밸브)

하나의 특정소방대상물 또는 그 부분에 2 이상의 방호구역 또는 방호대상물이 있어 이산화탄소 저장용기를 공용하는 경우에는 다음 각 호의 기준에 따라 선택밸브를 설치하여야 한다.

1. 방호구역 또는 방호대상물마다 설치할 것
2. 각 선택밸브에는 그 담당방호구역 또는 방호대상물을 표시할 것

제10조(분사헤드)

① 전역방출방식의 이산화탄소소화설비의 분사헤드는 다음 각 호의 기준에 따라 설치하여야 한다.

1. 방사된 소화약제가 방호구역의 전역에 균일하게 신속히 확산할 수 있도록 할 것
2. 분사헤드의 방사압력이 2.1MPa(저압식은 1.05MPa) 이상의 것으로 할 것
3. 특정소방대상물 또는 그 부분에 설치된 이산화탄소소화설비의 소화약제의 저장량은 제8조제2항제1호 및 제2호의 기준에서 정한 시간이내에 방사할 수 있는 것으로 할 것

② 국소방출방식의 이산화탄소소화설비의 분사헤드는 다음 각 호의 기준에 따라 설치하여야 한다.

1. 소화약제의 방사에 따라 가연물이 비산하지 아니하는 장소에 설치할 것
2. 이산화탄소 소화약제의 저장량은 30초 이내에 방사할 수 있는 것으로 할 것
3. 성능 및 방사압력이 제1항제1호 및 제2호의 기준에 적합한 것으로 할 것

③ 화재 시 현저하게 연기가 찰 우려가 없는 장소로서 다음 각 호의 어느 하나에 해당하는 장소(차고 또는 주차의 용도로 사용되는 부분 제외)에는 호스릴이산화탄소소화설비를 설치할 수 있다.

1. 지상 1층 및 피난층에 있는 부분으로서 지상에서 수동 또는 원격조작에 따라 개방할 수 있는 개구부의 유효면적의 합계가 바닥면적의 15% 이상이 되는 부분
2. 전기설비가 설치되어 있는 부분 또는 다량의 화기를 사용하는 부분(해당 설비의 주위 5m 이내의 부분을 포함한다)의 바닥면적이 해당 설비가 설치되어 있는 구획의 바닥면적의 5분의 1 미만이 되는 부분

④ 호스릴이산화탄소소화설비는 다음 각 호의 기준에 따라 설치하여야 한다.

1. 방호대상물의 각 부분으로부터 하나의 호스접결구까지의 수평거리가 15m 이하가 되도록 할 것
2. 노즐은 20℃에서 하나의 노즐마다 60kg/min 이상의 소화약제를 방사할 수 있는 것으로 할 것
3. 소화약제 저장용기는 호스릴을 설치하는 장소마다 설치할 것
4. 소화약제 저장용기의 개방밸브는 호스의 설치장소에서 수동으로 개폐할 수 있는 것으로 할 것
5. 소화약제 저장용기의 가장 가까운 곳의 보기 쉬운 곳에 표시등을 설치하고, 호스릴이산화탄소소화설비가 있다는 뜻을 표시한 표지를 할 것

⑤ 이산화탄소소화설비의 분사헤드의 오리피스구경 등은 다음 각 호의 기준에 적합하여야 한다.

1. 분사헤드에는 부식방지조치를 하여야 하며 오리피스의 크기, 제조일자, 제조업체가 표시되도록 할 것
2. 분사헤드의 갯수는 방호구역에 방사시간이 충족되도록 설치할 것
3. 분사헤드의 방출율 및 방출압력은 제조업체에서 정한 값으로 할 것
4. 분사헤드의 오리피스의 면적은 분사헤드가 연결되는 배관구경면적의 70%를 초과하지 아니할 것

제11조(분사헤드 설치제외)

이산화탄소소화설비의 분사헤드는 다음 각 호의 장소에 설치하여서는 아니 된다.

1. 방재실·제어실 등 사람이 상시 근무하는 장소
2. 니트로셀룰로스·셀룰로이드제품 등 자기연소성물질을 저장·취급하는 장소
3. 나트륨·칼륨·칼슘 등 활성금속물질을 저장·취급하는 장소
4. 전시장 등의 관람을 위하여 다수인이 출입·통행하는 통로 및 전시실 등

제12조(자동식 기동장치의 화재감지기)

이산화탄소소화설비의 자동식 기동장치는 다음 각 호의 기준에 따른 화재감지기를 설치하여야 한다.

1. 각 방호구역내의 화재감지기의 감지에 따라 작동되도록 할 것
2. 화재감지기의 회로는 교차회로방식으로 설치할 것. 다만, 화재감지기를 「자동화재탐지설비의 화재안전기준(NFSC 203)」제7조제1항 단서의 각 호의 감지기로 설치하는 경우에는 그러

하지 아니하다.

3. 교차회로내의 각 화재감지기회로별로 설치된 화재감지기 1개가 담당하는 바닥면적은 「자동화재탐지설비의 화재안전기준(NFSC 203)」제7조제3항제5호·제8호부터 제10호까지의 규정에 따른 바닥면적으로 할 것

제13조(음향경보장치)

① 이산화탄소소화설비의 음향경보장치는 다음 각 호의 기준에 따라 설치하여야 한다.

1. 수동식 기동장치를 설치한 것은 그 기동장치의 조작과정에서, 자동식 기동장치를 설치한 것은 화재감지기와 연동하여 자동으로 경보를 발하는 것으로 할 것
2. 소화약제의 방사개시 후 1분 이상 경보를 계속할 수 있는 것으로 할 것
3. 방호구역 또는 방호대상물이 있는 구획 안에 있는 자에게 유효하게 경보할 수 있는 것으로 할 것

② 방송에 따른 경보장치를 설치할 경우에는 다음 각 호의 기준에 따라야 한다.

1. 증폭기 재생장치는 화재시 연소의 우려가 없고, 유지관리가 쉬운 장소에 설치할 것
2. 방호구역 또는 방호대상물이 있는 구획의 각 부분으로부터 하나의 확성기까지의 수평거리는 25m 이하가 되도록 할 것
3. 제어반의 복구스위치를 조작하여도 경보를 계속 발할 수 있는 것으로 할 것

제14조(자동폐쇄장치)

전역방출방식의 이산화탄소소화설비를 설치한 특정소방대상물 또는 그 부분에 대하여는 다음 각 호의 기준에 따라 자동폐쇄장치를 설치하여야 한다.

1. 환기장치를 설치한 것은 이산화탄소가 방사되기 전에 해당 환기장치가 정지할 수 있도록 할 것
2. 개구부가 있거나 천장으로부터 1m 이상의 아래부분 또는 바닥으로부터 해당층의 높이의 3분의 2 이내의 부분에 통기구가 있어 이산화탄소의 유출에 따라 소화효과를 감소시킬 우려가 있는 것은 이산화탄소가 방사되기 전에 해당 개구부 및 통기구를 폐쇄할 수 있도록 할 것
3. 자동폐쇄장치는 방호구역 또는 방호대상물이 있는 구획의 밖에서 복구할 수 있는 구조로 하고, 그 위치를 표시하는 표지를 할 것

제15조(비상전원)

이산화탄소소화설비(호스릴이산화탄소소화설비를 제외한다)의 비상전원은 자가발전설비, 축전

지설비(제어반에 내장하는 경우를 포함한다) 또는 전기저장장치(외부 전기에너지를 저장해 두었다가 필요한 때 전기를 공급하는 장치)로서 다음 각 호의 기준에 따라 설치하여야 한다. 다만, 2 이상의 변전소(「전기사업법」제67조에 따른 변전소를 말한다. 이하 같다)에서 전력을 동시에 공급받을 수 있거나 하나의 변전소로부터 전력의 공급이 중단되는 때에는 자동으로 다른 변전소로부터 전력을 공급받을 수 있도록 상용전원을 설치한 경우에는 비상전원을 설치하지 아니할 수 있다.

1. 점검에 편리하고 화재 및 침수 등의 재해로 인한 피해를 받을 우려가 없는 곳에 설치할 것
2. 이산화탄소소화설비를 유효하게 20분 이상 작동할 수 있어야 할 것
3. 상용전원으로부터 전력의 공급이 중단된 때에는 자동으로 비상전원으로부터 전력을 공급받을 수 있도록 할 것
4. 비상전원의 설치장소는 다른 장소와 방화구획 할 것. 이 경우 그 장소에는 비상전원의 공급에 필요한 기구나 설비외의 것(열병합발전설비에 필요한 기구나 설비는 제외한다)을 두어서는 아니 된다.
5. 비상전원을 실내에 설치하는 때에는 그 실내에 비상조명등을 설치할 것

제16조(배출설비)

지하층, 무창층 및 밀폐된 거실 등에 이산화탄소소화설비를 설치한 경우에는 소화약제의 농도를 희석시키기 위한 배출설비를 갖추어야 한다.

제17조(과압배출구)

이산화탄소소화설비의 방호구역에 소화약제가 방출시 과압으로 인하여 구조물 등에 손상이 생길 우려가 있는 장소에는 과압배출구를 설치하여야 한다.

제18조(설계프로그램)

이산화탄소소화설비를 컴퓨터프로그램을 이용하여 설계할 경우에는 「가스계소화설비의 설계프로그램 성능인증 및 제품검사의 기술기준」에 적합한 설계프로그램을 사용하여야 한다.

제19조(안전시설 등)

이산화탄소소화설비가 설치된 장소에는 다음 각 호의 기준에 따른 안전시설을 설치하여야 한다.

1. 소화약제 방출시 방호구역 내와 부근에 가스방출시 영향을 미칠 수 있는 장소에 시각경보장

치를 설치하여 소화약제가 방출되었음을 알도록 할 것.

2. 방호구역의 출입구 부근 잘 보이는 장소에 약제방출에 따른 위험경고표지를 부착할 것.

제20조(설치·유지기준의 특례)

소방본부장 또는 소방서장은 기존건축물이 증축·개축·대수선되거나 용도변경 되는 경우에 있어서 이 기준이 정하는 기준에 따라 해당 건축물에 설치하여야 할 이산화탄소소화설비의 배관·배선 등의 공사가 현저하게 곤란하다고 인정되는 경우에는 해당 설비의 기능 및 사용에 지장이 없는 범위안에서 이산화탄소소화설비의 설치·유지기준의 일부를 적용하지 아니할 수 있다.

제21조(재검토 기한)

소방청장은 「훈령·예규 등의 발령 및 관리에 관한 규정」에 따라 이 고시에 대하여 2022년 1월 1일을 기준으로 매3년이 되는 시점(매 3년째의 12월 31일까지를 말한다)마다 그 타당성을 검토하여 개선 등의 조치를 하여야 한다.

11. 할론소화설비의 화재안전기준(NFSC 107)

제1조(목적)

이 기준은 「화재예방, 소방시설 설치·유지 및 안전관리에 관한 법률」 제9조제1항에 따라 소방청장에게 위임한 사항 중 물분무등소화설비인 할론소화설비의 설치·유지 및 안전관리에 관하여 필요한 사항을 규정함을 목적으로 한다.

제2조(적용범위)

「화재예방, 소방시설 설치·유지 및 안전관리에 관한 법률 시행령」(이하 "영"이라 한다) 별표 5 제1호 바목에 따른 물분무등소화설비 중 할론소화설비는 이 기준에서 정하는 규정에 따라 설비를 설치하고 유지·관리하여야 한다.

제3조(정의)

이 기준에서 사용하는 용어의 정의는 다음과 같다.

1. “전역방출방식”이란 고정식 할론 공급장치에 배관 및 분사헤드를 고정 설치하여 밀폐 방호구역 내에 할론을 방출하는 설비를 말한다.
2. “국소방출방식”이란 고정식 할론 공급장치에 배관 및 분사헤드를 설치하여 직접 화점에 할론을 방출하는 설비로 화재발생부분에만 집중적으로 소화약제를 방출하도록 설치하는 방식을 말한다.
3. “호스릴방식”이란 분사헤드가 배관에 고정되어 있지 않고 소화약제 저장용기에 호스를 연결하여 사람이 직접 화점에 소화약제를 방출하는 이동식소화설비를 말한다.
4. “충전비”란 용기의 체적과 소화약제의 중량과의 비를 말한다.
5. “교차회로방식”이란 하나의 방호구역 내에 2 이상의 화재감지기회로를 설치하고 인접한 2 이상의 화재감지기가 동시에 감지되는 때에는 할론소화설비가 작동하여 소화약제가 방출되는 방식을 말한다.
6. “방화문”이란 「건축법 시행령」 제64조의 규정에 따른 갑종방화문 또는 을종방화문으로써 언제나 닫힌 상태를 유지하거나 화재로 인한 연기의 발생 또는 온도의 상승에 따라 자동적으로 닫히는 구조를 말한다.

제4조(소화약제의 저장용기등)

① 할론소화약제의 저장용기는 다음 각 호의 기준에 적합한 장소에 설치하여야 한다.
1. 방호구역외의 장소에 설치할 것. 다만, 방호구역 내에 설치할 경우에는 피난 및 조작이 용이하도록 피난구 부근에 설치하여야 한다.
2. 온도가 40℃ 이하이고, 온도변화가 적은 곳에 설치할 것
3. 직사광선 및 빗물이 침투할 우려가 없는 곳에 설치할 것
4. 방화문으로 구획된 실에 설치할 것
5. 용기의 설치장소에는 해당 용기가 설치된 곳임을 표시하는 표지를 할 것
6. 용기간의 간격은 점검에 지장이 없도록 3cm 이상의 간격을 유지할 것
7. 저장용기와 집합관을 연결하는 연결배관에는 체크밸브를 설치할 것. 다만, 저장용기가 하나의 방호구역만을 담당하는 경우에는 그러하지 아니하다.

② 할론소화약제의 저장용기는 다음 각 호의 기준에 따라 설치하여야 한다.
1. 축압식 저장용기의 압력은 온도 20℃에서 할론 1211을 저장하는 것은 1.1MPa 또는 2.5MPa, 할론 1301을 저장하는 것은 2.5MPa 또는 4.2MPa이 되도록 질소가스로 축압할 것
2. 저장용기의 충전비는 할론 2402를 저장하는 것중 가압식 저장용기는 0.51 이상 0.67 미만, 축압식 저장용기는 0.67 이상 2.75 이하, 할론 1211은 0.7 이상 1.4 이하, 할론 1301은

0.9 이상 1.6 이하로 할 것

3. 동일 집합관에 접속되는 용기의 소화약제 충전량은 동일충전비의 것이어야 할 것

③ 가압용 가스용기는 질소가스가 충전된 것으로 하고, 그 압력은 21 ℃에서 2.5MPa 또는 4.2MPa이 되도록 하여야 한다.

④ 할론소화약제 저장용기의 개방밸브는 전기식·가스압력식 또는 기계식에 따라 자동으로 개방되고 수동으로도 개방되는 것으로서 안전장치가 부착된 것으로 하여야 한다.

⑤ 가압식 저장용기에는 2.0MPa 이하의 압력으로 조정할 수 있는 압력조정장치를 설치하여야 한다.

⑥ 하나의 구역을 담당하는 소화약제 저장용기의 소화약제량의 체적합계보다 그 소화약제 방출시 방출경로가 되는 배관(집합관 포함)의 내용적이 1.5배 이상일 경우에는 해당 방호구역에 대한 설비는 별도 독립방식으로 하여야 한다.

제5조(소화약제)

할론소화약제의 저장량은 다음 각 호의 기준에 따라야 한다. 이 경우 동일한 특정소방대상물 또는 그 부분에 2 이상의 방호구역 또는 방호대상물이 있는 경우에는 각 방호구역 또는 방호대상물에 대하여 다음 각 호의 기준에 따라 산출한 저장량 중 최대의 것으로 할 수 있다.

1. 전역방출방식은 다음 각 목의 기준에 따라 산출한 양 이상으로 할 것

가. 방호구역의 체적(불연재료나 내열성의 재료로 밀폐된 구조물이 있는 경우에는 그 체적을 제외한다) $1m^3$에 대하여 다음 표에 따른 양

<table>
<tr><th colspan="2">소방대상물 또는 그 부분</th><th>소화약제의 종별</th><th>방호구역의 체적 $1m^3$당 소화약제의 양</th></tr>
<tr><td colspan="2">차고·주차장·전기실·통신기기실·전산실 기타 이와 유사한 전기설비가 설치되어 있는 부분</td><td>할론 1301</td><td>0.32kg 이상 0.64kg 이하</td></tr>
<tr><td rowspan="3">소방기본법 시행령 별표 2의 특수가연물을 저장·취급하는 소방대상물 또는 그 부분</td><td>가연성고체류·가연성액체류</td><td>할론 2402
할론 1211
할론 1301</td><td>0.40kg 이상 1.1kg 이하
0.36kg 이상 0.71kg 이하
0.32kg 이상 0.64kg 이하</td></tr>
<tr><td>면화류·나무껍질 및 대팻밥·넝마 및 종비부스러기·사류·볏짚류·목재 가공품 및 나무 부스러기를 저장·취급하는 것</td><td>할론 1211
할론 1301</td><td>0.60kg 이상 0.71kg 이하
0.52kg 이상 0.64kg 이하</td></tr>
<tr><td>합성수지류를 저장·취급하는 것</td><td>할론 1211
할론 1301</td><td>0.36kg 이상 0.71kg 이하
0.32kg 이상 0.64kg 이하</td></tr>
</table>

나. 방호구역의 개구부에 자동폐쇄장치를 설치하지 아니한 경우에는 "가"목에 따라 산출한 양에 다음 표에 따라 산출한 양을 가산한 양

<table>
<tr><th colspan="2">소방대상물 또는 그 부분</th><th>소화약제의 종별</th><th>가산량(개구부의 면적 1m³당 소화약제의 양</th></tr>
<tr><td colspan="2">차고・주차장・전기실・통신기기실・전산실 기타 이와 유사한 전기설비가 설치되어 있는 부분</td><td>할론 1301</td><td>2.4kg</td></tr>
<tr><td rowspan="3">소방기본법 시행령 별표 2의 특수가연물을 저장・취급하는 소방대상물 또는 그 부분</td><td>가연성고체류・가연성액체류</td><td>할론 2402
할론 1211
할론 1301</td><td>3.0kg
2.7kg
2.4kg</td></tr>
<tr><td>면화류・나무껍질 및 대팻밥・넝마 및 종비부스러기・사류・볏짚류・목재 가공품 및 나무 부스러기를 저장・취급하는 것</td><td>할론 1211
할론 1301</td><td>4.5kg
3.9kg</td></tr>
<tr><td>합성수지류를 저장・취급하는 것</td><td>할론 1211
할론 1301</td><td>2.7kg
2.4kg</td></tr>
</table>

2. 국소방출방식은 다음 각 목의 기준에 따라 산출한 양에 할론 2402 또는 할론 1211은 1.1을, 할론 1301은 1.25를 각각 곱하여 얻은 양 이상으로 할 것

가. 윗면이 개방된 용기에 저장하는 경우와 화재시 연소면이 1면에 한정되고 가연물이 비산할 우려가 없는 경우에는 다음 표에 따른 양

소화약제의 종별	방호대상물의 표면적 1m³에 대한 소화약제의 양
할론 2402	8.8kg
할론 1211	7.6kg
할론 1301	6.8kg

나. 가목외의 경우에는 방호공간(방호대상물의 각부분으로부터 0.6m의 거리에 따라 둘러싸인 공간을 말한다. 이하 같다)의 체적 1m³에 대하여 다음의 식에 따라 산출한 양

$$Q = X - Y\frac{a}{A}$$

Q : 방호공간 1m³에 대한 할론소화약제의 양(kg/m³)

a : 방호대상물 주위에 설치된 벽의 면적의 합계(m²)

A : 방호공간의 벽면적(벽에 없는 경우에는 벽이 있는 것으로 가정한 당해 부분의 면적)의 합계(m²)

X 및 Y : 다음 표의 수치

소화약제의 종별	X의 수치	Y의 수치
할론 2402	5.2	3.9
할론 1211	4.4	3.3
할론 1301	4.0	3.0

3. 호스릴할론소화설비는 하나의 노즐에 대하여 다음 표에 따른 양 이상으로 할 것

소화약제의 종별	소화약제의 양
할론 2402 또는 1211	50kg
할론 1301	45kg

제6조(기동장치)

① 할론소화설비의 수동식기동장치는 다음 각 호의 기준에 따라 설치하여야 한다. 이 경우 수동식 기동장치의 부근에는 소화약제의 방출을 지연시킬 수 있는 비상스위치(자동복귀형 스위치로서 수동식 기동장치의 타이머를 순간정지 시키는 기능의 스위치를 말한다)를 설치하여야 한다.

1. 전역방출방식은 방호구역마다, 국소방출방식은 방호대상물마다 설치할 것
2. 해당 방호구역의 출입구부분 등 조작을 하는 자가 쉽게 피난할 수 있는 장소에 설치할 것
3. 기동장치의 조작부는 바닥으로부터 높이 0.8m 이상 1.5m 이하의 위치에 설치하고, 보호판 등에 따른 보호장치를 설치할 것
4. 기동장치에는 그 가까운 곳의 보기 쉬운 곳에 "할론소화설비 기동장치"라고 표시한 표지를 할 것
5. 전기를 사용하는 기동장치에는 전원표시등을 설치할 것
6. 기동장치의 방출용스위치는 음향경보장치와 연동하여 조작될 수 있는 것으로 할 것

② 할론소화설비의 자동식 기동장치는 자동화재탐지설비의 감지기의 작동과 연동 하는 것으로서 다음 각 호의 기준에 따라 설치하여야 한다.

1. 자동식 기동장치에는 수동으로도 기동할 수 있는 구조로 할 것
2. 전기식 기동장치로서 7병 이상의 저장용기를 동시에 개방하는 설비는 2병 이상의 저장용기에 전자개방밸브를 부착할 것
3. 가스압력식 기동장치는 다음 각 목의 기준에 따를 것
   가. 기동용가스용기 및 해당 용기에 사용하는 밸브는 25 MPa 이상의 압력에 견딜 수 있는 것으로 할 것
   나. 기동용가스용기에는 내압시험압력 0.8배부터 내압시험압력 이하에서 작동하는 안전장치를 설치할 것
   다. 기동용가스용기의 용적은 1L 이상으로 하고, 해당 용기에 저장하는 이산화탄소의 양은 0.6kg 이상으로하며, 충전비는 1.5 이상으로 할 것
4. 기계식 기동장치는 저장용기를 쉽게 개방할 수 있는 구조로 할 것

③ 할론소화설비가 설치된 부분의 출입구 등의 보기 쉬운 곳에 소화약제의 방사를 표시하는 표시등을 설치하여야 한다.

제7조(제어반 등)

할론소화설비의 제어반 및 화재표시반은 다음 각 호의 기준에 따라 설치하여야 한다. 다만, 자동화재탐지설비의 수신기의 제어반이 화재표시반의 기능을 가지고 있는 것은 화재표시반을 설치하지 아니할 수 있다.

1. 제어반은 수동기동장치 또는 감지기에서의 신호를 수신하여 음향경보장치의 작동, 소화약제의 방출 또는 지연 기타의 제어기능을 가진 것으로 하고, 제어반에는 전원표시등을 설치할 것
2. 화재표시반은 제어반에서의 신호를 수신하여 작동하는 기능을 가진 것으로 하되, 다음 각 목의 기준에 따라 설치할 것
   가. 각 방호구역마다 음향경보장치의 조작 및 감지기의 작동을 명시하는 표시등과 이와 연동하여 작동하는 벨·부저 등의 경보기를 설치할 것. 이 경우 음향경보장치의 조작 및 감지기의 작동을 명시하는 표시등을 겸용할 수 있다.
   나. 수동식 기동장치는 그 방출용스위치의 작동을 명시하는 표시등을 설치할 것
   다. 소화약제의 방출을 명시하는 표시등을 설치할 것
   라. 자동식 기동장치는 자동·수동의 절환을 명시하는 표시등을 설치할 것
3. 제어반 및 화재표시반의 설치장소는 화재에 따른 영향, 진동 및 충격에 따른 영향 및 부식의 우려가 없고 점검에 편리한 장소에 설치할 것
4. 제어반 및 화재표시반에는 해당회로도 및 취급설명서를 비치할 것

제8조(배관)

할론소화설비의 배관은 다음 각 호의 기준에 따라 설치하여야 한다.

1. 배관은 전용으로 할 것
2. 강관을 사용하는 경우의 배관은 압력배관용탄소강관(KS D 3562)중 스케줄 40 이상의 것 또는 이와 동등 이상의 강도를 가진 것으로서 아연도금 등에 따라 방식처리된 것을 사용할 것
3. 동관을 사용하는 경우에는 이음이 없는 동 및 동합금관(KS D 5301)의 것으로서 고압식은 16.5MPa 이상, 저압식은 3.75MPa 이상의 압력에 견딜 수 있는 것을 사용할 것
4. 배관부속 및 밸브류는 강관 또는 동관과 동등 이상의 강도 및 내식성이 있는 것으로 할 것

제9조(선택밸브)

하나의 특정소방대상물 또는 그 부분에 2 이상의 방호구역 또는 방호대상물이 있어 할론 저장용기를 공용하는 경우에는 다음 각 호의 기준에 따라 선택밸브를 설치하여야 한다.

1. 방호구역 또는 방호대상물마다 설치할 것
2. 각 선택밸브에는 그 담당방호구역 또는 방호대상물을 표시할 것

제10조(분사헤드)

① 전역방출방식의 할론소화설비의 분사헤드는 다음 각 호의 기준에 따라 설치하여야 한다.

1. 방사된 소화약제가 방호구역의 전역에 균일하게 신속히 확산할 수 있도록 할 것
2. 할론 2402를 방출하는 분사헤드는 해당 소화약제가 무상으로 분무되는 것으로 할 것
3. 분사헤드의 방사압력은 할론 2402를 방사하는 것은 0.1MPa 이상, 할론 1211을 방사하는 것은 0.2MPa 이상, 할론 1301을 방사하는 것은 0.9MPa 이상으로 할 것
4. 제5조에 따른 기준저장량의 소화약제를 10초 이내에 방사할 수 있는 것으로 할 것

② 국소방출방식의 할론소화설비의 분사헤드는 다음 각 호의 기준에 따라 설치하여야 한다.

1. 소화약제의 방사에 따라 가연물이 비산하지 아니하는 장소에 설치할 것
2. 할론 2402를 방사하는 분사헤드는 해당 소화약제가 무상으로 분무되는 것으로 할 것
3. 분사헤드의 방사압력은 할론 2402를 방사하는 것은 0.1MPa 이상, 할론 1211을 방사하는 것은 0.2MPa 이상, 할론1301을 방사하는 것은 0.9MPa 이상으로 할 것
4. 제5조에 따른 기준저장량의 소화약제를 10초 이내에 방사할 수 있는 것으로 할 것

③ 화재 시 현저하게 연기가 찰 우려가 없는 장소로서 다음 각 호의 어느 하나에 해당하는 장소는 호스릴할론소화설비를 설치할 수 있다.

1. 지상 1층 및 피난층에 있는 부분으로서 지상에서 수동 또는 원격조작에 따라 개방할 수 있는 개구부의 유효면적의 합계가 바닥면적의 15% 이상이 되는 부분
2. 전기설비가 설치되어 있는 부분 또는 다량의 화기를 사용하는 부분(해당 설비의 주위 5m 이내의 부분을 포함한다)의 바닥면적이 해당 설비가 설치되어 있는 구획의 바닥면적의 5분의 1 미만이 되는 부분

④ 호스릴할론소화설비는 다음 각 호의 기준에 따라 설치하여야 한다.

1. 방호대상물의 각 부분으로부터 하나의 호스접결구까지의 수평거리가 20m 이하가 되도록 할 것
2. 소화약제의 저장용기의 개방밸브는 호스릴의 설치장소에서 수동으로 개폐할 수 있는 것으로 할 것

3. 소화약제의 저장용기는 호스릴을 설치하는 장소마다 설치할 것
4. 노즐은 20℃에서 하나의 노즐마다 1분당 다음 표에 따른 소화약제를 방사할 수 있는 것으로 할 것

소화약제의 종별	1분당 방사하는 소화약제의 양
할론 2402	45kg
할론 1211	40kg
할론 1301	35kg

5. 소화약제 저장용기의 가까운 곳의 보기 쉬운 곳에 적색의 표시등을 설치하고, 호스릴할론소화설비가 있다는 뜻을 표시한 표지를 할 것

⑤ 할론소화설비의 분사헤드의 오리피스구경·방출율·크기 등에 관하여는 다음 각 호의 기준에 따라야 한다.
1. 분사헤드에는 부식방지조치를 하여야 하며 오리피스의 크기, 제조일자, 제조업체가 표시되도록 할 것
2. 분사헤드의 개수는 방호구역에 방사시간이 충족되도록 설치할 것
3. 분사헤드의 방출율 및 방출압력은 제조업체에서 정한 값으로 할 것
4. 분사헤드의 오리피스의 면적은 분사헤드가 연결되는 배관구경 면적의 70%를 초과하지 아니할 것

제11조(자동식 기동장치의 화재감지기)

할론소화설비의 자동식 기동장치는 다음 각 호의 기준에 따른 화재감지기를 설치하여야 한다.
1. 각 방호구역내의 화재감지기의 감지에 따라 작동되도록 할 것
2. 화재감지기의 회로는 교차회로방식으로 설치할 것. 다만, 화재감지기를 「자동화재탐지설비의 화재안전기준(NFSC 203)」 제7조제1항 단서의 각 호의 감지기로 설치하는 경우에는 그러하지 아니하다.
3. 교차회로내의 각 화재감지기회로별로 설치된 화재감지기 1개가 담당하는 바닥면적은 「자동화재탐지설비의 화재안전기준(NFSC 203)」 제7조제3항제5호·제8호부터 제10호까지의 기준에 따른 바닥면적으로 할 것

제12조(음향경보장치)

① 할론소화설비의 음향경보장치는 다음 각 호의 기준에 따라 설치하여야 한다.

1. 수동식 기동장치를 설치한 것은 그 기동장치의 조작과정에서, 자동식 기동장치를 설치한 것은 화재감지기와 연동하여 자동으로 경보를 발하는 것으로 할 것
2. 소화약제의 방사개시 후 1분 이상 경보를 계속할 수 있는 것으로 할 것
3. 방호구역 또는 방호대상물이 있는 구획 안에 있는 자에게 유효하게 경보할 수 있는 것으로 할 것

② 방송에 따른 경보장치를 설치할 경우에는 다음 각 호의 기준에 따라야 한다.

1. 증폭기 재생장치는 화재시 연소의 우려가 없고, 유지관리가 쉬운 장소에 설치할 것
2. 방호구역 또는 방호대상물이 있는 구획의 각 부분으로부터 하나의 확성기까지의 수평거리는 25m 이하가 되도록 할 것
3. 제어반의 복구스위치를 조작하여도 경보를 계속 발할 수 있는 것으로 할 것

제13조(자동폐쇄장치)

전역방출방식의 할론소화설비를 설치한 특정소방대상물 또는 그 부분에 대하여는 다음 각 호의 기준에 따라 자동폐쇄장치를 설치하여야 한다.

1. 환기장치를 설치한 것은 할론이 방사되기 전에 해당 환기장치가 정지할 수 있도록 할 것
2. 개구부가 있거나 천장으로부터 1m 이상의 아래부분 또는 바닥으로부터 해당층의 높이의 3분의 2 이내의 부분에 통기구가 있어 할론의 유출에 따라 소화효과를 감소시킬 우려가 있는 것은 할론이 방사되기 전에 당해 개구부 및 통기구를 폐쇄할 수 있도록 할 것
3. 자동폐쇄장치는 방호구역 또는 방호대상물이 있는 구획의 밖에서 복구할 수 있는 구조로 하고, 그 위치를 표시하는 표지를 할 것

제14조(비상전원)

할론소화설비(호스릴할론소화설비를 제외한다)의 비상전원은 자가발전설비, 축전지설비(제어반에 내장하는 경우를 포함한다)또는 전기저장장치(외부 전기에너지를 저장해 두었다가 필요한 때 전기를 공급하는 장치)로서 다음 각 호의 기준에 따라 설치하여야 한다. 다만, 2 이상의 변전소(「전기사업법」제67조에 따른 변전소를 말한다. 이하 같다)에서 전력을 동시에 공급받을 수 있거나 하나의 변전소로부터 전력의 공급이 중단되는 때에는 자동으로 다른 변전소로부터 전력을 공급받을 수 있도록 상용전원을 설치한 경우에는 비상전원을 설치하지 아니할 수 있다.

1. 점검에 편리하고 화재 및 침수 등의 재해로 인한 피해를 받을 우려가 없는 곳에 설치할 것
2. 할론소화설비를 유효하게 20분 이상 작동할 수 있어야 할 것

3. 상용전원으로부터 전력의 공급이 중단된 때에는 자동으로 비상전원으로부터 전력을 공급받을 수 있도록 할 것
4. 비상전원의 설치장소는 다른 장소와 방화구획 할 것. 이 경우 그 장소에는 비상전원의 공급에 필요한 기구나 설비외의 것(열병합발전설비에 필요한 기구나 설비는 제외한다)을 두어서는 아니 된다.
5. 비상전원을 실내에 설치하는 때에는 그 실내에 비상조명등을 설치할 것

제15조(설계프로그램)

할론소화설비를 컴퓨터프로그램을 이용하여 설계할 경우에는 「가스계소화설비의 설계프로그램 성능인증 및 제품검사의 기술기준」에 적합한 설계프로그램을 사용하여야 한다.

제16조(설치·유지기준의 특례)

소방본부장 또는 소방서장은 기존건축물이 증축·개축·대수선되거나 용도변경 되는 경우에 있어서 이 기준이 정하는 기준에 따라 해당 건축물에 설치하여야 할 할론소화설비의 배관·배선 등의 공사가 현저하게 곤란하다고 인정되는 경우에는 해당 설비의 기능 및 사용에 지장이 없는 범위 안에서 할론소화설비의 설치·유지기준의 일부를 적용하지 아니할 수 있다.

제17조(재검토기한)

소방청장은 「훈령·예규 등의 발령 및 관리에 관한 규정」에 따라 이 고시에 대하여 2022년 1월 1일을 기준으로 매3년이 되는 시점(매 3년째의 12월 31일까지를 말한다)마다 그 타당성을 검토하여 개선 등의 조치를 하여야 한다.

12. 할로겐화합물 및 불활성기체소화설비의 화재안전기준(NFSC 107A)

제1조(목적)

이 기준은 「화재예방, 소방시설 설치·유지 및 안전관리에 관한 법률」 제9조제1항에 따라 소방청장에게 위임한 사항 중 물분무등소화설비인 할로겐화합물 및 불활성기체소화설비의 설치유지 및 안전관리에 관하여필요한 사항을 규정함을 목적으로 한다.

제2조(적용범위)

「화재예방, 소방시설 설치·유지 및 안전관리에 관한 법률 시행령」(이하 "영"이라 한다) 별표 5 제1호바목에 따른 물분무등소화설비 중 할로겐화합물 및 불활성기체소화설비는 이 기준에서 정하는 규정에 따라 설비를 설치하고 유지·관리하여야 한다.

제3조(정의)

이 기준에서 사용하는 용어의 정의는 다음과 같다.

1. "할로겐화합물 및 불활성기체소화약제"란 할로겐화합물(할론 1301, 할론 2402, 할론 1211 제외) 및 불활성기체로서 전기적으로 비전도성이며 휘발성이 있거나 증발 후 잔여물을 남기지 않는 소화약제를 말한다.
2. "할로겐화합물소화약제"란 불소, 염소, 브롬 또는 요오드 중 하나 이상의 원소를 포함하고 있는 유기화합물을 기본성분으로 하는 소화약제를 말한다.
3. "불활성기체소화약제"란 헬륨, 네온, 아르곤 또는 질소가스 중 하나 이상의 원소를 기본성분으로 하는 소화약제를 말한다.
4. "충진밀도"란 용기의 단위용적당 소화약제의 중량의 비율을 말한다.
5. "방화문"이란 「건축법 시행령」 제64조에 따른 갑종방화문 또는 을종방화문으로써 언제나 닫힌 상태를 유지하거나 화재로 인한 연기의 발생 또는 온도의 상승에 따라 자동적으로 닫히는 구조를 말한다.

제4조(종류)

소화설비에 적용되는 할로겐화합물 및 불활성기체소화약제는 다음 표에서 정하는 것에 한한다.

소 화 약 제	화 학 식
퍼플루오로부탄(이하 "FC-3-1-10"이라 한다)	C_4F_{10}
하이드로클로로플루오로카본혼화제(이하 "HCFC BLEND A"라 한다)	HCFC-123($CHCl_2CF_3$) : 4.75% HCFC-22($CHClF_2$) : 82% HCFC-124($CHClFCF_3$) : 9.5% $C_{10}H_{18}$: 3.75%
클로로테트라플루오로에탄(이하 "HCFC-124"라 한다)	$CHClFCF_3$
펜타플루오로에탄(이하 "HFC-125"라 한다)	CHF_2CF_3
헵타플루오로프로판(이하 "HFC-227ea"라 한다)	CF_3CHFCF_3
트리플루오로메탄(이하 "HFC-23"이라 한다)	CHF_3
헥사플루오로프로판(이하 "HFC-236fa"라 한다)	$CF_3CH_2CF_3$
트리플루오로이오다이드(이하 "FIC-1311"이라 한다)	CF_3I

소화약제	화학식
불연성 · 불활성기체혼합가스(이하 "IG-01"이라 한다)	Ar
불연성 · 불활성기체혼합가스(이하 "IG-100"이라 한다)	N_2
불연성 · 불활성기체혼합가스(이하 "IG-541"이라 한다)	N_2 : 52%, Ar : 40%, CO_2 : 8%
불연성 · 불활성기체혼합가스(이하 "IG-55"이라 한다)	N_2 : 50%, Ar : 50%
도데카플루오로-2-메틸펜탄-3원(이하 "FK-5-1-12"라 한다)	$CF_3CF_2C(0)CF(CF_3)_2$

제5조(설치제외)

할로겐화합물 및 불활성기체소화설비는 다음 각 호에서 정한 장소에는 설치할 수 없다.

1. 사람이 상주하는 곳으로써 제7조제2항의 최대허용설계농도를 초과하는 장소
2. 「위험물안전관리법 시행령」 별표 1의 제3류위험물 및 제5류위험물을 사용하는 장소. 다만, 소화성능이 인정되는 위험물은 제외한다.

제6조(저장용기)

① 할로겐화합물 및 불활성기체소화약제의 저장용기는 다음 각 호의 기준에 적합한 장소에 설치하여야 한다.

1. 방호구역외의 장소에 설치할 것. 다만, 방호구역 내에 설치할 경우에는 피난 및 조작이 용이하도록 피난구 부근에 설치하여야 한다.
2. 온도가 55℃ 이하이고 온도의 변화가 작은 곳에 설치할 것
3. 직사광선 및 빗물이 침투할 우려가 없는 곳에 설치할 것
4. 저장용기를 방호구역 외에 설치한 경우에는 방화문으로 구획된 실에 설치할 것
5. 용기의 설치장소에는 해당 용기가 설치된 곳임을 표시하는 표지를 할 것
6. 용기간의 간격은 점검에 지장이 없도록 3cm 이상의 간격을 유지할 것
7. 저장용기와 집합관을 연결하는 연결배관에는 체크밸브를 설치할 것. 다만, 저장용기가 하나의 방호구역만을 담당하는 경우에는 그러하지 아니하다.

② 할로겐화합물 및 불활성기체소화약제의 저장용기는 다음 각 호의 기준에 적합하여야 한다.

1. 저장용기의 충전밀도 및 충전압력은 별표 1에 따를 것
2. 저장용기는 약제명·저장용기의 자체중량과 총중량·충전일시·충전압력 및 약제의 체적을 표시할 것
3. 집합관에 접속되는 저장용기는 동일한 내용적을 가진 것으로 충전량 및 충전압력이 같도록 할 것

4. 저장용기에 충전량 및 충전압력을 확인할 수 있는 장치를 하는 경우에는 해당 소화약제에 적합한 구조로 할 것
5. 저장용기의 약제량 손실이 5%를 초과하거나 압력손실이 10%를 초과할 경우에는 재충전하거나 저장용기를 교체할 것. 다만, 불활성기체 소화약제 저장용기의 경우에는 압력손실이 5%를 초과할 경우 재충전하거나 저장용기를 교체하여야한다.

③ 하나의 방호구역을 담당하는 저장용기의 소화약제의 체적합계보다 소화약제의 방출시 방출경로가 되는 배관(집합관을 포함한다)의 내용적의 비율이 할로겐화합물 및 불활성기체소화약제 제조업체(이하 "제조업체"라 한다)의 설계기준에서 정한 값 이상일 경우에는 해당 방호구역에 대한 설비는 별도 독립방식으로 하여야 한다.

제7조(소화약제량의 산정)

① 소화약제의 저장량은 다음 각 호의 기준에 따른다.

1. 할로겐화합물소화약제는 다음 공식에 따라 산출한 양 이상으로 할 것

$W = V/S \times [C/(100 - C)]$

W : 소화약제의 무게(kg)

V : 방호구역의 체적(m^3)

S : 소화약제별 선형상수($K1 + K2 \times t$)(m^3/kg)

소화약제	K_1	K_2
〈삭제〉	〈삭제〉	〈삭제〉
FC-3-1-10	0.094104	0.00034455
HCFC BLEND A	0.2413	0.00088
HCFC-124	0.1575	0.0006
HFC-125	0.1825	0.0007
HFC-227ea	0.1269	0.0005
HFC-23	0.3164	0.0012
HFC-236fa	0.1413	0.0006
FIC-1311	0.1138	0.0005
FK-5-1-12	0.0664	0.0002741

C : 체적에 따른 소화약제의 설계농도(%)

t : 방호구역의 최소예상온도(℃)

2. 불활성기체소화약제는 다음 공식에 따라 산출한 양 이상으로 할 것

$X = 2.303(Vs/S) \times \log 10(100/(100 - C))$

X : 공간체적당 더해진 소화약제의 부피(m^3/m^3)

S : 소화약제별 선형상수(K1+K2×t)(m^3/kg)

소화약제	K_1	K_2
IG-01	0.5685	0.00208
IG-100	0.7997	0.00293
IG-541	0.65799	0.00239
IG-55	0.6598	0.00242

C : 체적에 따른 소화약제의 설계농도(%)

Vs : 20℃에서 소화약제의 비체적(m^3/kg)

t : 방호구역의 최소예상온도(℃)

3. 체적에 따른 소화약제의 설계농도(%)는 상온에서 제조업체의 설계기준에서 정한 실험수치를 적용한다. 이 경우 설계농도는 소화농도(%)에 안전계수(A·C급화재 1.2, B급화재 1.3)를 곱한 값으로 할 것

② 제1항의 기준에 의해 산출한 소화약제량은 사람이 상주하는 곳에서는 별표 2에 따른 최대허용설계농도를 초과할 수 없다.

③ 방호구역이 둘 이상인 장소의 소화설비가 제6조제3항의 기준에 해당하지 않는 경우에 한하여 가장 큰 방호구역에 대하여 제1항의 기준에 의해 산출한 양 이상이 되도록 하여야 한다.

제8조(기동장치)

할로겐화합물 및 불활성기체소화설비는 다음 각 호의 기준에 따라 설치하여야 한다.

1. 수동식 기동장치는 다음 각 목의 기준에 따라 설치할 것 이 경우 수동식 기동장치의 부근에는 소화약제의 방출을 지연시킬 수 있는 비상스위치(자동복귀형 스위치로서 수동식 기동장치의 타이머를 순간 정지시키는 기능의 스위치를 말한다)를 설치하여야 한다.
   가. 방호구역마다 설치
   나. 해당 방호구역의 출입구부근 등 조작을 하는 자가 쉽게 피난할 수 있는 장소에 설치할 것
   다. 기동장치의 조작부는 바닥으로부터 0.8m 이상 1.5m 이하의 위치에 설치하고, 보호판 등에 따른 보호장치를 설치할 것
   라. 기동장치에는 가깝고 보기 쉬운 곳에 "할로겐화합물 및 불활성기체소화설비 기동장치"라는 표지를 할 것
   마. 전기를 사용하는 기동장치에는 전원표시등을 설치할 것
   바. 기동장치의 방출용스위치는 음향경보장치와 연동하여 조작될 수 있는 것으로 할 것
   사. 5kg 이하의 힘을 가하여 기동할 수 있는 구조로 설치

2. 자동식 기동장치는 자동화재탐지설비의 감지기의 작동과 연동하는 것으로서 다음 각 목의 기준에 따라 설치할 것.
   가. 자동식 기동장치에는 제1호의 기준에 따른 수동식 기동장치를 함께치할 것
   나. 기계식, 전기식 또는 가스압력식에 따른 방법으로 기동하는 구조로 설치할 것
3. 할로겐화합물 및 불활성기체소화설비가 설치된 구역의 출입구에는 소화약제가 방출되고 있음을 나타내는 표시등을 설치할 것

제9조(제어반등)

할로겐화합물 및 불활성기체소화설비의 제어반 및 화재표시반은 다음 각 호의 기준에 따라 설치하여야 한다. 다만, 자동화재탐지설비의 수신기의 제어반이 화재표시반의 기능을 가지고 있는 것은 화재표시반을 설치하지 아니할 수 있다.

1. 제어반은 수동기동장치 또는 감지기에서의 신호를 수신하여 음향경보장치의 작동, 소화약제의 방출 또는 지연 기타의 제어기능을 가진 것으로 하고, 제어반에는 전원표시등을 설치할 것
2. 화재표시반은 제어반에서의 신호를 수신하여 작동하는 기능을 가진 것으로 하되, 다음 각 목의 기준에 따라 설치할 것
   가. 각 방호구역마다 음향경보장치의 조작 및 감지기의 작동을 명시하는 표시등과 이와 연동하여 자동하는 벨·부저 등의 경보기를 설치할 것. 이 경우 음향경보장치의 조작 및 감지기의 작동을 명시하는 표시등을 겸용 할 수 있다.
   나. 수동식 기동장치는 그 방출용스위치의 작동을 명시하는 표시등을 설치할 것
   다. 소화약제의 방출을 명시하는 표시등을 설치할 것
   라. 자동식 기동장치는 자동·수동의 절환을 명시하는 표시등을 설치할 것
3. 제어반 및 화재표시반의 설치장소는 화재에 따른 영향, 진동 및 충격에 따른 영향 및 부식의 우려가 없고 점검에 편리한 장소에 설치할 것
4. 제어반 및 화재표시반에는 해당 회로도 및 취급설명서를 비치할 것

제10조(배관)

① 할로겐화합물 및 불활성기체소화설비의 배관은 다음 각 호의 기준에 따라 설치하여야 한다.
   1. 배관은 전용으로 할 것
   2. 배관·배관부속 및 밸브류는 저장용기의 방출내압을 견딜 수 있어야 하며 다음 각 목의 기

준에 적합할 것. 이 경우 설계내압은 별표 1에서 정한 최소사용설계압력 이상으로 하여야 한다.

가. 강관을 사용하는 경우의 배관은 압력배관용탄소강관(KS D 3562) 또는 이와 동등 이상의 강도를 가진 것으로서 아연도금 등에 따라 방식처리된 것을 사용할 것

나. 동관을 사용하는 경우의 배관은 이음이 없는 동 및 동합금관(KS D 5301)의 것을 사용할 것

다. 배관의 두께는 다음의 계산식에서 구한 값(t) 이상일 것 다만, 방출헤드 설치부는 제외한다.

관의 두께$(t)=\frac{PD}{2SE}+A$

P : 최대허용압력(KPa)

D : 배관의 바깥지름(mm)

SE : 최대허용응력(KPa)(배관재질 인장강도의 1/4값과 항복점의 2/3값 중 적은 값×배관이음효율×1.2)

A : 나사이음, 홈이음 등의 허용 값(mm)(헤드설치부분은 제외한다)

- 나사이음 : 나사의 높이
- 절단홈이음 : 홈의 깊이
- 용접이음 : 0

※ 배관이음효율

- 이음매 없는 배관 : 1.0
- 전기저항 용접배관 : 0.85
- 가열맞대기 용접배관 : 0.60

3. 배관부속 및 밸브류는 강관 또는 동관과 동등 이상의 강도 및 내식성이 있는 것으로 할 것

② 배관과 배관, 배관과 배관부속 및 밸브류의 접속은 나사접합, 용접접합, 압축접합 또는 플랜지접합 등의 방법을 사용하여야 한다.

③ 배관의 구경은 해당 방호구역에 할로겐화합물소화약제는 10초 이내에, 불활성기체소화약제는 A·C급 화재 2분, B급 화재 1분 이내에 방호구역 각 부분에 최소설계농도의 95% 이상 해당하는 약제량이 방출되도록 하여야 한다.

제11조(분사헤드)

① 분사헤드는 다음 각 호의 기준에 따라야 한다.

1. 분사헤드의 설치높이는 방호구역의 바닥으로부터 최소 0.2m 이상 최대 3.7m 이하로 하여야 하며 천장높이가 3.7m를 초과할 경우에는 추가로 다른 열의 분사헤드를 설치할 것. 다만, 분사헤드의 성능인정 범위내에서 설치하는 경우에는 그러하지 아니하다.
2. 분사헤드의 갯수는 방호구역에 제10조제3항을 충족되도록 설치할 것
3. 분사헤드에는 부식방지조치를 하여야 하며 오리피스의 크기, 제조일자, 제조업체가 표시되도록 할 것

② 분사헤드의 방출율 및 방출압력은 제조업체에서 정한 값으로 한다.

③ 분사헤드의 오리피스의 면적은 분사헤드가 연결되는 배관구경면적의 70%를 초과하여서는 아니 된다.

제12조(선택밸브)

하나의 특정소방대상물 또는 그 부분에 2 이상의 방호구역이 있어 소화약제의 저장용기를 공용하는 경우에 있어서 방호구역마다 선택밸브를 설치하고 선택밸브에는 각각의 방호구역을 표시하여야 한다.

제13조(자동식기동장치의 화재감지기)

할로겐화합물 및 불활성기체소화설비의 자동식 기동장치는 다음 각 호의 기준에 따른 화재감지기를 설치하여야 한다.

1. 각 방호구역내의 화재감지기의 감지에 따라 작동되도록 할 것
2. 화재감지기의 회로는 교차회로방식으로 설치할 것. 다만, 화재감지기를 「자동화재탐지설비의 화재안전기준(NFSC 203)」제7조제1항 단서의 각 호의 감지기로 설치하는 경우에는 그러하지 아니하다.
3. 교차회로내의 각 화재감지기회로별로 설치된 화재감지기 1개가 담당하는 바닥면적은 「자동화재탐지설비의 화재안전기준(NFSC 203)」제7조제3항제5호·제8호부터 제10호까지의 규정에 따른 바닥면적으로 할 것

제14조(음향경보장치)

① 할로겐화합물 및 불활성기체소화설비의 음향경보장치는 다음 각 호의 기준에 따라 설치하여야 한다.

1. 수동식 기동장치를 설치한 것은 그 기동장치의 조작과정에서, 자동식 기동장치를 설치한

것은 화재감지기와 연동하여 자동으로 경보를 발하는 것으로 할 것
2. 소화약제의 방사개시 후 1분 이상 경보를 계속할 수 있는 것으로 할 것
3. 방호구역 또는 방호대상물이 있는 구획 안에 있는 자에게 유효하게 경보할 수 있는 것으로 할 것

② 방송에 따른 경보장치를 설치할 경우에는 다음 각 호의 기준에 따라야 한다.
1. 증폭기 재생장치는 화재시 연소의 우려가 없고, 유지관리가 쉬운 장소에 설치할 것
2. 방호구역 또는 방호대상물이 있는 구획의 각 부분으로부터 하나의 확성기까지의 수평거리는 25m 이하가 되도록 할 것
3. 제어반의 복구스위치를 조작하여도 경보를 계속 발할 수 있는 것으로 할 것

제15조(자동폐쇄장치)

할로겐화합물 및 불활성기체소화설비를 설치한 특정소방대상물 또는 그 부분에 대하여는 다음 각 호의 기준에 따라 자동폐쇄장치를 설치하여야 한다.
1. 환기장치를 설치한 것은 할로겐화합물 및 불활성기체소화약제가 방사되기 전에 해당 환기장치가 정지할 수 있도록 할 것
2. 개구부가 있거나 천장으로부터 1m 이상의 아래 부분 또는 바닥으로부터 해당층의 높이의 3분의 2 이내의 부분에 통기구가 있어 할로겐화합물 및 불활성기체소화약제의 유출에 따라 소화효과를 감소시킬 우려가 있는 것은 할로겐화합물 및 불활성기체소화약제가 방사되기 전에 당해 개구부 및 통기구를 폐쇄할 수 있도록 할 것
3. 자동폐쇄장치는 방호구역 또는 방호대상물이 있는 구획의 밖에서 복구 할 수 있는 구조로 하고, 그 위치를 표시하는 표지를 할 것

제16조(비상전원)

할로겐화합물 및 불활성기체소화설비의 비상전원은 자가발전설비, 축전지설비(제어반에 내장하는 경우를 포함한다) 또는 전기저장장치(외부 전기에너지를 저장해 두었다가 필요한 때 전기를 공급하는 장치)로서 다음 각 호의 기준에 따라 설치하여야 한다. 다만, 2 이상의 변전소(「전기사업법」제67조에 따른 변전소를 말한다. 이하 같다)에서 전력을 동시에 공급받을 수 있거나 하나의 변전소로부터 전력의 공급이 중단되는 때에는 자동으로 다른 변전소로부터 전력을 공급받을 수 있도록 상용전원을 설치한 경우에는 비상전원을 설치하지 아니할 수 있다.

1. 점검에 편리하고 화재 및 침수 등의 재해로 인한 피해를 받을 우려가 없는 곳에 설치할 것
2. 할로겐화합물 및 불활성기체소화설비를 유효하게 20분 이상 작동할 수 있어야 할 것
3. 상용전원으로부터 전력의 공급이 중단된 때에는 자동으로 비상전원으로부터 전력을 공급받을 수 있도록 할 것
4. 비상전원의 설치장소는 다른 장소와 방화구획 할 것. 이 경우 그 장소에는 비상전원의 공급에 필요한 기구나 설비외의 것(열병합발전설비에 필요한 기구나 설비는 제외한다)을 두어서는 아니 된다.
5. 비상전원을 실내에 설치하는 때에는 그 실내에 비상조명등을 설치할 것

제17조(과압배출구)

할로겐화합물 및 불활성기체소화설비의 방호구역에 소화약제가 방출시 과압으로 인하여 구조물 등에 손상이 생길 우려가 있는 장소에는 과압배출구를 설치하여야한다.

제18조(설계프로그램)

할로겐화합물 및 불활성기체소화설비를 컴퓨터프로그램을 이용하여 설계할 경우에는 「가스계 소화설비의 설계프로그램 성능인증 및 제품검사의 기술기준」에 적합한 설계프로그램을 사용하여야 한다.

제19조(설치·유지기준의 특례)

소방본부장 또는 소방서장은 기존건축물이 증축·개축·대수선되거나 용도변경 되는 경우에 있어서 이 기준이 정하는 기준에 따라 해당 건축물에 설치하여야 할 할로겐화합물 및 불활성기체소화설비의 배관·배선 등의 공사가 현저하게 곤란하다고 인정되는 경우에는 해당 설비의 기능 및 사용에 지장이 없는 범위 안에서 할로겐화합물 및 불활성기체소화설비의 설치·유지기준의 일부를 적용하지 아니할 수 있다.

제20조(재검토기한)

소방청장은 「훈령·예규 등의 발령 및 관리에 관한 규정」에 따라 이 고시에 대하여 2017년 7월 1일을 기준으로 매3년이 되는 시점(매 3년째의 6월 30일까지를 말한다)마다 그 타당성을 검토하여 개선 등의 조치를 하여야 한다.

13. 분말소화설비의 화재안전기준(NFSC 108)

제1조(목적)

이 기준은 「화재예방, 소방시설 설치·유지 및 안전관리에 관한 법률」 제9조제1항에 따라 소방청장에게 위임한 사항 중 분말소화설비의 설치·유지 및 안전관리에 필요한 사항을 규정함을 목적으로 한다.

제2조(적용범위)

「화재예방, 소방시설 설치·유지 및 안전관리에 관한 법률 시행령」(이하 "영"이라 한다) 별표 5 제1호바목에 따른 물분무등소화설비 중 분말소화설비는 이 기준에서 정하는 규정에 따른 설비를 설치하고 유지관리 하여야 한다.

제3조(정의)

이 기준에서 사용하는 용어의 정의는 다음과 같다.

1. "전역방출방식"이란 고정식 분말소화약제 공급장치에 배관 및 분사헤드를 고정 설치하여 밀폐 방호구역내에 분말소화약제를 방출하는 설비를 말한다.
2. "국소방출방식"이란 고정식 분말소화약제 공급장치에 배관 및 분사헤드를 설치하여 직접 화점에 분말소화약제를 방출하는 설비로 화재발생 부분에만 집중적으로 소화약제를 방출하도록 설치하는 방식을 말한다.
3. "호스릴방식"이란 분사헤드가 배관에 고정되어 있지 않고 소화약제 저장용기에 호스를 연결하여 사람이 직접 화점에 소화약제를 방출하는 이동식 소화설비를 말한다.
4. "충전비"란 용기의 용적과 소화약제의 중량과의 비율을 말한다.
5. "집합관"이란 분말소화설비의 가압용가스(질소 또는 이산화탄소)와 분말소화약제가 혼합되는 관을 말한다.
6. "교차회로방식"이란 하나의 방호구역 내에 2 이상의 화재감지기회로를 설치하고 인접한 2 이상의 화재감지기가 동시에 감지되는 때에는 분말소화설비가 작동하여 소화약제가 방출되는 방식을 말한다.
7. "방화문"이란 「건축법 시행령」 제64조에 따른 갑종방화문 또는 을종방화문으로써 언제나 닫힌 상태를 유지하거나 화재로 인한 연기의 발생 또는 온도의 상승에 따라 자동적으로 닫히는 구조를 말한다.

제4조(저장용기)

① 분말소화약제의 저장용기는 다음 각 호의 기준에 적합한 장소에 설치하여야 한다.

1. 방호구역외의 장소에 설치할 것. 다만, 방호구역 내에 설치할 경우에는 피난 및 조작이 용이하도록 피난구 부근에 설치하여야 한다.
2. 온도가 40℃이하이고, 온도변화가 적은 곳에 설치할 것
3. 직사광선 및 빗물이 침투할 우려가 없는 곳에 설치할 것
4. 방화문으로 구획된 실에 설치할 것
5. 용기의 설치장소에는 해당용기가 설치된 곳임을 표시하는 표지를 할 것
6. 용기간의 간격은 점검에 지장이 없도록 3cm 이상의 간격을 유지할 것
7. 저장용기와 집합관을 연결하는 연결배관에는 체크밸브를 설치할 것. 다만, 저장용기가 하나의 방호구역만을 담당하는 경우에는 그러하지 아니하다.

② 분말소화약제의 저장용기는 다음 각 호의 기준에 따라 설치하여야 한다.

1. 저장용기의 내용적은 다음 표에 따를 것

소화약제의 종별	소화약제 1kg당 저장용기의 내용적
제1종 분말(탄산수소나트륨을 주성분으로 한 분말)	0.8 l
제2종 분말(탄산수소칼륨을 주성분으로 한 분말)	1 l
제3종 분말(인산염을 주성분으로 한 분말)	1 l
제4종 분말(탄산수소칼륨과 요소가 화합된 분말)	1.25 l

2. 저장용기에는 가압식은 최고사용압력의 1.8배 이하, 축압식은 용기의 내압시험압력의 0.8배 이하의 압력에서 작동하는 안전밸브를 설치할 것
3. 저장용기에는 저장용기의 내부압력이 설정압력으로 되었을 때 주밸브를 개방하는 정압작동장치를 설치할 것
4. 저장용기의 충전비는 0.8 이상으로 할 것
5. 저장용기 및 배관에는 잔류 소화약제를 처리할 수 있는 청소장치를 설치할 것
6. 축압식의 분말소화설비는 사용압력의 범위를 표시한 지시압력계를 설치할 것

제5조(가압용가스용기)

① 분말소화약제의 가스용기는 분말소화약제의 저장용기에 접속하여 설치하여야 한다.

② 분말소화약제의 가압용가스 용기를 3병 이상 설치한 경우에는 2개 이상의 용기에 전자개방밸브를 부착하여야 한다.

③ 분말소화약제의 가압용가스 용기에는 2.5 MPa 이하의 압력에서 조정이 가능한 압력조정기

를 설치하여야 한다.

④ 가압용가스 또는 축압용가스는 다음 각 호의 기준에 따라 설치하여야 한다.

1. 가압용가스 또는 축압용가스는 질소가스 또는 이산화탄소로 할 것
2. 가압용가스에 질소가스를 사용하는 것의 질소가스는 소화약제 1kg마다 40L(35℃에서 1기압의 압력상태로 환산한 것) 이상, 이산화탄소를 사용하는 것의 이산화탄소는 소화약제 1kg에 대하여 20g에 배관의 청소에 필요한 양을 가산한 양 이상으로 할 것
3. 축압용가스에 질소가스를 사용하는 것의 질소가스는 소화약제 1kg에 대하여 10L(35℃에서 1기압의 압력상태로 환산한 것) 이상, 이산화탄소를 사용하는 것의 이산화탄소는 소화약제 1kg에 대하여 20g에 배관의 청소에 필요한 양을 가산한 양 이상으로 할 것
4. 배관의 청소에 필요한 양의 가스는 별도의 용기에 저장할 것

제6조(소화약제)

① 분말소화설비에 사용하는 소화약제는 제1종분말·제2종분말·제3종분말 또는 제4종분말로 하여야 한다. 다만, 차고 또는 주차장에 설치하는 분말소화설비의 소화약제는 제3종분말로 하여야 한다.

② 분말소화약제의 저장량은 다음 각 호의 기준에 따라야 한다. 이 경우 동일한 특정소방대상물 또는 그 부분에 2 이상의 방호구역 또는 방호대상물이 있는 경우에는 각 방호구역 또는 방호대상물에 대하여 다음 각 호의 기준에 따라 산출한 저장량 중 최대의 것으로 할 수 있다.

1. 전역방출방식은 다음 각 목의 기준에 따라 산출한 양 이상으로 할 것

가. 방호구역의 체적 $1m^3$에 대하여 다음 표에 따른 양

소화약제의 종별	방호구역의 체적 $1m^3$에 대한 소화약제의 양
제1종 분말	0.60kg
제2종 분말 또는 제3종 분말	0.36kg
제4종 분말	0.24kg

나. 방호구역의 개구부에 자동폐쇄장치를 설치하지 아니한 경우에는 가목에 따라 산출한 양에 다음 표에 따라 산출한 양을 가산한 양

소화약제의 종별	가산량(개구부의 면적 $1m^2$에 대한 소화약제의 양
제1종 분말	4.5kg
제2종 분말 또는 제3종 분말	2.7kg
제4종 분말	1.8kg

2. 국소방출방식은 다음의 기준에 따라 산출한 양에 1.1을 곱하여 얻은 양 이상으로 할 것

$$Q = X - Y\frac{a}{A}$$

Q : 방호공간(방호대상물의 각 부분으로부터 0.6m의 거리에 따라 둘러싸인 공간을 말한다. 이하 같다) $1m^3$에 대한 분말소화약제의 양(kg/m^3)

a : 방호대상물 주변에 설치된 벽면적의 합계(m^2)

A : 방호공간의 벽면적(벽에 없는 경우에는 벽이 있는 것으로 가정한 당해 부분의 면적)의 합계(m^2)

X 및 Y : 다음 표의 수치

소화약제의 종별	X의 수치	Y의 수치
제1종 분말	5.2	3.9
제2종 분말 또는 제3종 분말	3.2	2.4
제4종 분말	2.0	1.5

3. 호스릴분말소화설비는 하나의 노즐에 대하여 다음 표에 따른 양 이상으로 할 것

소화약제의 종별	소화약제의 양
제1종 분말	50kg
제2종 분말 또는 제3종 분말	30kg
제4종 분말	20kg

제7조(기동장치)

① 분말소화설비의 수동식 기동장치는 다음 각 호의 기준에 따라 설치하여야 한다. 이 경우 수동식 기동장치의 부근에는 소화약제의 방출을 지연시킬 수 있는 비상스위치(자동복귀형 스위치로서 수동식 기동장치의 타이머를 순간정지 시키는 기능의 스위치를 말한다)를 설치하여야 한다.

1. 전역방출방식은 방호구역마다, 국소방출방식은 방호대상물마다 설치할 것
2. 해당 방호구역의 출입구부분 등 조작을 하는 자가 쉽게 피난할 수 있는 장소에 설치할 것
3. 기동장치의 조작부는 바닥으로부터 높이 0.8m 이상 1.5m 이하의 위치에 설치하고, 보호판 등에 따른 보호장치를 설치할 것
4. 기동장치에는 그 가까운 곳의 보기 쉬운 곳에 "분말소화설비 기동장치"라고 표시한 표지를 할 것
5. 전기를 사용하는 기동장치에는 전원표시등을 설치할 것

6. 기동장치의 방출용스위치는 음향경보장치와 연동하여 조작될 수 있는 것으로 할 것

② 분말소화설비의 자동식 기동장치는 자동화재탐지설비의 감지기의 작동과 연동하는 것으로서 다음 각 호의 기준에 따라 설치하여야 한다.

1. 자동식 기동장치에는 수동으로도 기동할 수 있는 구조로 할 것
2. 전기식 기동장치로서 7병 이상의 저장용기를 동시에 개방하는 설비는 2병 이상의 저장용기에 전자개방밸브를 부착할 것
3. 가스압력식 기동장치는 다음 각 목의 기준에 따를 것
   가. 기동용 가스용기 및 해당 용기에 사용하는 밸브는 25MPa 이상의 압력에 견딜 수 있는 것으로 할 것
   나. 기동용가스용기에는 내압시험압력의 0.8배 내지 내압시험압력 이하에서 작동하는 안전장치를 설치할 것
   다. 기동용 가스용기의 용적은 1L 이상으로 하고, 해당 용기에 저장하는 이산화탄소의 양은 0.6kg 이상으로 하며, 충전비는 1.5 이상으로 할 것
4. 기계식 기동장치는 저장용기를 쉽게 개방할 수 있는 구조로 할 것

③ 분말소화설비가 설치된 부분의 출입구 등의 보기 쉬운 곳에 소화약제의 방사를 표시하는 표시등을 설치하여야 한다.

제8조(제어반등)

분말소화설비의 제어반 및 화재표시반은 다음 각 호의 기준에 따라 설치하여야 한다. 다만, 자동화재탐지설비의 수신기의 제어반이 화재표시반의 기능을 가지고 있는 것은 화재표시반을 설치하지 아니할 수 있다.

1. 제어반은 수동기동장치 또는 감지기에서의 신호를 수신하여 음향경보장치의 작동, 소화약제의 방출 또는 지연 기타의 제어기능을 가진 것으로 하고, 제어반에는 전원표시등을 설치할 것
2. 화재표시반은 제어반에서의 신호를 수신하여 작동하는 기능을 가진 것으로 하되, 다음 각 목의 기준에 따라 설치할 것
   가. 각 방호구역마다 음향경보장치의 조작 및 감지기의 작동을 명시하는 표시등과 이와 연동하여 작동하는 벨·부저 등의 경보기를 설치할 것. 이 경우 음향경보장치의 조작 및 감지기의 작동을 명시하는 표시등을 겸용할 수 있다.
   나. 수동식 기동장치는 그 방출용스위치의 작동을 명시하는 표시등을 설치할 것

다. 소화약제의 방출을 명시하는 표시등을 설치할 것

라. 자동식 기동장치는 자동·수동의 절환을 명시하는 표시등을 설치할 것

3. 제어반 및 화재표시반의 설치장소는 화재에 따른 영향, 진동 및 충격에 따른 영향 및 부식의 우려가 없고 점검에 편리한 장소에 설치할 것

4. 제어반 및 화재표시반에는 해당 회로도 및 취급설명서를 비치할 것

제9조(배관)

분말소화설비의 배관은 다음 각 호의 기준에 따라 설치하여야 한다.

1. 배관은 전용으로 할 것
2. 강관을 사용하는 경우의 배관은 아연도금에 따른 배관용탄소강관(KS D 3507)이나 이와 동등 이상의 강도·내식성 및 내열성을 가진 것으로 할 것. 다만, 축압식분말소화설비에 사용하는 것 중 20 ℃에서 압력이 2.5MPa 이상 4.2MPa 이하인 것은 압력배관용탄소강관(KS D 3562)중 이음이 없는 스케줄 40 이상의 것 또는 이와 동등 이상의 강도를 가진 것으로서 아연도금으로 방식처리된 것을 사용하여야 한다.
3. 동관을 사용하는 경우의 배관은 고정압력 또는 최고사용압력의 1.5배 이상의 압력에 견딜 수 있는 것을 사용할 것
4. 밸브류는 개폐위치 또는 개폐방향을 표시한 것으로 할 것
5. 배관의 관부속 및 밸브류는 배관과 동등 이상의 강도 및 내식성이 있는 것으로 할 것
6. 분기배관을 사용할 경우에는 법 제39조에 따라 제품검사에 합격한 것으로 설치하여야 한다.

제10조(선택밸브)

하나의 특정소방대상물 또는 그 부분에 2 이상의 방호구역 또는 방호대상물이 있어 분말소화설비 저장용기를 공용하는 경우에는 다음 각 호의 기준에 따라 선택밸브를 설치하여야 한다.

1. 방호구역 또는 방호대상물마다 설치할 것
2. 각 선택밸브에는 그 담당방호구역 또는 방호대상물을 표시할 것

제11조(분사헤드)

① 전역방출방식의 분말소화설비의 분사헤드는 다음 각 호의 기준에 따라 설치하여야 한다.

1. 방사된 소화약제가 방호구역의 전역에 균일하고 신속하게 확산할 수 있도록 할 것
2. 제6조에 따른 소화약제 저장량을 30초 이내에 방사할 수 있는 것으로 할 것

② 국소방출방식의 분말소화설비의 분사헤드는 다음 각 호의 기준에 따라 설치하여야 한다.

1. 소화약제의 방사에 따라 가연물이 비산하지 아니하는 장소에 설치할 것
2. 제6조제2항에 따른 기준저장량의 소화약제를 30초 이내에 방사할 수 있는 것으로 할 것

③ 화재 시 현저하게 연기가 찰 우려가 없는 장소로서 다음 각 호의 어느 하나에 해당하는 장소에는 호스릴분말소화설비를 설치할 수 있다.

1. 지상 1층 및 피난층에 있는 부분으로서 지상에서 수동 또는 원격조작에 따라 개방할 수 있는 개구부의 유효면적의 합계가 바닥면적의 15% 이상이 되는 부분
2. 전기설비가 설치되어 있는 부분 또는 다량의 화기를 사용하는 부분(해당 설비의 주위 5m 이내의 부분을 포함한다)의 바닥면적이 해당 설비가 설치되어 있는 구획의 바닥면적의 5분의 1 미만이 되는 부분

④ 호스릴분말소화설비는 다음 각 호의 기준에 따라 설치하여야 한다.

1. 방호대상물의 각 부분으로부터 하나의 호스접결구까지의 수평거리가 15m 이하가 되도록 할 것
2. 소화약제의 저장용기의 개방밸브는 호스릴의 설치장소에서 수동으로 개폐할 수 있는 것으로 할 것
3. 소화약제의 저장용기는 호스릴을 설치하는 장소마다 설치할 것
4. 노즐은 하나의 노즐마다 1분당 다음 표에 따른 소화약제를 방사할 수 있는 것으로 할 것

소화약제의 종별	1분당 방사하는 소화약제의 양
제1종 분말	45kg
제2종 분말 또는 제3종 분말	27kg
제4종 분말	18kg

5. 저장용기에는 그 가까운 곳의 보기 쉬운 곳에 적색의 표시등을 설치하고, 이동식분말소화설비가 있다는 뜻을 표시한 표지를 할 것

제12조(자동식기동장치의 화재감지기)

분말소화설비의 자동식 기동장치는 다음 각 호의 기준에 따른 화재감지기를 설치하여야 한다.

1. 각 방호구역내의 화재감지기의 감지에 따라 작동되도록 할 것
2. 화재감지기의 회로는 교차회로방식으로 설치할 것. 다만, 화재감지기를 「자동화재탐지설비의 화재안전기준(NFSC 203)」제7조제1항 단서의 각 호의 감지기로 설치하는 경우에는 그러하지 아니하다.

3. 교차회로내의 각 화재감지기회로별로 설치된 화재감지기 1개가 담당하는 바닥면적은 「자동화재탐지설비의 화재안전기준(NFSC 203)」 제7조제3항제5호·제8호부터 제10호까지의 규정에 따른 바닥면적으로 할 것

제13조(음향경보장치)

① 분말소화설비의 음향경보장치는 다음 각 호의 기준에 따라 설치하여야 한다.

1. 수동식 기동장치를 설치한 것은 그 기동장치의 조작과정에서, 자동식 기동장치를 설치한 것은 화재감지기와 연동하여 자동으로 경보를 발하는 것으로 할 것
2. 소화약제의 방사개시 후 1분 이상 계속 경보를 계속할 수 있는 것으로 할 것
3. 방호구역 또는 방호대상물이 있는 구획 안에 있는 자에게 유효하게 경보할 수 있는 것으로 할 것

② 방송에 따른 경보장치를 설치할 경우에는 다음 각 호의 기준에 따라야 한다.

1. 증폭기 재생장치는 화재 시 연소의 우려가 없고, 유지관리가 쉬운 장소에 설치할 것
2. 방호구역 또는 방호대상물이 있는 구획의 각 부분으로부터 하나의 확성기까지의 수평거리는 25m 이하가 되도록 할 것
3. 제어반의 복구스위치를 조작하여도 경보를 계속 발할 수 있는 것으로 할 것

제14조(자동폐쇄장치)

전역방출방식의 분말소화설비를 설치한 특정소방대상물 또는 그 부분에 대하여는 다음 각 호의 기준에 따라 자동폐쇄장치를 설치하여야 한다.

1. 환기장치를 설치한 것은 분말이 방사되기 전에 해당 환기장치가 정지할 수 있도록 할 것
2. 개구부가 있거나 천장으로부터 1m 이상의 아래 부분 또는 바닥으로부터 해당층의 높이의 3분의 2 이내의 부분에 통기구가 있어 분말의 유출에 따라 소화효과를 감소시킬 우려가 있는 것은 분말이 방사되기 전에 해당 개구부 및 통기구를 폐쇄할 수 있도록 할 것
3. 자동폐쇄장치는 방호구역 또는 방호대상물이 있는 구획의 밖에서 복구할 수 있는 구조로 하고, 그 위치를 표시하는 표지를 할 것

제15조(비상전원)

분말소화설비의 비상전원은 자가발전설비, 축전지설비(제어반에 내장하는 경우를 포함한다) 또는 전기저장장치(외부 전기에너지를 저장해 두었다가 필요한 때 전기를 공급하는 장치)로서 다

음 각 호의 기준에 따라 설치하여야 한다. 다만, 2 이상의 변전소(「전기사업법」 제67조에 따른 변전소를 말한다. 이하 같다)에서 전력을 동시에 공급받을 수 있거나 하나의 변전소로부터 전력의 공급이 중단되는 때에는 자동으로 다른 변전소로부터 전력을 공급받을 수 있도록 상용전원을 설치한 경우에는 비상전원을 설치하지 아니할 수 있다.

1. 점검에 편리하고 화재 및 침수 등의 재해로 인한 피해를 받을 우려가 없는 곳에 설치할 것
2. 분말소화설비를 유효하게 20분 이상 작동할 수 있어야 할 것
3. 상용전원으로부터 전력의 공급이 중단된 때에는 자동으로 비상전원으로부터 전력을 공급받을 수 있도록 할 것
4. 비상전원의 설치장소는 다른 장소와 방화구획 할 것. 이 경우 그 장소에는 비상전원의 공급에 필요한 기구나 설비외의 것(열병합발전설비에 필요한 기구나 설비는 제외한다)을 두어서는 아니 된다.
5. 비상전원을 실내에 설치하는 때에는 그 실내에 비상조명등을 설치할 것

제16조(설치·유지기준의 특례)

소방본부장 또는 소방서장은 기존건축물이 증축·개축·대수선되거나 용도변경 되는 경우에 있어서 이 기준이 정하는 기준에 따라 해당 건축물에 설치하여야 할 분말소화설비의 배관·배선 등의 공사가 현저하게 곤란하다고 인정되는 경우에는 해당 설비의 기능 및 사용에 지장이 없는 범위 안서 분말소화설비의 설치·유지기준의 일부를 적용하지 아니할 수 있다.

제17조(재검토 기한)

소방청장은 「훈령·예규 등의 발령 및 관리에 관한 규정」에 따라 이 고시에 대하여 2017년 1월 1일 기준으로 매3년이 되는 시점(매 3년째의 12월 31일까지를 말한다)마다 그 타당성을 검토하여 개선 등의 조치를 하여야 한다.

제18조(규제의 재검토)

「행정규제기본법」 제8조에 따라 2015년 1월 1일을 기준으로 매 3년이 되는 시점(매 3년째 12월 31일까지를 말한다)마다 그 타당성을 검토하여 개선 등의 조치를 하여야 한다.

14. 비상경보설비 및 단독경보형감지기의 화재안전기준(NFSC 201)

제1조(목적)

이 기준은 「화재예방, 소방시설 설치·유지 및 안전관리에 관한 법률」 제9조제1항에 따라 소방청장에게 위임한 사항 중 경보설비인 비상경보설비 및 단독경보형감지기의 설치·유지 및 안전관리에 필요한 사항을 규정함을 목적으로 한다.

제2조(적용범위)

「화재예방, 소방시설 설치·유지 및 안전관리에 관한 법률 시행령」(이하 "영"이라 한다) 별표 5 제2호가목과 바목에 따른 비상경보설비와 단독경보형감지기는 이 기준에서 정하는 규정에 따라 설비를 설치하고 유지·관리 하여야 한다.

제3조(정의)

이 기준에서 사용되는 용어의 정의는 다음과 같다.

1. "비상벨설비"란 화재발생 상황을 경종으로 경보하는 설비를 말한다.
2. "자동식사이렌설비"란 화재발생 상황을 사이렌으로 경보하는 설비를 말한다.
3. "단독경보형감지기"란 화재발생 상황을 단독으로 감지하여 자체에 내장된 음향장치로 경보하는 감지기를 말한다.
4. "발신기"란 화재발생 신호를 수신기에 수동으로 발신하는 장치를 말한다.
5. "수신기"란 발신기에서 발하는 화재신호를 직접 수신하여 화재의 발생을 표시 및 경보하여 주는 장치를 말한다.

제3조의2(신호처리방식)

화재신호 및 상태신호 등(이하 "화재신호 등"이라 한다)을 송수신하는 방식은 다음 각 호와 같다.

1. "유선식"은 화재신호 등을 배선으로 송·수신하는 방식의 것
2. "무선식"은 화재신호 등을 전파에 의해 송·수신하는 방식의 것
3. "유·무선식"은 유선식과 무선식을 겸용으로 사용하는 방식의 것

제4조(비상벨설비 또는 자동식사이렌설비)

① 비상벨설비 또는 자동식사이렌설비는 부식성가스 또는 습기 등으로 인하여 부식의 우려가 없는 장소에 설치하여야 한다.

② 지구음향장치는 특정소방대상물의 층마다 설치하되, 해당 특정소방대상물의 각 부분으로부터 하나의 음향장치까지의 수평거리가 25m 이하가 되도록 하고, 해당층의 각 부분에 유효하게 경보를 발할 수 있도록 설치하여야 한다. 다만, 「비상방송설비의 화재안전기준(NFSC 202)」에 적합한 방송설비를 비상벨설비 또는 자동식사이렌설비와 연동하여 작동하도록 설치한 경우에는 지구음향장치를 설치하지 아니할 수 있다.

③ 음향장치는 정격전압의 80% 전압에서 음향을 발할 수 있도록 하여야 한다. 다만, 건전지를 주전원으로 사용하는 음향장치는 그러하지 아니하다.

④ 음향장치의 음량은 부착된 음향장치의 중심으로부터 1m 떨어진 위치에서 90dB 이상이 되는 것으로 하여야 한다.

⑤ 발신기는 다음 각 호의 기준에 따라 설치하여야 한다. 다만, 지하구의 경우에는 발신기를 설치하지 아니할 수 있다.

1. 조작이 쉬운 장소에 설치하고, 조작스위치는 바닥으로부터 0.8m 이상 1.5m 이하의 높이에 설치할 것
2. 특정소방대상물의 층마다 설치하되, 해당 특정소방대상물의 각 부분으로부터 하나의 발신기까지의 수평거리가 25m 이하가 되도록 할 것. 다만, 복도 또는 별도로 구획된 실로서 보행거리가 40m 이상일 경우에는 추가로 설치하여야 한다.
3. 발신기의 위치표시등은 함의 상부에 설치하되, 그 불빛은 부착 면으로부터 15° 이상의 범위 안에서 부착지점으로부터 10m 이내의 어느 곳에서도 쉽게 식별할 수 있는 적색등으로 할 것

⑥ 비상벨설비 또는 자동식사이렌설비의 상용전원은 다음 각 호의 기준에 따라 설치하여야 한다.

1. 전원은 전기가 정상적으로 공급되는 축전지, 전기저장장치(외부 전기에너지를 저장해 두었다가 필요한 때 전기를 공급하는 장치) 또는 교류전압의 옥내 간선으로 하고, 전원까지의 배선은 전용으로 할 것
2. 개폐기에는 "비상벨설비 또는 자동식사이렌설비용"이라고 표시한 표지를 할 것

⑦ 비상벨설비 또는 자동식사이렌설비에는 그 설비에 대한 감시상태를 60분간 지속한 후 유효하게 10분 이상 경보할 수 있는 축전지설비(수신기에 내장하는 경우를 포함한다) 또는 전기저장장치(외부 전기에너지를 저장해 두었다가 필요한 때 전기를 공급하는 장치)를 설치하여야 한다. 다만, 상용전원이 축전지설비인 경우 또는 건전지를 주전원으로 사용하는 무선식

설비인 경우에는 그러하지 아니하다.

⑧ 비상벨설비 또는 자동식사이렌설비의 배선은 「전기사업법」 제67조에 따른 기술기준에서 정한 것 외에 다음 각 호의 기준에 따라 설치하여야 한다.

1. 전원회로의 배선은 「옥내소화전설비의 화재안전기준(NFSC 102)」 별표 1에 따른 내화배선에 의하고 그 밖의 배선은 「옥내소화전설비의 화재안전기준(NFSC 102)」 별표 1에 따른 내화배선 또는 내열배선에 따를 것
2. 전원회로의 전로와 대지 사이 및 배선상호간의 절연저항은 「전기사업법」 제67조에 따른 기술기준이 정하는 바에 의하고, 부속회로의 전로와 대지 사이 및 배선 상호간의 절연저항은 1경계구역마다 직류 250V의 절연저항측정기를 사용하여 측정한 절연저항이 0.1MΩ 이상이 되도록 할 것
3. 배선은 다른 전선과 별도의 관·덕트(절연효력이 있는 것으로 구획한 때에는 그 구획된 부분은 별개의 덕트로 본다)·몰드 또는 풀박스 등에 설치할 것. 다만, 60V 미만의 약전류회로에 사용하는 전선으로서 각각의 전압이 같을 때에는 그러하지 아니하다.

제5조(단독경보형감지기)

단독경보형감지기는 다음 각 호의 기준에 따라 설치하여야 한다.

1. 각 실(이웃하는 실내의 바닥면적이 각각 30m^2 미만이고 벽체의 상부의 전부 또는 일부가 개방되어 이웃하는 실내와 공기가 상호유통되는 경우에는 이를 1개의 실로 본다)마다 설치하되, 바닥면적이 150m^{2}를 초과하는 경우에는 150m^{2}마다 1개 이상 설치할 것
2. 최상층의 계단실의 천장(외기가 상통하는 계단실의 경우를 제외한다)에 설치할 것
3. 건전지를 주전원으로 사용하는 단독경보형감지기는 정상적인 작동상태를 유지할 수 있도록 건전지를 교환할 것
4. 상용전원을 주전원으로 사용하는 단독경보형감지기의 2차전지는 법 제39조에 따라 제품검사에 합격한 것을 사용할 것

제6조(설치·유지기준의 특례)

소방본부장 또는 소방서장은 기존건축물이 증축·개축·대수선되거나 용도변경 되는 경우에 있어서 이 기준이 정하는 기준에 따라 해당 건축물에 설치하여야 할 비상경보설비의 배관·배선 등의 공사가 현저하게 곤란하다고 인정되는 경우에는 해당 설비의 기능 및 사용에 지장이 없는 범위 안에서 비상경보설비의 설치·유지기준의 일부를 적용하지 아니할 수 있다.

제7조(재검토 기한)

소방청장은 「훈령·예규 등의 발령 및 관리에 관한 규정」에 따라 이 고시에 대하여 2017년 1월 1일 기준으로 매3년이 되는 시점(매 3년째의 12월 31일까지를 말한다)마다 그 타당성을 검토하여 개선 등의 조치를 하여야 한다.

제8조(규제의 재검토)

「행정규제기본법」 제8조에 따라 2015년 1월 1일을 기준으로 매 3년이 되는 시점(매 3번째의 12월 31일까지를 말한다)마다 그 타당성을 검토하여 개선 등의 조치를 하여야 한다.

15. 비상방송설비의 화재안전기준(NFSC 202)

제1조(목적)

이 기준은 「화재예방, 소방시설 설치·유지 및 안전관리에 관한 법률」 제9조제1항에 따라 소방청장에게 위임한 사항 중 경보설비인 비상방송설비의 설치·유지 및 안전관리에 필요한 사항을 규정함을 목적으로 한다.

제2조(적용범위)

「화재예방, 소방시설 설치·유지 및 안전관리에 관한 법률 시행령」(이하 "영"이라 한다) 별표 5 제2호 나목에 따른 비상방송설비는 이 기준에서 정하는 규정에 따라 설비를 설치하고 유지·관리하여야 한다.

제3조(정의)

이 기준에서 사용되는 용어의 정의는 다음과 같다.

1. "확성기"란 소리를 크게 하여 멀리까지 전달될 수 있도록 하는 장치로써 일명 스피커를 말한다.
2. "음량조절기"란 가변저항을 이용하여 전류를 변화시켜 음량을 크게 하거나 작게 조절할 수 있는 장치를 말한다.
3. "증폭기"란 전압전류의 진폭을 늘려 감도를 좋게 하고 미약한 음성전류를 커다란 음성전류로 변화시켜 소리를 크게 하는 장치를 말한다.

제4조(음향장치)

비상방송설비는 다음 각 호의 기준에 따라 설치하여야 한다. 이 경우 엘리베이터 내부에는 별도의 음향장치를 설치할 수 있다.

1. 확성기의 음성입력은 3W(실내에 설치하는 것에 있어서는 1W) 이상일 것
2. 확성기는 각층마다 설치하되, 그 층의 각 부분으로부터 하나의 확성기까지의 수평거리가 25m 이하가 되도록 하고, 해당층의 각 부분에 유효하게 경보를 발할 수 있도록 설치할 것
3. 음량조정기를 설치하는 경우 음량조정기의 배선은 3선식으로 할 것
4. 조작부의 조작스위치는 바닥으로부터 0.8m 이상 1.5m 이하의 높이에 설치할 것
5. 조작부는 기동장치의 작동과 연동하여 해당 기동장치가 작동한 층 또는 구역을 표시할 수 있는 것으로 할 것
6. 증폭기 및 조작부는 수위실 등 상시 사람이 근무하는 장소로서 점검이 편리하고 방화상 유효한 곳에 설치할 것
7. 층수가 5층 이상으로서 연면적이 3,000m^2를 초과하는 특정소방대상물은 다음 각 목에 따라 경보를 발할 수 있도록 하여야 한다.
   가. 2층 이상의 층에서 발화한 때에는 발화층 및 그 직상층에 경보를 발할 것
   나. 1층에서 발화한 때에는 발화층·그 직상층 및 지하층에 경보를 발할 것
   다. 지하층에서 발화한 때에는 발화층·그 직상층 및 기타의 지하층에 경보를 발할 것

7의2. 삭제

8. 다른 방송설비와 공용하는 것에 있어서는 화재 시 비상경보외의 방송을 차단할 수 있는 구조로 할 것
9. 다른 전기회로에 따라 유도장애가 생기지 아니하도록 할 것
10. 하나의 특정소방대상물에 2 이상의 조작부가 설치되어 있는 때에는 각각의 조작부가 있는 장소 상호간에 동시통화가 가능한 설비를 설치하고, 어느 조작부에서도 해당 특정소방대상물의 전 구역에 방송을 할 수 있도록 할 것
11. 기동장치에 따른 화재신고를 수신한 후 필요한 음량으로 화재발생 상황 및 피난에 유효한 방송이 자동으로 개시될 때까지의 소요시간은 10초 이하로 할 것
12. 음향장치는 다음 각 목의 기준에 따른 구조 및 성능의 것으로 하여야 한다.
    가. 정격전압의 80% 전압에서 음향을 발할 수 있는 것을 할 것
    나. 자동화재탐지설비의 작동과 연동하여 작동할 수 있는 것으로 할 것

제5조(배선)

비상방송설비의 배선은 「전기사업법」 제67조에 따른 기술기준에서 정한 것외에 다음 각 호의 기준에 따라 설치하여야 한다.

1. 화재로 인하여 하나의 층의 확성기 또는 배선이 단락 또는 단선되어도 다른 층의 화재통보에 지장이 없도록 할 것
2. 전원회로의 배선은 옥내소화전설비의화재안전기준(NFSC 102) 별표 1에 따른 내화배선에 따르고, 그 밖의 배선은 옥내소화전설비의화재안전기준(NFSC 102) 별표 1에 따른 내화배선 또는 내열배선에 따라 설치할 것
3. 전원회로의 전로와 대지 사이 및 배선상호간의 절연저항은 「전기사업법」 제67조에 따른 기술기준이 정하는 바에 따르고, 부속회로의 전로와 대지 사이 및 배선 상호간의 절연저항은 1경계구역마다 직류 250V의 절연저항측정기를 사용하여 측정한 절연저항이 0.1MΩ 이상이 되도록 할 것
4. 비상방송설비의 배선은 다른 전선과 별도의 관·덕트(절연효력이 있는 것으로 구획한 때에는 그 구획된 부분은 별개의 덕트로 본다) 몰드 또는 풀박스등에 설치할 것. 다만, 60V 미만의 약전류회로에 사용하는 전선으로서 각각의 전압이 같을 때에는 그러하지 아니하다.

제6조(전원)

① 비상방송설비의 상용전원은 다음 각 호의 기준에 따라 설치하여야 한다.
  1. 전원은 전기가 정상적으로 공급되는 축전지, 전기저장장치(외부 전기에너지를 저장해 두었다가 필요한 때 전기를 공급하는 장치) 또는 교류전압의 옥내 간선으로 하고, 전원까지의 배선은 전용으로 할 것
  2. 개폐기에는 "비상방송설비용"이라고 표시한 표지를 할 것

② 비상방송설비에는 그 설비에 대한 감시상태를 60분간 지속한 후 유효하게 10분 이상 경보할 수 있는 축전지설비(수신기에 내장하는 경우를 포함한다) 또는 전기저장장치(외부 전기에너지를 저장해 두었다가 필요한 때 전기를 공급하는 장치)를 설치하여야 한다.

제7조(설치·유지기준의 특례)

소방본부장 또는 소방서장은 기존건축물이 증축·개축·대수선되거나 용도 변경되는 경우에 있어서 이 기준이 정하는 기준에 따라 해당 건축물에 설치하여야 할 비상방송설비의 배관·배선 등의 공사가 현저하게 곤란하다고 인정되는 경우에는 해당 설비의 기능 및 사용에 지장이 없는 범위

안에서 비상방송설비의 설치·유지기준의 일부를 적용하지 아니할 수 있다.

제8조(재검토 기한)

소방청장은 「훈령·예규 등의 발령 및 관리에 관한 규정」에 따라 이 고시에 대하여 2017년 1월 1일 기준으로 매 3년이 되는 시점(매 3년째의 12월 31일까지를 말한다)마다 그 타당성을 검토하여 개선 등의 조치를 하여야 한다.

16. 자동화재탐지설비 및 시각경보장치의 화재안전기준(NFSC 203)

제1조(목적)

이 기준은 「화재예방, 소방시설 설치·유지 및 안전관리에 관한 법률」 제9조제1항에서 소방청장에게 위임한 사항 중 경보설비인 자동화재탐지설비 및 시각경보장치의 설치·유지 및 안전관리에 필요한 사항을 규정함을 목적으로 한다.

제2조(적용범위)

「화재예방, 소방시설 설치·유지 및 안전관리에 관한 법률 시행령」(이하 "영"이라 한다) 별표 5 제2호 라목 및 사목에 따른 자동화재탐지설비 및 시각경보장치는 이 기준에서 정하는 규정에 따라 설비를 설치하고 유지·관리하여야 한다.

제3조(정의)

이 기준에서 사용하는 용어의 정의는 다음과 같다.

1. "경계구역"이란 특정소방대상물 중 화재신호를 발신하고 그 신호를 수신 및 유효하게 제어할 수 있는 구역을 말한다.
2. "수신기"란 감지기나 발신기에서 발하는 화재신호를 직접 수신하거나 중계기를 통하여 수신하여 화재의 발생을 표시 및 경보하여 주는 장치를 말한다.
3. "중계기"란 감지기·발신기 또는 전기적접점 등의 작동에 따른 신호를 받아 이를 수신기의 제어반에 전송하는 장치를 말한다.
4. "감지기"란 화재시 발생하는 열, 연기, 불꽃 또는 연소생성물을 자동적으로 감지하여 수신기에 발신하는 장치를 말한다.

5. “발신기”란 화재발생 신호를 수신기에 수동으로 발신하는 장치를 말한다.
6. “시각경보장치”란 자동화재탐지설비에서 발하는 화재신호를 시각경보기에 전달하여 청각장애인에게 점멸형태의 시각경보를 하는 것을 말한다.
7. “거실”이란 거주·집무·작업·집회·오락 그 밖에 이와 유사한 목적을 위하여 사용하는 방을 말한다.

제3조의2(신호처리방식)

화재신호 및 상태신호 등(이하 “화재신호 등”이라 한다)을 송수신하는 방식은 다음 각 호와 같다.

1. “유선식”은 화재신호 등을 배선으로 송·수신하는 방식
2. “무선식”은 화재신호 등을 전파에 의해 송·수신하는 방식
3. “유·무선식”은 유선식과 무선식을 겸용으로 사용하는 방식

제4조(경계구역)

① 자동화재탐지설비의 경계구역은 다음 각호의 기준에 따라 설정하여야 한다. 다만, 감지기의 형식승인 시 감지거리, 감지면적 등에 대한 성능을 별도로 인정받은 경우에는 그 성능인정범위를 경계구역으로 할 수 있다.

1. 하나의 경계구역이 2개 이상의 건축물에 미치지 아니하도록 할 것
2. 하나의 경계구역이 2개 이상의 층에 미치지 아니하도록 할 것. 다만, 500m^2 이하의 범위 안에서는 2개의 층을 하나의 경계구역으로 할 수 있다
3. 하나의 경계구역의 면적은 600m^2 이하로 하고 한변의 길이는 50m 이하로 할 것. 다만, 해당 특정소방대상물의 주된 출입구에서 그 내부 전체가 보이는 것에 있어서는 한 변의 길이가 50m의 범위 내에서 1,000m^2 이하로 할 수 있다.
4. 지하구의 경우 하나의 경계구역의 길이는 700m 이하로 할 것

② 계단(직통계단외의 것에 있어서는 떨어져 있는 상하계단의 상호간의 수평거리가 5m 이하로서 서로 간에 구획되지 아니한 것에 한한다. 이하 같다)·경사로(에스컬레이터경사로 포함)·엘리베이터 승강로(권상기실이 있는 경우에는 권상기실)·린넨슈트·파이프 피트 및 덕트 기타 이와 유사한 부분에 대하여는 별도로 경계구역을 설정하되, 하나의 경계구역은 높이 45m 이하(계단 및 경사로에 한한다)로 하고, 지하층의 계단 및 경사로(지하층의 층수가 1일 경우는 제외한다)는 별도로 하나의 경계구역으로 하여야 한다.

③ 외기에 면하여 상시 개방된 부분이 있는 차고·주차장·창고 등에 있어서는 외기에 면하는 각

부분으로부터 5m 미만의 범위안에 있는 부분은 경계구역의 면적에 산입하지 아니한다.

④ 스프링클러설비·물분무등소화설비 또는 제연설비의 화재감지장치로서 화재감지기를 설치한 경우의 경계구역은 해당 소화설비의 방사구역 또는 제연구역과 동일하게 설정할 수 있다.

제5조(수신기)

① 자동화재탐지설비의 수신기는 다음 각 호의 기준에 적합한 것으로 설치하여야 한다.

1. 해당 특정소방대상물의 경계구역을 각각 표시할 수 있는 회선수 이상의 수신기를 설치할 것
2. 4층 이상의 특정소방대상물에는 발신기와전화통화가 가능한 수신기를 설치할 것
3. 해당 특정소방대상물에 가스누설탐지설비가 설치된 경우에는 가스누설탐지설비로부터 가스누설신호를 수신하여 가스누설경보를 할 수 있는 수신기를 설치할 것(가스누설탐지설비의 수신부를 별도로 설치한 경우에는 제외한다)

② 자동화재탐지설비의 수신기는 특정소방대상물 또는 그 부분이 지하층·무창층 등으로서 환기가 잘되지 아니하거나 실내면적이 $40m^2$ 미만인 장소, 감지기의 부착면과 실내바닥과의 거리가 2.3m 이하인 장소로서 일시적으로 발생한 열·연기 또는 먼지 등으로 인하여 감지기가 화재신호를 발신할 우려가 있는 때에는 축적기능 등이 있는 것(축적형감지기가 설치된 장소에는 감지기회로의 감시전류를 단속적으로 차단시켜 화재를 판단하는 방식외의 것을 말한다)으로 설치하여야 한다. 다만, 제7조제1항 단서에 따라 감지기를 설치한 경우에는 그러하지 아니하다.

③ 수신기는 다음 각 호의 기준에 따라 설치하여야 한다.

1. 수위실 등 상시 사람이 근무하는 장소에 설치할것. 다만, 사람이 상시 근무하는 장소가 없는 경우에는 관계인이 쉽게 접근할 수 있고 관리가 용이한 장소에 설치할 수 있다.
2. 수신기가 설치된 장소에는 경계구역 일람도를 비치할 것. 다만, 모든 수신기와 연결되어 각 수신기의 상황을 감시하고 제어할 수 있는 수신기(이하 "주수신기"라 한다)를 설치하는 경우에는 주수신기를 제외한 기타 수신기는 그러하지 아니하다.
3. 수신기의 음향기구는 그 음량 및 음색이 다른 기기의 소음 등과 명확히 구별될 수 있는 것으로 할 것
4. 수신기는 감지기·중계기 또는 발신기가 작동하는 경계구역을 표시할 수 있는 것으로 할 것
5. 화재·가스 전기등에 대한 종합방재반을 설치한 경우에는 해당 조작반에 수신기의 작동과 연동하여 감지기·중계기 또는 발신기가 작동하는 경계구역을 표시할 수 있는 것으로 할 것

6. 하나의 경계구역은 하나의 표시등 또는 하나의 문자로 표시되도록 할 것
7. 수신기의 조작 스위치는 바닥으로부터의 높이가 0.8m 이상 1.5m 이하인 장소에 설치할 것
8. 하나의 특정소방대상물에 2 이상의 수신기를 설치하는 경우에는 수신기를 상호간 연동하여 화재발생 상황을 각 수신기마다 확인할 수 있도록 할 것

제6조(중계기)

자동화재탐지설비의 중계기는 다음 각 호의 기준에 따라 설치하여야 한다.

1. 수신기에서 직접 감지기회로의 도통시험을 행하지 아니하는 것에 있어서는 수신기와 감지기 사이에 설치할 것
2. 조작 및 점검에 편리하고 화재 및 침수등의 재해로 인한 피해를 받을 우려가 없는 장소에 설치할 것
3. 수신기에 따라 감시되지 아니하는 배선을 통하여 전력을 공급받는 것에 있어서는 전원입력측의 배선에 과전류 차단기를 설치하고 해당 전원의 정전이 즉시 수신기에 표시되는 것으로 하며, 상용전원 및 예비전원의 시험을 할 수 있도록 할 것

제7조(감지기)

① 자동화재탐지설비의 감지기는 부착높이에 따라 다음 표에 따른 감지기를 설치하여야 한다. 다만, 지하층·무창층 등으로서 환기가 잘되지 아니하거나 실내면적이 40m^2 미만인 장소, 감지기의 부착면과 실내바닥과의 거리가 2.3m 이하인 곳으로서 일시적으로 발생한 열·연기 또는 먼지 등으로 인하여 화재신호를 발신할 우려가 있는 장소(제5조제2항 본문에 따른 수신기를 설치한 장소를 제외한다)에는 다음 각 호에서 정한 감지기중 적응성 있는 감지기를 설치하여야 한다.

1. 불꽃감지기
2. 정온식감지선형감지기
3. 분포형감지기
4. 복합형감지기
5. 광전식분리형감지기
6. 아날로그방식의 감지기
7. 다신호방식의 감지기

8. 축적방식의 감지기

부착높이	감지기의 종류
4m 미만	차동식(스포트형, 분포형) 보상식 스포트형 정온식(스포트형, 감지선형) 이온화식 광전식(스포트형, 분리형, 공기흡입형) 열복합형 연기복합형 열연기복합형 불꽃감지기
4m 이상 8m 미만	차동식(스포트형, 분포형) 보상식 스포트형 정온식(스포트형, 감지선형) 특종 또는 1종 이온화식 1종 또는 2종 광전식(스포트형, 분리형, 공기흡입형) 1종 또는 2종 열복합형 연기복합형 열연기복합형 불꽃감지기
8m 이상 15m 미만	차동식 분포형 이온화식 1종 또는 2종 광전식(스포트형, 분리형, 공기흡입형) 1종 또는 2종 연기복합형 불꽃감지기
15m 이상 20m 미만	이온화식 1종 광전식(스포트형, 분리형, 공기흡입형) 1종 연기복합형 불꽃감지기
20m 이상	불꽃감지기 광전식(분리형, 공기흡입형) 중 아날로그방식

비고

1) 감지기별 부착높이 등에 대하여 별도로 형식 승인받은 경우에는 그 성능 인정범위 내에서 사용할 수 있다.
2) 부착높이 20m 이상에 설치되는 광전식 중 아날로그방식의 감지기는 공칭감지농도 하한 값이 감광율 5%/m 미만인 것으로 한다.

② 다음 각 호의 장소에는 연기감지기를 설치하여야 한다. 다만, 교차회로방식에 따른 감지기가 설치된 장소 또는 제1항 단서에 따른 감지기가 설치된 장소에는 그러하지 아니하다.

1. 계단·경사로 및 에스컬레이터 경사로
2. 복도(30m 미만의 것을 제외한다)

3. 엘리베이터 승강로(권상기실이 있는 경우에는 권상기실)·린넨슈트·파이프 피트 및 덕트 기타 이와 유사한 장소
4. 천장 또는 반자의 높이가 15m 이상 20m 미만의 장소
5. 다음 각 목의 어느 하나에 해당하는 특정소방대상물의 취침·숙박·입원 등 이와 유사한 용도로 사용되는 거실
   가. 공동주택·오피스텔·숙박시설·노유자시설·수련시설
   나. 교육연구시설 중 합숙소
   다. 의료시설, 근린생활시설 중 입원실이 있는 의원·조산원
   라. 교정 및 군사시설
   마. 근린생활시설 중 고시원

③ 감지기는 다음 각 호의 기준에 따라 설치하여야 한다. 다만, 교차회로방식에 사용되는 감지기, 급속한 연소 확대가 우려되는 장소에 사용되는 감지기 및 축적기능이 있는 수신기에 연결하여 사용하는 감지기는 축적기능이 없는 것으로 설치하여야 한다.

1. 감지기(차동식분포형의 것을 제외한다)는 실내로의 공기유입구로부터 1.5m 이상 떨어진 위치에 설치할 것
2. 감지기는 천장 또는 반자의 옥내에 면하는 부분에 설치할 것
3. 보상식스포트형감지기는 정온점이 감지기 주위의 평상시 최고온도보다 20℃ 이상 높은 것으로 설치할 것
4. 정온식감지기는 주방·보일러실 등으로서 다량의 화기를 취급하는 장소에 설치하되, 공칭작동온도가 최고주위온도보다 20℃ 이상 높은 것으로 설치할 것
5. 차동식스포트형·보상식스포트형 및 정온식스포트형 감지기는 그 부착 높이 및 특정소방대상물에 따라 다음 표에 따른 바닥면적마다 1개 이상을 설치할 것

(단위 m^2)

부착높이 및 특정소방대상물의 구분		감지기의 종류						
		차동식 스포트형		보상식 스포트형		정온식 스포트형		
		1종	2종	1종	2종	특종	1종	2종
4m 미만	주요구조부를 내화구조로 한 특정소방대상물 또는 그 부분	90	70	90	70	70	60	20
	기타 구조의 특정소방대상물 또는 그 부분	50	40	50	40	40	30	15
4m 이상 8m 미만	주요구조부를 내화구조로 한 특정소방대상물 또는 그 부분	45	35	45	35	35	30	
	기타 구조의 특정소방대상물 또는 그 부분	30	25	30	25	25	15	

6. 스포트형감지기는 45° 이상 경사되지 아니하도록 부착할 것
7. 공기관식 차동식분포형감지기는 다음의 기준에 따를 것
   가. 공기관의 노출부분은 감지구역마다 20m 이상이 되도록 할 것
   나. 공기관과 감지구역의 각 변과의 수평거리는 1.5m 이하가 되도록 하고, 공기관 상호간의 거리는 6m(주요구조부를 내화구조로 한 특정소방대상물 또는 그 부분에 있어서는 9m) 이하가 되도록 할 것
   다. 공기관은 도중에서 분기하지 아니하도록 할 것
   라. 하나의 검출부분에 접속하는 공기관의 길이는 100m 이하로 할 것
   마. 검출부는 5° 이상 경사되지 아니하도록 부착할 것
   바. 검출부는 바닥으로부터 0.8m 이상 1.5m 이하의 위치에 설치할 것
8. 열전대식 차동식분포형감지기는 다음의 기준에 따를 것
   가. 열전대부는 감지구역의 바닥면적 $18m^2$(주요구조부가 내화구조로 된 특정소방대상물에 있어서는 $22m^2$)마다 1개 이상으로 할 것. 다만, 바닥면적이 $72m^2$(주요구조부가 내화구조로 된 특정소방대상물에 있어서는 $88m^2$) 이하인 특정소방대상물에 있어서는 4개 이상으로 하여야 한다.
   나. 하나의 검출부에 접속하는 열전대부는 20개 이하로 할 것. 다만, 각각의 열전대부에 대한 작동여부를 검출부에서 표시할 수 있는 것(주소형)은 형식승인 받은 성능인정범위내의 수량으로 설치할 수 있다.
9. 열반도체식 차동식분포형감지기는 다음의 기준에 따를 것
   가. 감지부는 그 부착높이 및 특정소방대상물에 따라 다음 표에 따른 바닥면적마다 1개 이상으로 할 것. 다만, 바닥면적이 다음 표에 따른 면적의 2배 이하인 경우에는 2개(부착높이가 8m 미만이고, 바닥면적이 다음 표에 따른 면적 이하인 경우에는 1개) 이상으로 하여야 한다.

(단위 m^2)

부착높이 및 소방대상물의 구분		감지기의 종류	
		1종	2종
8m 미만	주요구조부가 내화구조로 된 소방대상물 또는 그 부분	65	36
	기타 구조의 소방대상물 또는 그 부분	40	23
8m 이상 15m 미만	주요구조부가 내화구조로 된 소방대상물 또는 그 부분	50	36
	기타 구조의 소방대상물 또는 그 부분	30	23

나. 하나의 검출기에 접속하는 감지부는 2개 이상 15개 이하가 되도록 할 것. 다만, 각각의 감지부에 대한 작동여부를 검출기에서 표시할 수 있는 것(주소형)은 형식승인 받은 성능인정범위내의 수량으로 설치할 수 있다.

10. 연기감지기는 다음의 기준에 따라 설치할 것

가. 감지기의 부착높이에 따라 다음 표에 따른 바닥면적마다 1개 이상으로 할 것

(단위 m^2)

부착높이	감지기의 종류	
	1종 및 2종	3종
4m 미만	150	50
4m 이상 20m 미만	75	

나. 감지기는 복도 및 통로에 있어서는 보행거리 30m(3종에 있어서는 20m)마다, 계단 및 경사로에 있어서는 수직거리 15m(3종에 있어서는 10m)마다 1개 이상으로 할 것

다. 천장 또는 반자가 낮은 실내 또는 좁은 실내에 있어서는 출입구의 가까운 부분에 설치할 것

라. 천장 또는 반자부근에 배기구가 있는 경우에는 그 부근에 설치할 것

마. 감지기는 벽 또는 보로부터 0.6m 이상 떨어진 곳에 설치할 것

11. 열복합형감지기의 설치에 관하여는 제3호 및 제9호를, 연기복합형감지기의 설치에 관하여는 제10호를, 열연기복합형감지기의 설치에 관하여는 제5호 및 제10호 나목 또는 마목을 준용하여 설치할 것

12. 정온식감지선형감지기는 다음의 기준에 따라 설치할 것

가. 보조선이나 고정금구를 사용하여 감지선이 늘어지지 않도록 설치할 것

나. 단자부와 마감 고정금구와의설치간격은 10cm 이내로 설치할 것

다. 감지선형 감지기의 굴곡반경은 5cm 이상으로 할 것

라. 감지기와 감지구역의 각부분과의 수평거리가 내화구조의 경우 1종 4.5m 이하, 2종 3m 이하로 할 것. 기타 구조의 경우 1종 3m 이하, 2종 1m 이하로 할 것

마. 케이블트레이에 감지기를 설치하는 경우에는 케이블트레이 받침대에 마감금구를 사용하여 설치할 것

바. 지하구나 창고의 천장 등에 지지물이 적당하지 않는 장소에서는 보조선을 설치하고 그 보조선에 설치할 것

사. 분전반 내부에 설치하는 경우 접착제를 이용하여 돌기를 바닥에 고정시키고 그 곳에 감지기를 설치할 것

아. 그 밖의 설치방법은 형식승인 내용에 따르며 형식승인 사항이 아닌 것은 제조사의 시방(示方)에 따라 설치할 것

13. 불꽃감지기는 다음의 기준에 따라 설치할 것
   가. 공칭감시거리 및 공칭시야각은 형식승인 내용에 따를 것
   나. 감지기는 공칭감시거리와 공칭시야각을 기준으로 감시구역이 모두 포용될 수 있도록 설치할 것
   다. 감지기는 화재감지를 유효하게 감지할 수 있는 모서리 또는 벽 등에 설치할 것
   라. 감지기를 천장에 설치하는 경우에는 감지기는 바닥을 향하여 설치할 것
   마. 수분이 많이 발생할 우려가 있는 장소에는 방수형으로 설치할 것
   바. 그 밖의 설치기준은 형식승인 내용에 따르며 형식승인 사항이 아닌 것은 제조사의 시방에 따라 설치할 것
14. 아날로그방식의 감지기는 공칭감지온도범위 및 공칭감지농도범위에 적합한 장소에, 다신호방식의 감지기는 화재신호를 발신하는 감도에 적합한 장소에 설치할 것. 다만, 이 기준에서 정하지 않는 설치방법에 대하여는 형식승인 사항이나 제조사의 시방에 따라 설치할 수 있다.
15. 광전식분리형감지기는 다음의 기준에 따라 설치할 것
   가. 감지기의 수광면은 햇빛을 직접 받지 않도록 설치할 것
   나. 광축(송광면과 수광면의 중심을 연결한 선)은 나란한 벽으로부터 0.6m 이상 이격하여 설치할 것
   다. 감지기의 송광부와 수광부는 설치된 뒷벽으로부터 1m이내 위치에 설치할 것
   라. 광축의 높이는 천장 등(천장의 실내에 면한 부분 또는 상층의 바닥하부면을 말한다) 높이의 80 % 이상일 것
   마. 감지기의 광축의 길이는 공칭감시거리 범위이내 일 것
   바. 그 밖의 설치기준은 형식승인 내용에 따르며 형식승인 사항이 아닌 것은 제조사의 시방에 따라 설치할 것

④ 제3항에도 불구하고 다음 각 호의 장소에는 각각 광전식분리형감지기 또는 불꽃감지기를 설치하거나 광전식공기흡입형감지기를 설치할 수 있다.

1. 화학공장·격납고·제련소등 : 광전식분리형감지기 또는 불꽃감지기. 이 경우 각 감지기의 공칭감시거리 및 공칭시야각등 감지기의 성능을 고려하여야 한다.
2. 전산실 또는 반도체 공장등 : 광전식공기흡입형감지기. 이 경우 설치장소·감지면적 및 공기흡입관의 이격거리등은 형식승인 내용에 따르며 형식승인 사항이 아닌 것은 제조사의

시방에 따라 설치하여야 한다.

⑤ 다음 각 호의 장소에는 감지기를 설치하지 아니한다.

1. 천장 또는 반자의 높이가 20m 이상인 장소. 다만, 제1항 단서 각호의 감지기로서 부착높이에 따라 적응성이 있는 장소는 제외한다.
2. 헛간 등 외부와 기류가 통하는 장소로서 감지기에 따라 화재발생을 유효하게 감지할 수 없는 장소
3. 부식성가스가 체류하고 있는 장소
4. 고온도 및 저온도로서 감지기의 기능이 정지되기 쉽거나 감지기의 유지관리가 어려운 장소
5. 목욕실·욕조나 샤워시설이 있는 화장실·기타 이와 유사한 장소
6. 파이프덕트 등 그 밖의 이와 비슷한 것으로서 2개층 마다 방화구획된 것이나 수평단면적이 $5m^2$ 이하인 것
7. 먼지·가루 또는 수증기가 다량으로 체류하는 장소 또는 주방 등 평시에 연기가 발생하는 장소(연기감지기에 한한다)
8. 삭제
9. 프레스공장·주조공장 등 화재발생의 위험이 적은 장소로서 감지기의 유지관리가 어려운 장소

⑥ 지하구에 설치하는 감지기는 제1항 각 호의 감지기로서먼지·습기등의 영향을 받지 아니하고 발화지점을 확인할 수 있는 감지기를 설치하여야 한다.

⑦ 제1항 단서에도 불구하고 일시적으로 발생한 열·연기 또는 먼지 등으로 인하여 화재신호를 발신할 우려가 있는 장소에는 별표 1 및 별표 2에 따라 그 장소에 적응성 있는 감지기를 설치할 수 있으며, 연기감지기를 설치할 수 없는 장소에는 별표 1을 적용하여 설치할 수 있다.

⑧ 삭제

제8조(음향장치 및 시각경보장치)

① 자동화재탐지설비의 음향장치는 다음 각 호의 기준에 따라 설치하여야 한다.

1. 주음향장치는 수신기의 내부 또는 그 직근에 설치할 것
2. 층수가 5층 이상으로서 연면적이 $3,000m^2$를 초과하는 특정소방대상물은 다음 각목에 따라 경보를 발할 수 있도록 하여야 한다.
   가. 2층 이상의 층에서 발화한 때에는 발화층 및 그 직상층에 경보를 발할 것
   나. 1층에서 발화한 때에는 발화층·그 직상층 및 지하층에 경보를 발할 것

다. 지하층에서 발화한 때에는 발화층·그 직상층 및 기타의 지하층에 경보를 발할 것

2의2. 삭제

3. 지구음향장치는 특정소방대상물의 층마다 설치하되, 해당 특정소방대상물의 각 부분으로부터 하나의 음향장치까지의 수평거리가 25m 이하가 되도록 하고, 해당층의 각부분에 유효하게 경보를 발할 수 있도록 설치할 것. 다만, 비상방송설비의화재안전기준(NFSC202)에 적합한 방송설비를 자동화재탐지설비의 감지기와 연동하여 작동하도록 설치한 경우에는 지구음향장치를 설치하지 아니할 수 있다.

4. 음향장치는 다음 각 목의 기준에 따른 구조 및 성능의 것으로 하여야 한다.

   가. 정격전압의 80% 전압에서 음향을 발할 수 있는 것으로 할 것. 다만, 건전지를 주전원으로 사용하는 음향장치는 그러하지 아니하다.〈개정 2019. 5. 24.〉

   나. 음량은 부착된 음향장치의 중심으로부터 1m 떨어진 위치에서 90dB 이상이 되는 것으로 할 것

   다. 감지기 및 발신기의 작동과 연동하여 작동할 수 있는 것으로 할 것

5. 제3호에도 불구하고 제3호의 기준을 초과하는 경우로서 기둥 또는 벽이 설치되지 아니한 대형공간의 경우 지구음향장치는 설치 대상 장소의 가장 가까운 장소의 벽 또는 기둥 등에 설치 할 것

② 청각장애인용 시각경보장치는 소방청장이 정하여 고시한 「시각경보장치의 성능인증 및 제품검사의 기술기준」에 적합한 것으로서 다음 각 목의 기준에 따라 설치하여야 한다.

1. 복도·통로·청각장애인용 객실 및 공용으로 사용하는 거실(로비, 회의실, 강의실, 식당, 휴게실, 오락실, 대기실, 체력단련실, 접객실, 안내실, 전시실, 기타 이와 유사한 장소를 말한다)에 설치하며, 각 부분으로부터 유효하게 경보를 발할 수 있는 위치에 설치할 것

2. 공연장·집회장·관람장 또는 이와유사한 장소에 설치하는 경우에는 시선이 집중되는 무대부 부분 등에 설치할 것

3. 설치높이는 바닥으로부터 2m 이상 2.5m 이하의 장소에 설치할 것 다만, 천장의 높이가 2 m 이하인 경우에는 천장으로부터 0.15 m 이내의 장소에 설치하여야 한다.

4. 시각경보장치의 광원은 전용의 축전지설비 또는 전기저장장치(외부 전기에너지를 저장해 두었다가 필요한 때 전기를 공급하는 장치)에 의하여 점등되도록 할 것. 다만, 시각경보기에 작동전원을 공급할 수 있도록 형식승인을 얻은 수신기를 설치 한 경우에는 그러하지 아니하다.

③ 하나의 특정소방대상물에 2 이상의 수신기가 설치된 경우 어느 수신기에서도 지구음향장치 및 시각경보장치를 작동할 수 있도록 할 것

제9조(발신기)

① 자동화재탐지설비의 발신기는 다음 각 호의 기준에 따라 설치하여야 한다. 다만, 지하구의 경우에는 발신기를 설치하지 아니할 수 있다.

1. 조작이 쉬운 장소에 설치하고, 스위치는 바닥으로부터 0.8m 이상 1.5m 이하의 높이에 설치할 것.
2. 특정소방대상물의 층마다 설치하되, 해당 특정소방대상물의 각 부분으로부터 하나의 발신기까지의 수평거리가 25m 이하가 되도록 할 것. 다만, 복도 또는 별도로 구획된 실로서 보행거리가 40m 이상일 경우에는 추가로 설치하여야 한다.
3. 제2호에도 불구하고 제2호의 기준을 초과하는 경우로서 기둥 또는 벽이 설치되지 아니한 대형공간의 경우 발신기는 설치 대상 장소의 가장 가까운 장소의 벽 또는 기둥 등에 설치할 것

② 발신기의 위치를 표시하는 표시등은 함의 상부에 설치하되, 그 불빛은 부착면으로부터 15° 이상의 범위 안에서 부착지점으로부터 10m 이내의 어느 곳에서도 쉽게 식별할 수 있는 적색등으로 하여야 한다.

제10조(전원)

① 자동화재탐지설비의 상용전원은 다음 각 호의 기준에 따라 설치하여야 한다.

1. 전원은 전기가 정상적으로 공급되는 축전지, 전기저장장치(외부 전기에너지를 저장해 두었다가 필요한 때 전기를 공급하는 장치) 또는 교류전압의 옥내 간선으로 하고, 전원까지의 배선은 전용으로 할 것
2. 개폐기에는 "자동화재탐지설비용"이라고 표시한 표지를 할 것

② 자동화재탐지설비에는 그 설비에 대한 감시상태를 60분간 지속한 후 유효하게 10분 이상 경보할 수 있는 축전지설비(수신기에 내장하는 경우를 포함한다) 또는 전기저장장치(외부 전기에너지를 저장해 두었다가 필요한 때 전기를 공급하는 장치)를 설치하여야 한다. 다만, 상용전원이 축전지설비인 경우 또는 건전지를 주전원으로 사용하는 무선식 설비인 경우에는 그러하지 아니하다.〈개정 2019. 5. 24.〉

제11조(배선)

배선은 「전기사업법」 제67조에 따른 기술기준에서 정한 것외에 다음 각 호의 기준에 따라 설치하여야 한다.

1. 전원회로의 배선은 「옥내소화전설비의 화재안전기준(NFSC 102)」 별표 1에 따른 내화배선에 따르고, 그 밖의 배선(감지기 상호간 또는 감지기로부터 수신기에 이르는 감지기회로의 배선을 제외한다)은 「옥내소화전설비의 화재안전기준(NFSC 102)」 별표 1에 따른 내화배선 또는 내열배선에 따라 설치할 것
2. 감지기 상호간 또는 감지기로부터 수신기에 이르는 감지기회로의 배선은 다음 각목의 기준에 따라 설치할 것.
   가. 아날로그식, 다신호식 감지기나 R형수신기용으로 사용되는 것은 전자파 방해를 받지 아니하는 쉴드선 등을 사용하여야 하며, 광케이블의 경우에는 전자파 방해를 받지 아니하고 내열성능이 있는 경우 사용할 수 있다. 다만, 전자파 방해를 받지 아니하는 방식의 경우에는 그러하지 아니하다.
   나. 가목외의 일반배선을 사용할 때는 「옥내소화전설비의 화재안전기준(NFSC 102)」 별표 1에 따른 내화배선 또는 내열배선으로 사용 할 것
3. 감지기회로의 도통시험을 위한 종단저항은 다음의 기준에 따를 것
   가. 점검 및 관리가 쉬운 장소에 설치할 것
   나. 전용함을 설치하는 경우 그 설치 높이는 바닥으로부터 1.5m 이내로 할 것
   다. 감지기 회로의 끝부분에 설치하며, 종단감지기에 설치할 경우에는 구별이 쉽도록 해당감지기의 기판 및 감지기 외부 등에 별도의 표시를 할 것
4. 감지기 사이의 회로의 배선은 송배전식으로 할 것
5. 전원회로의 전로와 대지 사이 및 배선 상호간의 절연저항은 「전기사업법」 제67조에 따른 기술기준이 정하는 바에 의하고, 감지기회로 및 부속회로의 전로와 대지 사이 및 배선 상호간의 절연저항은 1경계구역마다 직류 250V의 절연저항측정기를 사용하여 측정한 절연저항이 0.1MΩ 이상이 되도록 할 것
6. 자동화재탐지설비의 배선은 다른 전선과 별도의 관·덕트(절연효력이 있는 것으로 구획한 때에는 그 구획된 부분은 별개의 덕트로 본다)·몰드 또는 풀박스 등에 설치할 것. 다만, 60V 미만의 약 전류회로에 사용하는 전선으로서 각각의 전압이 같을 때에는 그러하지 아니하다.
7. 피(P)형 수신기 및 지피(G.P.)형 수신기의 감지기 회로의 배선에 있어서 하나의 공통선에 접속할 수 있는 경계구역은 7개 이하로 할 것
8. 자동화재탐지설비의 감지기회로의 전로저항은 50Ω 이하가 되도록 하여야 하며, 수신기의 각 회로별 종단에 설치되는 감지기에 접속되는 배선의 전압은 감지기 정격전압의 80% 이상이어야 할 것

제12조(설치·유지기준의 특례)

소방본부장 또는 소방서장은 기존건축물이 증축·개축·대수선되거나 용도 변경되는 경우에 있어서 이 기준이 정하는 기준에 따라 해당 건축물에 설치하여야 할 자동화재탐지설비의 배관·배선 등의 공사가 현저하게 곤란하다고 인정되는 경우에는 해당 설비의 기능 및 사용에 지장이 없는 범위 안에서 자동화재탐지설비의 설치·유지기준의 일부를 적용하지 아니할 수 있다.

제13조(재검토 기한)

소방청장은 「훈령·예규 등의 발령 및 관리에 관한 규정」에 따라 이 고시에 대하여 2017년 1월 1일 기준으로 매 3년이 되는 시점(매 3년째의 12월 31일까지를 말한다)마다 그 타당성을 검토하여 개선 등의 조치를 하여야 한다.

17. 자동화재속보설비의 화재안전기준(NFSC 204)

제1조(목적)

이 기준은 「화재예방, 소방시설 설치·유지 및 안전관리에 관한 법률」 제9조 제1항에 따라 소방청장에게 위임한 사항 중 경보설비인 자동화재속보설비의 설치·유지 및 안전관리에 필요한 사항을 규정함을 목적으로 한다.

제2조(적용범위)

「화재예방, 소방시설 설치·유지 및 안전관리에 관한 법률 시행령」(이하 "영"이라 한다) 별표 5 제2호 마목에 따른 자동화재속보설비는 이 기준에서 정하는 규정에 따라 설비를 설치하고 유지·관리하여야 한다.

제3조(정의)

이 기준에서 사용하는 용어의 정의는 다음과 같다.

1. '속보기'란 화재신호를 통신망을 통하여 음성 등의 방법으로 소방관서에 통보하는 장치를 말한다.
2. '통신망'이란 유선이나 무선 또는 유무선 겸용 방식을 구성하여 음성 또는 데이터 등을 전송할 수 있는 집합체를 말한다.

제4조(설치기준)

① 자동화재속보설비는 다음 각 호의 기준에 따라 설치하여야 한다.

1. 자동화재탐지설비와 연동으로 작동하여 자동적으로 화재발생 상황을 소방관서에 전달되는 것으로 할 것. 이 경우 부가적으로 특정소방대상물의 관계인에게 화재발생상황을 전달되도록 할 수 있다.
2. 조작스위치는 바닥으로부터 0.8m 이상 1.5m 이하의 높이에 설치할 것
3. 속보기는 소방관서에 통신망으로 통보하도록 하며, 데이터 또는 코드전송방식을 부가적으로 설치할 수 있다. 단, 데이터 및 코드전송방식의 기준은 소방청장이 정하여 고시한 「자동화재속보설비의 속보기의 성능인증 및 제품검사의 기술기준」제5조 제12호에 따른다.
4. 문화재에 설치하는 자동화재속보설비는 제1호의 기준에도 불구하고 속보기에 감지기를 직접 연결하는 방식(자동화재탐지설비 1개의 경계구역에 한한다)으로 할 수 있다.
5. 속보기는 소방청장이 정하여 고시한 「자동화재속보설비의 속보기의 성능인증 및 제품검사의 기술기준」에 적합한 것으로 설치하여야 한다.

② 삭제

제5조(설치·유지기준의 특례)

소방본부장 또는 소방서장은 기존건축물이 증축·개축·대수선되거나 용도 변경되는 경우에 있어서 이 기준이 정하는 기준에 따라 해당 건축물에 설치하여야 할 자동화재속보설비의 배관·배선 등의 공사가 현저하게 곤란하다고 인정되는 경우에는 해당 설비의 기능 및 사용에 지장이 없는 범위 안에서 자동화재속보설비의 설치·유지기준의 일부를 적용하지 아니할 수 있다.

제6조(재검토기한)

소방청장은 이 고시에 대하여 「훈령·예규 등의 발령 및 관리에 관한 규정」에 따라 2019년 1월 1일 기준으로 매3년이 되는 시점(매 3년째의 12월 31일까지를 말한다)마다 그 타당성을 검토하여 개선 등의 조치를 하여야 한다.

18. 누전경보기의 화재안전기준(NFSC 205)

제1조(목적)

이 기준은 「화재예방, 소방시설 설치·유지 및 안전관리에 관한 법률」 제9조제1항에 따라 소방청장에게 위임한 사항 중 누전경보기의 설치·유지 및 안전관리에 필요한 사항을 규정함을 목적으로 한다.

제2조(적용범위)

「화재예방, 소방시설 설치·유지 및 안전관리에 관한 법률 시행령」(이하 "영"이라 한다) 별표 5 제2호 다목에 따른 누전경보기는 이 기준에서 정하는 규정에 따라 설비를 설치하고 유지·관리하여야 한다.

제3조(정의)

이 기준에서 사용하는 용어의 정의는 다음과 같다.

1. "누전경보기"란 내화구조가 아닌 건축물로서 벽, 바닥 또는 천장의 전부나 일부를 불연재료 또는 준불연재료가 아닌 재료에 철망을 넣어 만든 건물의 전기설비로부터 누설전류를 탐지하여 경보를 발하며 변류기와 수신부로 구성된 것을 말한다.
2. "수신부"란 변류기로부터 검출된 신호를 수신하여 누전의 발생을 해당 특정소방대상물의 관계인에게 경보하여 주는 것(차단기구를 갖는 것을 포함한다)을 말한다.
3. "변류기"란 경계전로의 누설전류를 자동적으로 검출하여 이를 누전경보기의 수신부에 송신하는 것을 말한다.

제4조(설치방법 등)

누전경보기는 다음 각 호의 방법에 따라 설치하여야 한다.

1. 경계전로의 정격전류가 60A를 초과하는 전로에 있어서는 1급 누전경보기를, 60A 이하의 전로에 있어서는 1급 또는 2급 누전경보기를 설치할 것. 다만, 정격전류가 60A를 초과하는 경계전로가 분기되어 각 분기회로의 정격전류가 60A 이하로 되는 경우 당해 분기회로마다 2급 누전경보기를 설치한 때에는 당해 경계전로에 1급 누전경보기를 설치한 것으로 본다.
2. 변류기는 특정소방대상물의 형태, 인입선의 시설방법 등에 따라 옥외 인입선의 제1지점의 부하측 또는 제2종 접지선측의 점검이 쉬운 위치에 설치할 것. 다만, 인입선의 형태 또는 특정

소방대상물의 구조상 부득이한 경우에는 인입구에 근접한 옥내에 설치할 수 있다.

3. 변류기를 옥외의 전로에 설치하는 경우에는 옥외형으로 설치할 것

제5조(수신부)

① 누전경보기의 수신부는 옥내의 점검에 편리한 장소에 설치하되, 가연성의 증기·먼지 등이 체류할 우려가 있는 장소의 전기회로에는 해당 부분의 전기회로를 차단할 수 있는 차단기구를 가진 수신부를 설치하여야 한다. 이 경우 차단기구의 부분은 해당 장소 외의 안전한 장소에 설치하여야 한다.

② 누전경보기의 수신부는 다음 각 호의 장소 외의 장소에 설치하여야 한다. 다만, 해당 누전경보기에 대하여 방폭·방식·방습·방온·방진 및 정전기 차폐 등의 방호조치를 한 것은 그러하지 아니하다.

1. 가연성의 증기·먼지·가스 등이나 부식성의 증기·가스 등이 다량으로 체류하는 장소
2. 화약류를 제조하거나 저장 또는 취급하는 장소
3. 습도가 높은 장소
4. 온도의 변화가 급격한 장소
5. 대전류회로·고주파 발생회로 등에 따른 영향을 받을 우려가 있는 장소

③ 음향장치는 수위실 등 상시 사람이 근무하는 장소에 설치하여야 하며, 그 음량 및 음색은 다른 기기의 소음 등과 명확히 구별할 수 있는 것으로 하여야 한다.

제6조(전원)

누전경보기의 전원은 「전기사업법」 제67조에 따른 기술기준에서 정한 것 외에 다음 각 호의 기준에 따라야 한다.

1. 전원은 분전반으로부터 전용회로로 하고, 각 극에 개폐기 및 15A 이하의 과전류차단기(배선용 차단기에 있어서는 20A 이하의 것으로 각 극을 개폐할 수 있는 것)를 설치 할 것
2. 전원을 분기할 때에는 다른 차단기에 따라 전원이 차단되지 아니하도록 할 것
3. 전원의 개폐기에는 누전경보기용임을 표시한 표지를 할 것

제7조(설치·유지기준의 특례)

소방본부장 또는 소방서장은 기존건축물이 증축·개축·대수선되거나 용도변경 되는 경우에 있어서 이 기준이 정하는 기준에 따라 해당 건축물에 설치하여야 할 누전경보기의 배관·배선 등의 공

사가 현저하게 곤란하다고 인정되는 경우에는 해당 설비의 기능 및 사용에 지장이 없는 범위 안에서 누전경보기의 설치·유지기준의 일부를 적용하지 아니할 수 있다.

제8조(재검토기한)

소방청장은 이 고시에 대하여 「훈령·예규 등의 발령 및 관리에 관한 규정」에 따라 2019년 1월 1일 기준으로 매3년이 되는 시점(매 3년째의 12월 31일까지를 말한다)마다 그 타당성을 검토하여 개선 등의 조치를 하여야 한다.

제9조(규제의 재검토)

「행정규제기본법」 제8조에 따라 2015년 1월 1일을 기준으로 매 3년이 되는 시점(매 3번째의 12월 31일까지를 말한다)마다 그 타당성을 검토하여 개선 등의 조치를 하여야 한다.

19. 피난기구의 화재안전기준(NFSC 301)

제1조(목적)

이 기준은 「화재예방, 소방시설 설치·유지 및 안전관리에 관한 법률」 제9조에서 소방청장에게 위임한 사항을 정함을 목적으로 한다.

제2조(적용범위)

「화재예방, 소방시설 설치·유지 및 안전관리에 관한 법률 시행령」(이하 "영"이라 한다) 별표 5 제3호 가목 및 「다중이용업소의 안전관리에 관한 특별법 시행령」 별표 1 제1호 다목1)에 따른 피난기구는 이 기준에서 정하는 규정에 따라 설비를 설치하고 유지·관리하여야 한다.

제2조의2(피난기구의 종류)

영 제3조에 따른 별표 1 제3호가목4)에서 "소방청장이 정하여 고시하는 화재안전기준으로 정하는 것"이란 미끄럼대·피난교·피난용트랩·간이완강기·공기안전매트·다수인 피난장비·승강식피난기 등을 말한다.

제3조(정의)

이 기준에서 사용하는 용어의 정의는 다음과 같다.

1. "피난사다리"란 화재 시 긴급대피를 위해 사용하는 사다리를 말한다.
2. "완강기"란 사용자의 몸무게에 따라 자동적으로 내려올 수 있는 기구중 사용자가 교대하여 연속적으로 사용할 수 있는 것을 말한다.
3. "간이완강기"란 사용자의 몸무게에 따라 자동적으로 내려올 수 있는 기구중 사용자가 연속적으로 사용할 수 없는 것을 말한다.
4. "구조대"란 포지 등을 사용하여 자루형태로 만든 것으로서 화재시 사용자가 그 내부에 들어가서 내려옴으로써 대피할 수 있는 것을 말한다.
5. "공기안전매트"란 화재 발생시 사람이 건축물 내에서 외부로 긴급히 뛰어 내릴 때 충격을 흡수하여 안전하게 지상에 도달할 수 있도록 포지에 공기 등을 주입하는 구조로 되어 있는 것을 말한다.
6. 삭제
7. "다수인피난장비"란 화재 시 2인 이상의 피난자가 동시에 해당층에서 지상 또는 피난층으로 하강하는 피난기구를 말한다.
8. "승강식 피난기"란 사용자의 몸무게에 의하여 자동으로 하강하고 내려서면 스스로 상승하여 연속적으로 사용할 수 있는 무동력 승강식피난기를 말한다.
9. "하향식 피난구용 내림식사다리"란 하향식 피난구 해치에 격납하여 보관하고 사용 시에는 사다리 등이 소방대상물과 접촉되지 아니하는 내림식 사다리를 말한다.

제4조(적응 및 설치개수 등)

① 피난기구는 별표 1에 따라 소방대상물의 설치장소별로 그에 적응하는 종류의 것으로 설치하여야 한다.

② 피난기구는 다음 각 호의 기준에 따른 개수 이상을 설치하여야 한다.

1. 층마다 설치하되, 숙박시설·노유자시설 및 의료시설로 사용되는 층에 있어서는 그 층의 바닥면적 $500m^2$마다, 위락시설·문화집회 및 운동시설·판매시설로 사용되는 층 또는 복합용도의 층(하나의 층이 영 별표 2 제1호 내지 제4호 또는 제8호 내지 제18호중 2 이상의 용도로 사용되는 층을 말한다)에 있어서는 그 층의 바닥면적 $800m^2$마다, 계단실형 아파트에 있어서는 각 세대마다, 그 밖의 용도의 층에 있어서는 그 층의 바닥면적 $1,000m^2$마다 1개 이상 설치할 것

2. 제1호에 따라 설치한 피난기구 외에 숙박시설(휴양콘도미니엄을 제외한다)의 경우에는 추가로 객실마다완강기 또는 둘 이상의 간이완강기를 설치할 것
3. 제1호에 따라 설치한 피난기구 외에 공동주택(「공동주택관리법 시행령」제2조의 규정에 따른 공동주택에 한한다)의 경우에는 하나의 관리주체가 관리하는 공동주택 구역마다 공기안전매트 1개 이상을 추가로 설치할 것. 다만, 옥상으로 피난이 가능하거나 인접세대로 피난할 수 있는 구조인 경우에는 추가로 설치하지 아니할 수 있다.

③ 피난기구는 다음 각 호의 기준에 따라 설치하여야 한다.

1. 피난기구는 계단·피난구 기타 피난시설로부터 적당한 거리에 있는 안전한 구조로 된 피난 또는 소화활동상 유효한 개구부(가로 0.5m이상 세로 1m이상인 것을 말한다. 이 경우 개구부 하단이 바닥에서 1.2m 이상이면 발판 등을 설치하여야 하고, 밀폐된 창문은 쉽게 파괴할 수 있는 파괴장치를 비치하여야 한다)에 고정하여 설치하거나 필요한 때에 신속하고 유효하게 설치할 수 있는 상태에 둘 것
2. 피난기구를 설치하는 개구부는 서로 동일직선상이 아닌 위치에 있을 것. 다만, 피난교·피난용트랩·간이완강기·아파트에 설치되는 피난기구(다수인 피난장비는 제외한다) 기타 피난 상 지장이 없는 것에 있어서는 그러하지 아니하다.
3. 피난기구는 소방대상물의 기둥·바닥·보 기타 구조상 견고한 부분에 볼트조임·매입·용접 기타의 방법으로 견고하게 부착할 것
4. 4층 이상의 층에 피난사다리(하향식 피난구용 내림식사다리는 제외한다)를 설치하는 경우에는 금속성 고정사다리를 설치하고, 당해 고정사다리에는 쉽게 피난할 수 있는 구조의 노대를 설치할 것
5. 완강기는 강하 시 로프가 소방대상물과 접촉하여 손상되지 아니하도록 할 것
6. 완강기로프의 길이는 부착위치에서 지면 기타 피난상 유효한 착지 면까지의 길이로 할 것
7. 미끄럼대는 안전한 강하속도를 유지하도록 하고, 전락방지를 위한 안전조치를 할 것
8. 구조대의 길이는 피난 상 지장이 없고 안정한 강하속도를 유지할 수 있는 길이로 할 것
9. 다수인 피난장비는 다음 각 목에 적합하게 설치할 것
   가. 피난에 용이하고 안전하게 하강할 수 있는 장소에 적재 하중을 충분히 견딜 수 있도록 「건축물의 구조기준 등에 관한 규칙」제3조에서 정하는 구조안전의 확인을 받아 견고하게 설치할 것
   나. 다수인피난장비 보관실(이하 "보관실"이라 한다)은 건물 외측보다 돌출되지 아니하고, 빗물·먼지 등으로부터 장비를 보호할 수 있는 구조 일 것
   다. 사용 시에 보관실 외측 문이 먼저 열리고 탑승기가 외측으로 자동으로 전개될 것

라. 하강 시에 탑승기가 건물 외벽이나 돌출물에 충돌하지 않도록 설치할 것

마. 상·하층에 설치할 경우에는 탑승기의 하강경로가 중첩되지 않도록 할 것

바. 하강 시에는 안전하고 일정한 속도를 유지하도록 하고 전복, 흔들림, 경로이탈 방지를 위한 안전조치를 할 것

사. 보관실의 문에는 오작동 방지조치를 하고, 문 개방 시에는 당해 소방대상물에 설치된 경보설비와 연동하여 유효한 경보음을 발하도록 할 것

아. 피난층에는 해당 층에 설치된 피난기구가 착지에 지장이 없도록 충분한 공간을 확보할 것

자. 한국소방산업기술원 또는 법 제42조제1항에 따라 성능시험기관으로 지정받은 기관에서 그 성능을 검증받은 것으로 설치할 것

10. 승강식피난기 및 하향식 피난구용 내림식사다리는 다음 각 목에 적합하게 설치할 것

가. 승강식피난기 및 하향식 피난구용 내림식사다리는 설치경로가 설치층에서 피난층까지 연계될 수 있는 구조로 설치할 것. 다만, 건축물의 구조 및 설치 여건 상 불가피한 경우에는 그러하지 아니 한다.

나. 대피실의 면적은 $2m^2$(2세대 이상일 경우에는 $3m^2$) 이상으로 하고, 「건축법 시행령」 제46조제4항의 규정에 적합하여야 하며 하강구(개구부) 규격은 직경 60cm 이상일 것. 단, 외기와 개방된 장소에는 그러하지 아니 한다.

다. 하강구 내측에는 기구의 연결 금속구 등이 없어야 하며 전개된 피난기구는 하강구 수평투영면적 공간 내의 범위를 침범하지 않는 구조이어야 할 것. 단, 직경 60cm 크기의 범위를 벗어난 경우이거나, 직하층의 바닥 면으로부터 높이 50cm 이하의 범위는 제외한다.

라. 대피실의 출입문은 갑종방화문으로 설치하고, 피난방향에서 식별할 수 있는 위치에 "대피실" 표지판을 부착할 것. 단, 외기와 개방된 장소에는 그러하지 아니 한다.

마. 착지점과 하강구는 상호 수평거리 15cm이상의 간격을 둘 것

바. 대피실 내에는 비상조명등을 설치 할 것

사. 대피실에는 층의 위치표시와 피난기구 사용설명서 및 주의사항 표지판을 부착 할 것

아. 대피실 출입문이 개방되거나, 피난기구 작동 시 해당층 및 직하층 거실에 설치된 표시등 및 장치가 작동되고, 감시 제어반에서는 피난기구의 작동을 확인 할 수 있어야 할 것

자. 사용 시 기울거나 흔들리지 않도록 설치할 것

차. 승강식피난기는한국소방산업기술원 또는 법 제42조제1항에 따라 성능시험기관으로 지정받은 기관에서 그 성능을 검증받은 것으로 설치할 것

④ 피난기구를 설치한 장소에는 가까운 곳의 보기 쉬운 곳에 피난기구의 위치를 표시하는 발광식 또는 축광식표지와 그 사용방법을 표시한 표지를 부착하되, 축광식표지는 소방청장이 정하여 고시한 「축광표지의 성능인증 및 제품검사의 기술기준」에 적합하여야 한다. 다만, 방사성물질을 사용하는 위치표지는 쉽게 파괴되지 아니하는 재질로 처리할 것

제5조(설치제외)

영 별표 6 제7호 피난설비의 설치면제 요건의 규정에 따라 다음 각 호의 어느 하나에 해당하는 소방대상물 또는 그 부분에는 피난기구를 설치하지 아니할 수 있다. 다만, 제4조제2항제2호에 따라 숙박시설(휴양콘도미니엄을 제외한다)에 설치되는 완강기 및 간이완강기의 경우에는 그러하지 아니하다.

1. 다음 각 목의 기준에 적합한 층
   가. 주요구조부가 내화구조로 되어 있어야 할 것
   나. 실내의 면하는 부분의 마감이 불연재료·준불연재료 또는 난연재료로 되어 있고 방화구획이 「건축법 시행령」제46조의 규정에 적합하게 구획되어 있어야 할 것
   다. 거실의 각 부분으로부터 직접 복도로 쉽게 통할 수 있어야 할 것
   라. 복도에 2 이상의 특별피난계단 또는 피난계단이 「건축법 시행령」제35조에 적합하게 설치되어 있어야 할 것
   마. 복도의 어느 부분에서도 2 이상의 방향으로 각각 다른 계단에 도달할 수 있어야 할 것
2. 다음 각 목의 기준에 적합한 소방대상물 중 그 옥상의 직하층 또는 최상층(관람집회 및 운동시설 또는 판매시설을 제외한다)
   가. 주요구조부가 내화구조로 되어 있어야 할 것
   나. 옥상의 면적이 1,500m^2 이상이어야 할 것
   다. 옥상으로 쉽게 통할 수 있는 창 또는 출입구가 설치되어 있어야 할 것
   라. 옥상이 소방사다리차가 쉽게 통행할 수 있는 도로(폭 6m 이상의 것을 말한다. 이하 같다) 또는 공지(공원 또는 광장 등을 말한다. 이하 같다) 에 면하여 설치되어 있거나 옥상으로부터 피난층 또는 지상으로 통하는 2 이상의 피난계단 또는 특별피난계단이 「건축법 시행령」제35조의 규정에 적합하게 설치되어 있어야 할 것
3. 주요구조부가 내화구조이고 지하층을 제외한 층수가 4층 이하이며 소방사다리차가 쉽게 통행할 수 있는 도로 또는 공지에 면하는 부분에 영 제2조제1호 각 목의 기준에 적합한 개구부가 2 이상 설치되어 있는 층(문화집회 및 운동시설·판매시설 및 영업시설 또는 노유자시설의

용도로 사용되는 층으로서 그 층의 바닥면적이 1,000m^2 이상인 것을 제외한다)

4. 편복도형 아파트 또는 발코니 등을 통하여 인접세대로 피난할 수 있는 구조로 되어 있는 계단실형 아파트
5. 주요구조부가 내화구조로서 거실의 각 부분으로 직접 복도로 피난할 수 있는 학교(강의실 용도로 사용되는 층에 한한다)
6. 무인공장 또는 자동창고로서 사람의 출입이 금지된 장소(관리를 위하여 일시적으로 출입하는 장소를 포함한다)
7. 건축물의 옥상부분으로서 거실에 해당하지 아니하고 「건축법 시행령」 제119조제1항제9호에 해당하여 층수로 산정된 층으로 사람이 근무하거나 거주하지 아니하는 장소

제6조(피난기구설치의 감소)

① 피난기구를 설치하여야 할 소방대상물중 다음 각 호의 기준에 적합한 층에는 제4조제2항에 따른 피난기구의 2분의 1을 감소할 수 있다. 이 경우 설치하여야 할 피난기구의 수에 있어서 소수점 이하의 수는 1로 한다.

1. 주요구조부가 내화구조로 되어 있을 것
2. 직통계단인 피난계단 또는 특별피난계단이 2 이상 설치되어 있을 것

② 피난기구를 설치하여야 할 소방대상물 중 주요구조부가 내화구조이고 다음 각 호의 기준에 적합한 건널 복도가 설치되어 있는 층에는 제4조제2항에 따른 피난기구의 수에서 해당 건널 복도의 수의 2배의 수를 뺀 수로 한다.

1. 내화구조 또는 철골조로 되어 있을 것
2. 건널 복도 양단의 출입구에 자동폐쇄장치를 한 갑종방화문(방화셔터를 제외한다)이 설치되어 있을 것
3. 피난·통행 또는 운반의 전용 용도일 것

③ 피난기구를 설치하여야 할 소방대상물 중 다음 각 호에 기준에 적합한 노대가 설치된 거실의 바닥면적은 제4조제2항에 따른 피난기구의 설치개수 산정을 위한 바닥면적에서 이를 제외한다.

1. 노대를 포함한 소방대상물의 주요구조부가 내화구조일 것
2. 노대가 거실의 외기에 면하는 부분에 피난 상 유효하게 설치되어 있어야 할 것
3. 노대가 소방사다리차가 쉽게 통행할 수 있는 도로 또는 공지에 면하여 설치되어 있거나, 또는 거실부분과 방화 구획되어 있거나 또는 노대에 지상으로 통하는 계단 그 밖의 피난기구가 설치되어 있어야 할 것

제7조(설치·유지기준의 특례)

소방본부장 또는 소방서장은 기존건축물이 증축·개축·대수선되거나 용도 변경되는 경우에 있어서 이 기준이 정하는 기준에 따라 해당 건축물에 설치하여야 할 피난기구의 공사가 현저하게 곤란하다고 인정되는 경우에는 해당 설비의 기능 및 사용에 지장이 없는 범위 안에서 피난기구의 설치·유지기준의 일부를 적용하지 아니할 수 있다.

제8조(재검토 기한)

소방청장은 「훈령·예규 등의 발령 및 관리에 관한 규정」에 따라 이 고시 에 대하여 2017년 1월 1일 기준으로 매 3년이 되는 시점(매 3년째의 6월 30일까지를 말한다)마다 그 타당성을 검토하여 개선 등의 조치를 하여야 한다.

20. 인명구조기구의 화재안전기준(NFSC 302)

제1조(목적)

이 기준은 「화재예방, 소방시설 설치·유지 및 안전관리에 관한 법률」 제9조에서 소방청장에게 위임한 사항을 정함을 목적으로 한다.

제2조(적용범위)

「화재예방, 소방시설 설치·유지 및 안전관리에 관한 법률」(이하 "법"이라 한다) 제9조제1항 및 같은 법 시행령(이하 "영"이라 한다) 별표 5의 제3호나목에 따른 인명구조기구는 이 기준에서 정하는 규정에 따라 설비를 설치하고 유지·관리하여야 한다.

제3조(정의)

이 기준에서 사용하는 용어의 정의는 다음과 같다.

1. "방열복"이란 고온의 복사열에 가까이 접근하여 소방활동을 수행할 수 있는 내열피복을 말한다.
2. "공기호흡기"란 소화활동 시에 화재로 인하여 발생하는 각종 유독가스 중에서 일정시간 사용할 수 있도록 제조된 압축공기식 개인호흡장비(보조마스크를 포함한다)를 말한다.
3. "인공소생기"란 호흡 부전 상태인 사람에게 인공호흡을 시켜 환자를 보호하거나 구급하는 기구를 말한다.

4. "방화복"이란 화재진압 등의 소방활동을 수행할 수 있는 피복을 말한다.

제4조(설치기준)

인명구조기구는 다음 각 호의 기준에 따라 설치하여야 한다.

1. 특정소방대상물의 용도 및 장소별로 설치하여야 할 인명구조기구는 별표 1에 따라 설치하여야 한다.
2. 화재시 쉽게 반출 사용할 수 있는 장소에 비치할 것
3. 인명구조기구가 설치된 가까운 장소의 보기 쉬운 곳에 "인명구조기구"라는 축광식표지와 그 사용방법을 표시한 표시를 부착하되, 축광식표지는 소방청장이 고시한 「축광표지의 성능인증 및 제품검사의 기술기준」에 적합한 것으로 할 것
4. 방열복은 소방청장이 고시한 「소방용 방열복의 성능인증 및 제품검사의 기술기준」에 적합한 것으로 설치할 것
5. 방화복(헬멧, 보호장갑 및 안전화를 포함한다)은 「소방장비 표준규격 및 내용연수에 관한 규정」제3조에 적합한 것으로 설치할 것.

제5조(재검토 기한)

소방청장은 「훈령·예규 등의 발령 및 관리에 관한 규정」에 따라 이 고시 에 대하여 2017년 1월 1일 기준으로 매 3년이 되는 시점(매 3년째의 6월 30일까지를 말한다)마다 그 타당성을 검토하여 개선 등의 조치를 하여야 한다.

21. 유도등 및 유도표지의 화재안전기준(NFSC 303)

제1조(목적)

이 기준은 「화재예방, 소방시설 설치·유지 및 안전관리에 관한 법률」제9조에서 소방청장에게 위임한 사항을 정함을 목적으로 한다.

제2조(적용범위)

「화재예방, 소방시설 설치·유지 및 안전관리에 관한 법률」(이하 "법"이라 한다) 제9조제1항 및 같은 법 시행령(이하 "영"이라 한다) 별표 5의 제3호다목에 따른 유도등과 유도표지 및 「다중이

용업소의 안전관리에 관한 특별법 시행령」 별표 1의 제1호다목2)에 따른 피난유도선은 이 기준에서 정하는 규정에 따라 설비를 설치하고 유지·관리하여야 한다.

제3조(정의)

이 기준에서 사용하는 용어의 정의는 다음과 같다.

1. "유도등"이란 화재 시에 피난을 유도하기 위한 등으로서 정상상태에서는 상용전원에 따라 켜지고 상용전원이 정전되는 경우에는 비상전원으로 자동전환되어 켜지는 등을 말한다.
2. "피난구유도등"이란 피난구 또는 피난경로로 사용되는 출입구를 표시하여 피난을 유도하는 등을 말한다.
3. "통로유도등"이란 피난통로를 안내하기 위한 유도등으로 복도통로유도등, 거실통로유도등, 계단통로유도등을 말한다.
4. "복도통로유도등"이란 피난통로가 되는 복도에 설치하는 통로유도등으로서 피난구의 방향을 명시하는 것을 말한다.
5. "거실통로유도등"이란 거주, 집무, 작업, 집회, 오락 그 밖에 이와 유사한 목적을 위하여 계속적으로 사용하는 거실, 주차장 등 개방된 통로에 설치하는 유도등으로 피난의 방향을 명시하는 것을 말한다.
6. "계단통로유도등"이란 피난통로가 되는 계단이나 경사로에 설치하는 통로유도등으로 바닥면 및 디딤 바닥면을 비추는 것을 말한다.
7. "객석유도등"이란 객석의 통로, 바닥 또는 벽에 설치하는 유도등을 말한다.
8. "피난구유도표지"란 피난구 또는 피난경로로 사용되는 출입구를 표시하여 피난을 유도하는 표지를 말한다.
9. "통로유도표지"란 피난통로가 되는 복도, 계단등에 설치하는 것으로서 피난구의 방향을 표시하는 유도표지를 말한다.
10. "피난유도선"이란 햇빛이나 전등불에 따라 축광(이하 "축광방식"이라 한다)하거나 전류에 따라 빛을 발하는(이하 "광원점등방식"이라 한다) 유도체로서 어두운 상태에서 피난을 유도할 수 있도록 띠 형태로 설치되는 피난유도시설을 말한다.
11. "입체형"이란 유도등 표시면을 2면 이상으로 하고 각 면마다 피난유도표시가 있는 것을 말한다. 〈신설 2021. 7. 8.〉

제4조(유도등 및 유도표지의 종류)

특정소방대상물의 용도별로 설치하여야 할 유도등 및 유도표지는 다음 표에 따라 그에 적응하는 종류의 것으로 설치하여야 한다.

설치장소	유도등 및 유도표지의 종류
1. 공연장·집회장(종교집회장 포함)·관람장·운동시설 2. 유흥주점영업시설(「식품위생법 시행령」 제21조 제8호 라목의 유흥주점영업 중 손님이 춤을 출 수 있는 무대가 설치된 카바레, 나이트클럽 또는 그 밖에 이와 비슷한 영업시설만 해당한다)	·대형피난구유도등 ·통로유도등 ·객석유도등
3. 위락시설·판매시설·운수시설·「관광진흥법」 제3조 제1항 제2호에 따른 관광숙박업·의료시설·장례식장·방송통신시설·전시장·지하상가·지하철역사	·대형피난구유도등 ·통로유도등
4. 숙박시설(제3호의 관광숙박업 외의 것을 말한다)·오피스텔 5. 제1호부터 제3호까지 외의 건축물로서 지하층·무장층 또는 층수가 11층 이상인 특정소방대상물	·중형피난구유도등 ·통로유도등
6. 제1호부터 제5호까지 외의 건축물로서 근린생활시설·노유자시설·업무시설·발전시설·종교시설(집회장 용도로 사용하는 부분 제외)·교육연구시설·수련시설·공장·창고시설·교정 및 군사시설(국방·군사시설 제외)·기숙사·자동차정비공장·운전학원 및 정비학원·다중이용업소·복합건축물·아파트	·소형피난구유도등 ·통로유도등
7. 그 밖의 것	·피난구유도표지 ·통로유도표지

비고

1. 소방서장은 특정소방대상물의 위치·구조 및 설비의 상황을 판단하여 대형피난구유도등을 설치하여야 할 장소에 중형피난구유도등 또는 소형피난구유도등을, 중형피난구유도등을 설치하여야 할 장소에 소형피난구유도등을 설치하게 할 수 있다.
2. 복합건축물과 아파트의 경우, 주택의 세대 내에는 유도등을 설치하지 아니할 수 있다.

제5조(피난구유도등)

① 피난구유도등은 다음 각 호의 장소에 설치하여야 한다.

1. 옥내로부터 직접 지상으로 통하는 출입구 및 그 부속실의 출입구
2. 직통계단·직통계단의 계단실 및 그 부속실의 출입구
3. 제1호와 제2호에 따른 출입구에 이르는 복도 또는 통로로 통하는 출입구
4. 안전구획된 거실로 통하는 출입구

② 피난구유도등은 피난구의 바닥으로부터 높이 1.5m 이상으로서 출입구에 인접하도록 설치하여야 한다.

③ 피난층으로 향하는 피난구의 위치를 안내할 수 있도록 제1항제1호 또는 제2호의 출입구 인근 천장에 제1항제1호 또는 제2호에 따라 설치된 피난구유도등의 면과 수직이 되도록 피난구유도등을 추가로 설치하여야 한다. 다만, 제1항제1호 또는 제2호에 따라 설치된 피난구유도등이 입체형인 경우에는 그러하지 아니하다. 〈신설 2021. 7. 8.〉

제6조(통로유도등 설치기준)

① 통로유도등은 특정소방대상물의 각 거실과 그로부터 지상에 이르는 복도 또는 계단의 통로에 다음 각 호의 기준에 따라 설치하여야 한다.

1. 복도통로유도등은 다음 각 목의 기준에 따라 설치할 것 〈개정 2012. 8. 20., 2021. 7. 8.〉
   가. 복도에 설치하되 제5조제1항제1호 또는 제2호에 따라 피난구유도등이 설치된 출입구의 맞은편 복도에는 입체형으로 설치하거나, 바닥에 설치할 것 〈개정 2021. 7. 8.〉
   나. 구부러진 모퉁이 및 가목에 따라 설치된 통로유도등을 기점으로 보행거리 20 m 마다 설치할 것 〈개정 2021. 7. 8.〉
   다. 바닥으로부터 높이 1m 이하의 위치에 설치할 것. 다만, 지하층 또는 무창층의 용도가 도매시장·소매시장·여객자동차터미널·지하역사 또는 지하상가인 경우에는 복도·통로 중앙부분의 바닥에 설치하여야 한다.
   라. 바닥에 설치하는 통로유도등은 하중에 따라 파괴되지 아니하는 강도의 것으로 할 것
2. 거실통로유도등은 다음 각 목의 기준에 따라 설치할 것
   가. 거실의 통로에 설치할 것. 다만, 거실의 통로가 벽체 등으로 구획된 경우에는 복도통로유도등을 설치하여야 한다.
   나. 구부러진 모퉁이 및 보행거리 20m마다 설치할 것
   다. 바닥으로부터 높이 1.5m 이상의 위치에 설치할 것. 다만, 거실통로에 기둥이 설치된 경우에는 기둥부분의 바닥으로부터 높이 1.5m 이하의 위치에 설치할 수 있다.
3. 계단통로유도등은 다음 각 목의 기준에 따라 설치할 것
   가. 각층의 경사로 참 또는 계단참마다(1개층에 경사로 참 또는 계단참이 2 이상 있는 경우에는 2개의 계단참마다)설치할 것
   나. 바닥으로부터 높이 1m 이하의 위치에 설치할 것
4. 통행에 지장이 없도록 설치할 것
5. 주위에 이와 유사한 등화광고물·게시물 등을 설치하지 아니할 것

제7조(객석유도등 설치기준)

① 객석유도등은 객석의 통로, 바닥 또는 벽에 설치하여야 한다.

② 객석내의 통로가 경사로 또는 수평로로 되어 있는 부분은 다음의 식에 따라 산출한 수(소수점 이하의 수는 1로 본다)의 유도등을 설치하여야 한다.

$$설치개수 = \frac{객석의\ 통로의\ 직선부분의\ 길이(m)}{4} - 1$$ 〈개정 2008. 12.〉

③ 객석내의 통로가 옥외 또는 이와 유사한 부분에 있는 경우에는 해당 통로 전체에 미칠 수 있는 수의 유도등을 설치하여야 한다.

제8조(유도표지 설치기준)

① 유도표지는 다음 각 호의 기준에 따라 설치하여야 한다.

1. 계단에 설치하는 것을 제외하고는 각층마다 복도 및 통로의 각 부분으로부터 하나의 유도표지까지의 보행거리가 15m 이하가 되는 곳과 구부러진 모퉁이의 벽에 설치할 것
2. 피난구유도표지는 출입구 상단에 설치하고, 통로유도표지는 바닥으로부터 높이 1m 이하의 위치에 설치할 것
3. 주위에는 이와 유사한 등화·광고물·게시물 등을 설치하지 아니할 것
4. 유도표지는 부착판 등을 사용하여 쉽게 떨어지지 아니하도록 설치할 것
5. 축광방식의 유도표지는 외광 또는 조명장치에 의하여 상시 조명이 제공되거나 비상조명등에 의한 조명이 제공되도록 설치 할 것

② 삭제

③ 유도표지는 소방청장이 고시한 「축광표지의 성능인증 및 제품검사의 기술기준」에 적합한 것이어야 한다. 다만, 방사성물질을 사용하는 위치표지는 쉽게 파괴되지 아니하는 재질로 처리하여야 한다.

제8조의2(피난유도선 설치기준)

① 축광방식의 피난유도선은 다음 각 호의 기준에 따라 설치하여야 한다.

1. 구획된 각 실로부터 주출입구 또는 비상구까지 설치할 것
2. 바닥으로부터 높이 50cm 이하의 위치 또는 바닥 면에 설치할 것
3. 피난유도 표시부는 50cm 이내의 간격으로 연속되도록 설치
4. 부착대에 의하여 견고하게 설치할 것

5. 외광 또는 조명장치에 의하여 상시 조명이 제공되거나 비상조명등에 의한 조명이 제공되도록 설치 할 것

② 광원점등방식의 피난유도선은 다음 각 호의 기준에 따라 설치하여야 한다.

1. 구획된 각 실로부터 주출입구 또는 비상구까지 설치할 것
2. 피난유도 표시부는 바닥으로부터 높이 1m이하의 위치 또는 바닥 면에 설치할 것
3. 피난유도 표시부는 50cm이내의 간격으로 연속되도록 설치하되 실내장식물 등으로 설치가 곤란할 경우 1m 이내로 설치할 것
4. 수신기로부터의 화재신호 및 수동조작에 의하여 광원이 점등되도록 설치할 것
5. 비상전원이 상시 충전상태를 유지하도록 설치할 것
6. 바닥에 설치되는 피난유도 표시부는 매립하는 방식을 사용할 것
7. 피난유도 제어부는 조작 및 관리가 용이하도록 바닥으로부터 0.8m 이상 1.5m 이하의 높이에 설치할 것

③ 피난유도선은 소방청장이 고시한 「피난유도선의 성능인증 및 제품검사의 기술기준」에 적합한 것으로 설치하여야 한다.

제9조(유도등의 전원)

① 유도등의 전원은 축전지, 전기저장장치(외부 전기에너지를 저장해 두었다가 필요한 때 전기를 공급하는 장치) 또는 교류전압의 옥내간선으로 하고, 전원까지의 배선은 전용으로 하여야 한다.

② 비상전원은 다음 각 호의 기준에 적합하게 설치하여야 한다.

1. 축전지로 할 것
2. 유도등을 20분 이상 유효하게 작동시킬 수 있는 용량으로 할 것. 다만, 다음 각 목의 특정소방대상물의 경우에는 그 부분에서 피난층에 이르는 부분의 유도등을 60분 이상 유효하게 작동시킬 수 있는 용량으로 하여야 한다.
   가. 지하층을 제외한 층수가 11층 이상의 층
   나. 지하층 또는 무창층으로서 용도가 도매시장·소매시장·여객자동차터미널·지하역사 또는 지하상가

③ 배선은 「전기사업법」 제67조에서 정한 것 외에 다음 각 호의 기준에 따라야 한다.

1. 유도등의 인입선과 옥내배선은 직접 연결할 것
2. 유도등은 전기회로에 점멸기를 설치하지 아니하고 항상 점등상태를 유지할 것. 다만, 특

정소방대상물 또는 그 부분에 사람이 없거나 다음 각 목의 어느 하나에 해당하는 장소로서 3선식 배선에 따라 상시 충전되는 구조인 경우에는 그러하지 아니하다.

가. 외부광(光)에 따라 피난구 또는 피난방향을 쉽게 식별할 수 있는 장소

나. 공연장, 암실(暗室) 등으로서 어두워야 할 필요가 있는 장소

다. 특정소방대상물의 관계인 또는 종사원이 주로 사용하는 장소

3. 3선식 배선은 「옥내소화전설비의 화재안전기준(NFSC 102)」[별표 1]에 따른 내화배선 또는 내열배선으로 사용할 것 〈신설 2021. 7. 8.〉

④ 제3항제2호에 따라 3선식 배선으로 상시 충전되는 유도등의 전기회로에 점멸기를 설치하는 경우에는 다음 각 호의 어느 하나에 해당되는 경우에 점등되도록 하여야 한다.

1. 자동화재탐지설비의 감지기 또는 발신기가 작동되는 때
2. 비상경보설비의 발신기가 작동되는 때
3. 상용전원이 정전되거나 전원선이 단선되는 때
4. 방재업무를 통제하는 곳 또는 전기실의 배전반에서 수동으로 점등하는 때
5. 자동소화설비가 작동되는 때

제10조(유도등 및 유도표지의 제외)

① 다음 각 호의 어느 하나에 해당하는 경우에는 피난구유도등을 설치하지 아니한다.〈개정 2012. 8 20 , 2021. 7. 8.〉

1. 바닥면적이 1,000m^2 미만인 층으로서 옥내로부터 직접 지상으로 통하는 출입구(외부의 식별이 용이한 경우에 한한다)
2. 대각선 길이가 15 m 이내인 구획된 실의 출입구 〈개정 2021. 7. 8.〉
3. 거실 각 부분으로부터 하나의 출입구에 이르는 보행거리가 20m 이하이고 비상조명등과 유도표지가 설치된 거실의 출입구
4. 출입구가 3 이상 있는 거실로서 그 거실 각 부분으로부터 하나의 출입구에 이르는 보행거리가 30m 이하인 경우에는 주된 출입구 2개소외의 출입구(유도표지가 부착된 출입구를 말한다). 다만, 공연장·집회장·관람장·전시장·판매시설·운수시설·숙박시설·노유자시설·의료시설·장례식장의 경우에는 그러하지 아니하다.

② 다음 각 호의 어느 하나에 해당하는 경우에는 통로유도등을 설치하지 아니한다.

1. 구부러지지 아니한 복도 또는 통로로서 길이가 30m 미만인 복도 또는 통로
2. 제1호에 해당하지 않는 복도 또는 통로로서 보행거리가 20m미만이고 그 복도 또는 통로와 연결된 출입구 또는 그 부속실의 출입구에 피난구유도등이 설치된 복도 또는 통로

③ 다음 각 호의 어느 하나에 해당하는 경우에는 객석유도등을 설치하지 아니한다.

1. 주간에만 사용하는 장소로서 채광이 충분한 객석
2. 거실 등의 각 부분으로부터 하나의 거실출입구에 이르는 보행거리가 20m 이하인 객석의 통로로서 그 통로에 통로유도등이 설치된 객석

④ 다음 각 호의 어느 하나에 해당하는 경우에는 유도표지를 설치하지 아니한다.

1. 유도등이 제5조와 제6조에 적합하게 설치된 출입구·복도·계단 및 통로
2. 제1항제1호·제2호와 제2항에 해당하는 출입구·복도·계단 및 통로

제11조(설치·유지기준의 특례)

소방본부장 또는 소방서장은 기존건축물이 증축·개축·대수선되거나 용도변경되는 경우에 있어서 이 기준이 정하는 기준에 따라 해당 건축물에 설치하여야 할 유도등 및 유도표지의 배관·배선 등의 공사가 현저하게 곤란하다고 인정되는 경우에는 해당 설비의 기능 및 사용에 지장이 없는 범위안에서 유도등 및 유도표지의 설치·유지기준의 일부를 적용하지 아니할 수 있다.

제12조(재검토 기한)

소방청장은 「훈령·예규 등의 발령 및 관리에 관한 규정」에 따라 이 고시에 대하여 2021년 7월 1일 기준으로 매 3년이 되는 시점(매 3년째의 6월 30일까지를 말한다)마다 그 타당성을 검토하여 개선 등의 소치를 하여야 한다.

22. 비상조명등의 화재안전기준(NFSC 304)

제1조(목적)

이 기준은 「화재예방, 소방시설 설치·유지 및 안전관리에 관한 법률」 제9조제1항에 따라 소방청장에게 위임한 사항 중 피난설비인 비상조명등 및 휴대용비상조명등의 설치·유지 및 안전관리에 필요한 사항을 규정함을 목적으로 한다.

제2조(적용범위)

「화재예방, 소방시설 설치·유지 및 안전관리에 관한 법률 시행령」(이하 "영"이라 한다) 별표 5 제3호라목과 마목에 따른 비상조명등 및 휴대용비상조명등은 이 기준에서 정하는 규정에 따라

설비를 설치하고 유지·관리하여야 한다.

제3조(정의)

이 기준에서 사용하는 용어의 정의는 다음과 같다.

1. "비상조명등"이란 화재발생 등에 따른 정전시에 안전하고 원활한 피난활동을 할 수 있도록 거실 및 피난통로 등에 설치되어 자동 점등되는조명등을 말한다.
2. "휴대용비상조명등"이란 화재발생 등으로 정전시 안전하고 원할 한 피난을 위하여 피난자가 휴대할 수 있는 조명등을 말한다.

제4조(설치기준)

① 비상조명등은 다음 각 호의 기준에 따라 설치하여야 한다.

1. 특정소방대상물의 각 거실과 그로부터 지상에 이르는 복도·계단 및 그 밖의 통로에 설치할 것
2. 조도는 비상조명등이 설치된 장소의 각 부분의 바닥에서 1lx 이상이 되도록 할 것
3. 예비전원을 내장하는 비상조명등에는 평상시 점등여부를 확인할 수 있는 점검스위치를 설치하고 해당 조명등을 유효하게 작동시킬 수 있는 용량의 축전지와 예비전원 충전장치를 내장할 것.
4. 예비전원을 내장하지 아니하는 비상조명등의 비상전원은 자가발전설비, 축전지설비 또는 전기저장장치(외부 전기에너지를 저장해 두었다가 필요한 때 전기를 공급하는 장치)를 다음 각 목의 기준에 따라 설치하여야 한다.
   가. 점검에 편리하고 화재 및 침수 등의 재해로 인한 피해를 받을 우려가 없는 곳에 설치할 것
   나. 상용전원으로부터 전력의 공급이 중단된 때에는 자동으로 비상전원으로부터 전력을 공급받을 수 있도록 할 것
   다. 비상전원의 설치장소는 다른 장소와 방화구획 할 것. 이 경우 그 장소에는 비상전원의 공급에 필요한 기구나 설비외의 것(열병합발전설비에 필요한 기구나 설비는 제외한다)을 두어서는 아니 된다.
   라. 비상전원을 실내에 설치하는 때에는 그 실내에 비상조명등을 설치할 것
5. 제3호와 제4호에 따른 비상전원은 비상조명등을 20분 이상 유효하게 작동시킬 수 있는 용량으로 할 것. 다만, 다음 각 목의 특정소방대상물의 경우에는 그 부분에서 피난층에 이르는 부분의 비상조명등을 60분 이상 유효하게 작동시킬 수 있는 용량으로 하여야 한다.
   가. 지하층을 제외한 층수가 11층 이상의 층

나. 지하층 또는 무창층으로서 용도가 도매시장·소매시장·여객자동차터미널·지하역사 또는 지하상가

6. 영 별표 6 제10호 비상조명등의 설치면제 요건에서 "그 유도등의 유효범위안의 부분"이란 유도등의 조도가 바닥에서 1 lx 이상이 되는 부분을 말한다.

② 휴대용비상조명등은 다음 각 호의 기준에 적합하여야 한다.

1. 다음 각 목의 장소에 설치할 것
   가. 숙박시설 또는 다중이용업소에는 객실 또는 영업장안의 구획된 실마다 잘 보이는 곳(외부에 설치시 출입문 손잡이로부터 1m 이내 부분)에 1개 이상 설치
   나. 「유통산업발전법」 제2조제3호에 따른 대규모점포(지하상가 및 지하역사는 제외한다)와 영화상영관에는 보행거리 50m 이내마다 3개 이상 설치
   다. 지하상가 및 지하역사에는 보행거리 25m 이내마다 3개 이상 설치
2. 설치높이는 바닥으로부터 0.8m 이상 1.5m 이하의 높이에 설치할 것
3. 어둠속에서 위치를 확인할 수 있도록 할 것
4. 사용 시 자동으로 점등되는 구조일 것
5. 외함은 난연성능이 있을 것
6. 건전지를 사용하는 경우에는 방전방지조치를 하여야 하고, 충전식 밧데리의 경우에는 상시 충전되도록 할 것
7. 건전지 및 충전식 밧데리의 용량은 20분 이상 유효하게 사용할 수 있는 것으로 할 것

제5조(비상조명등의 제외)

① 다음 각 호의 어느 하나에 해당하는 경우에는 비상조명등을 설치하지 아니한다.

1. 거실의 각 부분으로부터 하나의 출입구에 이르는 보행거리가 15m이내인 부분
2. 의원·경기장·공동주택·의료시설·학교의 거실

② 지상1층 또는 피난층으로서 복도·통로 또는 창문 등의 개구부를 통하여 피난이 용이한 경우 또는 숙박시설로서 복도에 비상조명등을 설치 한 경우에는 휴대용비상조명등을 설치하지 아니할 수 있다.

제6조(설치·유지기준의 특례)

소방본부장 또는 소방서장은 기존건축물이 증축·개축·대수선되거나 용도 변경되는 경우에 있어서 이 기준이 정하는 기준에 따라 해당 건축물에 설치하여야 할 비상조명등의 배관·배선 등의 공

사가 현저하게 곤란하다고 인정되는 경우에는 해당 설비의 기능 및 사용에 지장이 없는 범위 안에서 비상조명등의 설치·유지기준의 일부를 적용하지 아니할 수 있다.

제7조(재검토 기한)

소방청장은 「훈령·예규 등의 발령 및 관리에 관한 규정」에 따라 이 고시에 대하여 2017년 1월 1일 기준으로 매 3년이 되는 시점(매 3년째의 12월 31일까지를 말한다)마다 그 타당성을 검토하여 개선 등의 조치를 하여야 한다.

제8조(규제의 재검토)

「행정규제기본법」 제8조에 따라 2015년 1월 1일을 기준으로 매 3년이 되는 시점(매 3번째의 12월 31일까지를 말한다)마다 그 타당성을 검토하여 개선 등의 조치를 하여야 한다.

23. 상수도소화용수설비의 화재안전기준(NFSC 401)

제1조(목적)

이 기준은 「화재예방, 소방시설 설치·유지 및 안전관리에 관한 법률」 제9조제1항에 따라 소방청장에게 위임한 사항 중 소화용수설비인 상수도소화용수설비의 설치·유지 및 안전관리에 필요한 사항을 규정함을 목적으로 한다.

제2조(적용범위)

「화재예방, 소방시설 설치·유지 및 안전관리에 관한 법률 시행령」(이하 "영"이라 한다) 별표 5 제4호에 따른 소화용수설비 중 상수도소화용수설비는 이 기준에서 정하는 규정에 따라 설비를 설치하고 유지·관리하여야 한다.

제3조(정의)

이 기준에서 사용하는 용어의 정의는 다음과 같다.

1. "호칭지름"이란 일반적으로 표기하는 배관의 직경을 말한다.
2. "수평투영면"이란 건축물을 수평으로 투영하였을 경우의 면을 말한다.

제4조(설치기준)

상수도소화용수설비는 「수도법」에 따른 기준 외에 다음 각 호의 기준에 따라 설치하여야 한다.

1. 호칭지름 75mm 이상의 수도배관에 호칭지름 100mm 이상의 소화전을 접속할 것
2. 제1호에 따른 소화전은 소방자동차 등의 진입이 쉬운 도로변 또는 공지에 설치할 것
3. 제1호에 따른 소화전은 특정소방대상물의 수평투영면의 각 부분으로부터 140m 이하가 되도록 설치할 것

제5조(설치·유지기준의 특례)

소방본부장 또는 소방서장은 기존건축물이 증축·개축·대수선되거나 용도 변경되는 경우에 있어서 이 기준이 정하는 기준에 따라 해당 건축물에 설치하여야 할 상수도소화용수설비의 배관 등의 공사가 현저하게 곤란하다고 인정되는 경우에는 해당 설비의 기능 및 사용에 지장이 없는 범위 안에서 상수도소화용수설비의 설치·유지기준의 일부를 적용하지 아니할 수 있다.

제6조(재검토기한)

소방청장은 이 고시에 대하여 「훈령·예규 등의 발령 및 관리에 관한 규정」에 따라 2019년 1월 1일 기준으로 매3년이 되는 시점(매 3년째의 12월 31일까지를 말한다)마다 그 타당성을 검토하여 개선 등의 조치를 하여야 한다. 〈개정 2019. 5. 24.〉

제7조(규제의 재검토)

「행정규제기본법」 제8조에 따라 2015년 1월 1일을 기준으로 매 3년이 되는 시점(매 3번째의 12월 31일까지를 말한다)마다 그 타당성을 검토하여 개선 등의 조치를 하여야 한다.

24. 소화수조 및 저수조의 화재안전기준(NFSC 402)

제1조(목적)

이 기준은 「화재예방, 소방시설 설치·유지 및 안전관리에 관한 법률」 제9조제1항에 따라 소방청장에게 위임한 사항 중 소화용수설비인 소화수조 및 저수조의 설치·유지 및 안전관리에 필요한 사항을 규정함을 목적으로 한다.

제2조(적용범위)

「화재예방, 소방시설 설치·유지 및 안전관리에 관한 법률 시행령」(이하 "영"이라 한다) 별표 5 제4호에 따른 소화용수설비 중 소화수조 및 저수조는 이 기준에서 정하는 규정에 따라 설비를 설치하고 유지·관리하여야 한다.

제3조(정의)

이 기준에서 사용하는 용어의 정의는 다음과 같다

1. "소화수조 또는 저수조"란 수조를 설치하고 여기에 소화에 필요한 물을 항시 채워두는 것을 말한다.
2. "채수구"란 소방차의 소방호스와 접결되는 흡입구를 말한다.

제4조(소화수조 등)

① 소화수조, 저수조의 채수구 또는 흡수관투입구는 소방차가 2m 이내의 지점까지 접근할 수 있는 위치에 설치하여야 한다.

② 소화수조 또는 저수조의 저수량은 특정소방대상물의 연면적을 다음 표에 따른 기준면적으로 나누어 얻은 수(소수점이하의 수는 1로 본다)에 $20m^3$를 곱한 양 이상이 되도록 하여야 한다.

소방대상물의 구분	면 적
1. 1층 및 2층의 바닥면적 합계가 $15,000m^2$ 이상인 소방대상물	$7,500m^2$
2. 제1호에 해당되지 아니 하는 그 밖의 소방대상물	$12,500m^2$

③ 소화수조 또는 저수조는 다음 각 호의 기준에 따라 흡수관투입구 또는 채수구를 설치하여야 한다.

1. 지하에 설치하는 소화용수설비의 흡수관투입구는 그 한변이 0.6m 이상이거나 직경이 0.6m 이상인 것으로 하고, 소요수량이 $80m^3$ 미만인 것은 1개 이상, $80m^3$ 이상인 것은 2개 이상을 설치하여야 하며, "흡관투입구"라고 표시한 표지를 할 것
2. 소화용수설비에 설치하는 채수구는 다음 각 목의 기준에 따라 설치할 것
   가. 채수구는 다음 표에 따라 소방용호스 또는 소방용흡수관에 사용하는 구경 65mm 이상의 나사식 결합금속구를 설치할 것

소요수량	$20m^3$ 이상 $40m^3$ 미만	$40m^3$ 이상 $100m^3$ 미만	$100m^3$ 이상
채수구의 수	1개	2개	3개

나. 채수구는 지면으로부터의 높이가 0.5m 이상 1m 이하의 위치에 설치하고 "채수구"라 고 표시한 표지를 할 것

④ 소화용수설비를 설치하여야 할 특정소방대상물에 있어서 유수의 양이 0.8m^3/min 이상인 유수를 사용할 수 있는 경우에는 소화수조를 설치하지 아니할 수 있다.

제5조(가압송수장치)

① 소화수조 또는 저수조가 지표면으로부터의 깊이(수조 내부바닥까지의 길이를 말한다)가 4.5m 이상인 지하에 있는 경우에는 다음 표에 따라 가압송수장치를 설치하여야 한다. 다만, 제4조 제2항에 따른 저수량을 지표면으로부터 4.5m 이하인 지하에서 확보할 수 있는 경우에는 소화수조 또는 저수조의 지표면으로부터의 깊이에 관계없이 가압송수장치를 설치하지 아니할 수 있다.

소요수량	20m^3 이상 40m^3 미만	40m^3 이상 100m^3 미만	100m^3 이상
가압송수장치의 1분당 양수량	1,100 l 이상	2,200 l 이상	3,300 l 이상

② 소화수조가 옥상 또는 옥탑의 부분에 설치된 경우에는 지상에 설치된 채수구에서의 압력이 0.15 MPa 이상이 되도록 하여야 한다.

③ 전동기 또는 내연기관에 따른 펌프를 이용하는 가압송수장치는 다음 각 호의 기준에 따라 설치하여야 한다.

1. 쉽게 접근할 수 있고 점검하기에 충분한 공간이 있는 장소로서 화재 및 침수 등의 재해로 인한 피해를 받을 우려가 없는 곳에 설치할 것
2. 동결방지조치를 하거나 동결의 우려가 없는 장소에 설치할 것
3. 펌프는 전용으로 할 것. 다만, 다른 소화설비와 겸용하는 경우 각각의 소화설비의 성능에 지장이 없을 때에는 예외로 한다.
4. 펌프의 토출측에는 압력계를 체크밸브 이전에 펌프토출측 플랜지에서 가까운 곳에 설치하고, 흡입측에는 연성계 또는 진공계를 설치할 것. 다만, 수원의 수위가 펌프의 위치보다 높거나 수직회전축 펌프의 경우에는 연성계 또는 진공계를 설치하지 아니할 수 있다.
5. 가압송수장치에는 정격부하운전 시 펌프의 성능을 시험하기 위한 배관을 설치할 것
6. 가압송수장치에는 체절운전 시 수온의 상승을 방지하기 위한 순환배관을 설치할 것
7. 기동장치로는 보호판을 부착한 기동스위치를 채수구 직근에 설치할 것
8. 수원의 수위가 펌프보다 낮은 위치에 있는 가압송수장치에는 다음 각 목의 기준에 따른 물

올림장치를 설치할 것

가. 물올림장치에는 전용의 탱크를 설치할 것

나. 탱크의 유효수량은 100L 이상으로 하되, 구경 15mm 이상의 급수배관에 따라 해당 탱크에 물이 계속 보급되도록 할 것

9. 내연기관을 사용하는 경우에는 다음 각 목의 기준에 적합한 것으로 할 것.

가. 내연기관의 기동은 채수구의 위치에서 원격조작으로 가능하고 기동을 명시하는 적색등을 설치할 것

나. 제어반에 따라 내연기관의 기동이 가능하고 상시 충전되어 있는 축전지설비를 갖출 것

10. 가압송수장치에는 "소화용수설비펌프"라고 표시한 표지를 할 것. 이 경우 그 가압송수장치를 다른 설비와 겸용하는 때에는 그 겸용되는 설비의 이름을 표시한 표지를 함께 하여야 한다.

11. 가압송수장치는 부식 등으로 인한 펌프의 고착을 방지할 수 있도록 다음 각 목의 기준에 적합한 것으로 할 것. 다만, 충압펌프는 제외한다. 〈신설 2021. 8. 5.〉

가. 임펠러는 청동 또는 스테인리스 등 부식에 강한 재질을 사용할 것

나. 펌프축은 스테인리스 등 부식에 강한 재질을 사용할 것

제6조(설치·유지기준의 특례)

소방본부장 또는 소방서장은 기존건축물이 증축·개축·대수선되거나 용도 변경되는 경우에 있어서 이 기준이 정하는 기준에 따라 해당 건축물에 설치하여야 할 소화수조 및 저수조의 배관·배선 등의 공사가 현저하게 곤란하다고 인정되는 경우에는 해당 설비의 기능 및 사용에 지장이 없는 범위 안에서 소화수조 및 저수조의 설치·유지기준의 일부를 적용하지 아니할 수 있다.

제7조(재검토기한)

소방청장은 이 고시에 대하여 「훈령·예규 등의 발령 및 관리에 관한 규정」에 따라 2021년 7월 1일 기준으로 매3년이 되는 시점(매 3년째의 6월 30일까지를 말한다)마다 그 타당성을 검토하여 개선 등의 조치를 하여야 한다.

제8조(규제의 재검토)

「행정규제기본법」 제8조에 따라 2015년 1월 1일을 기준으로 매 3년이 되는 시점(매 3번째의 12월 31일까지를 말한다)마다 그 타당성을 검토하여 개선 등의 조치를 하여야 한다.

25. 제연설비의 화재안전기준(NFSC 501)

제1조(목적)

이 기준은 「화재예방, 소방시설 설치·유지 및 안전관리에 관한 법률」 제9조제1항에 따라 소방청장에게 위임한 사항 중 소화활동설비인 제연설비의 설치·유지 및 안전관리에 관하여 필요한 사항을 규정함을 목적으로 한다.

제2조(적용범위)

「화재예방, 소방시설 설치·유지 및 안전관리에 관한 법률 시행령」(이하 "영"이라 한다) 별표 5 소화활동설비의 소방시설 적용기준 란 제5호 가목에 따른 제연설비는 이 기준에서 정하는 규정에 따라 설비를 설치하고 유지·관리하여야 한다.

제3조(정의)

이 기준에서 사용하는 용어의 정의는 다음과 같다.

1. "제연구역"이란 제연경계(제연설비의 일부인 천장을 포함한다)에 의해 구획된 건물 내의 공간을 말한다.
2. "예상제연구역"이란 화재발생시 연기의 제어가 요구되는 제연구역을 말한다.
3. "제연경계의 폭"이란 제연경계의 천장 또는 반자로부터 그 수직하단까지의 거리를 말한다.
4. "수직거리"란 제연경계의 바닥으로부터 그 수직하단까지의 거리를 말한다.
5. "공동예상제연구역"이란 2개 이상의 예상제연구역을 말한다.
6. "방화문"이란 「건축법 시행령」 제64조에 따른 갑종방화문 또는 을종방화문으로써 언제나 닫힌 상태를 유지하거나 화재로 인한 연기의 발생 또는 온도의 상승에 따라 자동적으로 닫히는 구조를 말한다.
7. "유입풍도"란 예상제연구역으로 공기를 유입하도록 하는 풍도를 말한다.
8. "배출풍도"란 예상 제연구역의 공기를 외부로 배출하도록 하는 풍도를 말한다.

제4조(제연설비)

① 제연설비의 설치장소는 다음 각 호에 따른 제연구역으로 구획하여야 한다.

1. 하나의 제연구역의 면적은 1,000m^2 이내로 할 것
2. 거실과 통로(복도를 포함한다. 이하같다)는 상호 제연구획 할 것

3. 통로상의 제연구역은 보행중심선의 길이가 60m를 초과하지 아니할 것
4. 하나의 제연구역은 직경 60m 원내에 들어갈 수 있을 것
5. 하나의 제연구역은 2개 이상 층에 미치지 아니하도록 할 것. 다만, 층의 구분이 불분명한 부분은 그 부분을 다른 부분과 별도로 제연구획 하여야 한다.

② 제연구역의 구획은 보·제연경계벽(이하 "제연경계"라 한다) 및 벽(화재 시 자동으로 구획되는 가동벽·샷다·방화문을 포함한다. 이하 같다)으로 하되, 다음 각 호의 기준에 적합하여야 한다.

1. 재질은 내화재료, 불연재료 또는 제연경계벽으로 성능을 인정받은 것으로서 화재시 쉽게 변형·파괴되지 아니하고 연기가 누설되지 않는 기밀성 있는 재료로 할 것
2. 제연경계는 제연경계의 폭이 0.6m 이상이고, 수직거리는 2m 이내이어야 한다. 다만, 구조상 불가피한 경우는 2m를 초과할 수 있다.
3. 제연경계벽은 배연 시 기류에 따라 그 하단이 쉽게 흔들리지 아니하여야 하며, 또한 가동식의 경우에는 급속히 하강하여 인명에 위해를 주지 아니하는 구조일 것

제5조(제연방식)

① 예상제연구역에 대하여는 화재 시 연기배출(이하 "배출"이라 한다)과 동시에 공기유입이 될 수 있게 하고, 배출구역이 거실일 경우에는 통로에 동시에 공기가 유입될 수 있도록 하여야 한다.

② 제1항에도 불구하고 통로와 인접하고 있는 거실의 바닥면적이 50m^2 미만으로 구획(제연경계에 따른 구획은 제외한다. 다만, 거실과 통로와의 구획은 그러하지 아니하다)되고 그 거실에 통로가 인접하여 있는 경우에는 화재 시 그 거실에서 직접 배출하지 아니하고 인접한 통로의 배출로 갈음할 수 있다. 다만, 그 거실이 다른 거실의 피난을 위한 경유거실인 경우에는 그 거실에서 직접 배출하여야 한다.

③ 통로의 주요 구조부가 내화구조이며 마감이 불연재료 또는 난연재료로 처리되고 가연성 내용물이 없는 경우에 그 통로는 예상제연구역으로 간주하지 아니할 수 있다. 다만, 화재발생시 연기의 유입이 우려되는 통로는 그러하지 아니하다.

제6조(배출량 및 배출방식)

① 거실의 바닥면적이 400m^2 미만으로 구획(제연경계에 따른 구획을 제외한다. 다만, 거실과 통로와의 구획은 그러하지 아니하다)된 예상제연구역에 대한 배출량은 다음 각 호의 기준에 따른다.

1. 바닥면적 $1m^2$당 $1m^3$/min 이상으로 하되, 예상제연구역 전체에 대한 최저 배출량은 5,000m^3/h 이상으로 할 것. 다만, 예상제연구역이 다른 거실의 피난을 위한 경유거실인 경우에는 그 예상제연구역의 배출량은 이 기준량의 1.5배 이상으로 하여야 한다.
2. 제5조제2항에 따라 바닥면적이 $50m^2$ 미만인 예상제연구역을 통로배출방식으로 하는 경우에는 통로보행중심선의 길이 및 수직거리에 따라 다음 표에서 정하는 기준량 이상으로 할 것

통로길이	수직거리	배출량	비 고
40m 이하	2m 이하	25,000m^3/hr	벽으로 구획된 경우를 포함한다.
	2m 초과 2.5m 이하	30,000m^3/hr	
	2.5m 초과 3m 이하	35,000m^3/hr	
	3m 초과	45,000m^3/hr	
40m 초과 60m 이하	2m 이하	30,000m^3/hr	벽으로 구획된 경우를 포함한다.
	2m 초과 2.5m 이하	35,000m^3/hr	
	2.5m 초과 3m 이하	40,000m^3/hr	
	3m 초과	50,000m^3/hr	

② 바닥면적 $400m^2$ 이상인 거실의 예상제연구역의 배출량은 다음 각 호의 기준에 적합하여야 한다.

1. 예상제연구역이 직경 40m인 원의 범위 안에 있을 경우에는 배출량이 40,000m^3/h 이상으로 할 것. 다만, 예상제연구역이 제연경계로 구획된 경우에는 그 수직거리에 따라 배출량은 다음 표에 따른다.

수직거리	배출량
2m 이하	40,000m^3/hr 이상
2m 초과 2.5m 이하	45,000m^3/hr 이상
2.5m 초과 3m 이하	50,000m^3/hr 이상
3m 초과	60,000m^3/hr 이상

2. 예상제연구역이 직경 40m인 원의 범위를 초과할 경우에는 배출량이 45,000m^3/h 이상으로 할 것. 다만, 예상제연구역이 제연경계로 구획된 경우에는 그 수직거리에 따라 배출량은 다음 표에 따른다.

수직거리	배출량
2m 이하	45,000m^3/hr 이상
2m 초과 2.5m 이하	50,000m^3/hr 이상
2.5m 초과 3m 이하	55,000m^3/hr 이상
3m 초과	65,000m^3/hr 이상

③ 예상제연구역이 통로인 경우의 배출량은 45,000m^3/h 이상으로 할 것. 다만, 예상제연구역이 제연경계로 구획된 경우에는 그 수직거리에 따라 배출량은 제2항제2호의 표에 따른다.

④ 배출은 각 예상제연구역별로 제1항부터 제3항에 따른 배출량 이상을 배출하되, 2개 이상의 예상제연구역이 설치된 특정소방대상물에서 배출을 각 예상지역별로 구분하지 아니하고 공동예상제연구역을 동시에 배출하고자 할 때의 배출량은 다음 각 호에 따라야 한다. 다만, 거실과 통로는 공동예상제연구역으로 할 수 없다.

1. 공동예상제연구역 안에 설치된 예상제연구역이 각각 벽으로 구획된 경우(제연구역의 구획 중 출입구만을 제연경계로 구획한 경우를 포함한다)에는 각 예상제연구역의 배출량을 합한 것 이상으로 할 것
2. 공동예상제연구역 안에 설치된 예상제연구역이 각각 제연경계로 구획된 경우(예상제연구역의 구획 중 일부가 제연경계로 구획된 경우를 포함하나 출입구부분만을 제연경계로 구획한 경우를 제외한다)에 배출량은 각 예상제연구역의 배출량 중 최대의 것으로 할것. 이 경우 공동제연예상구역이 거실일 때에는 그 바닥면적이 1,000m^2 이하이며, 직경 40m 원 안에 들어가야 하고, 공동제연예상구역이 통로일 때에는 보행중심선의 길이를 40m 이하로 하여야 한다.

⑤ 수직거리가 구획부분에 따라 다른 경우는 수직거리가 긴 것을 기준으로 한다.

제7조(배출구)

① 예상제연구역에 대한 배출구의 설치는 다음 각 호의 기준에 따라야 한다.

1. 바닥면적이 400m^2 미만인 예상제연구역(통로인 예상제연구역을 제외한다)에 대한 배출구의 설치는 다음 각 목의 기준에 적합할 것
   가. 예상제연구역이 벽으로 구획되어 있는 경우의 배출구는 천장 또는 반자와 바닥사이의 중간 윗부분에 설치할 것
   나. 예상제연구역 중 어느 한부분이 제연경계로 구획되어 있는 경우에는 천장·반자 또는 이에 가까운 벽의 부분에 설치할 것. 다만, 배출구를 벽에 설치하는 경우에는 배출구의 하단이 해당 예상제연구역에서 제연경계의 폭이 가장 짧은 제연경계의 하단보다 높이 되도록 하여야 한다.
2. 통로인 예상제연구역과 바닥면적이 400m^2 이상인 통로외의 예상제연구역에 대한 배출구의 위치는 다음 각 목의 기준에 적합하여야 한다.
   가. 예상제연구역이 벽으로 구획되어 있는 경우의 배출구는 천장·반자 또는 이에 가까운

벽의 부분에 설치할 것. 다만, 배출구를 벽에 설치한 경우에는 배출구의 하단과 바닥 간의 최단거리가 2m 이상이어야 한다.

나. 예상제연구역 중 어느 한부분이 제연경계로 구획되어 있을 경우에는 천장·반자 또는 이에 가까운 벽의 부분(제연경계를 포함한다)에 설치할 것. 다만, 배출구를 벽 또는 제연경계에 설치하는 경우에는 배출구의 하단이 해당 예상제연구역에서 제연경계의 폭이 가장 짧은 제연경계의 하단보다 높이 되도록 설치하여야 한다.

② 예상제연구역의 각 부분으로부터 하나의 배출구까지의 수평거리는 10m 이내가 되도록 하여야 한다.

제8조(공기유입방식 및 유입구)

① 예상제연구역에 대한 공기유입은 유입풍도를 경유한 강제유입 또는 자연유입방식으로 하거나, 인접한 제연구역 또는 통로에 유입되는 공기(가압의 결과를 일으키는 경우를 포함한다. 이하 같다)가 해당구역으로 유입되는 방식으로 할 수 있다.

② 예상제연구역에 설치되는 공기유입구는 다음 각 호의 기준에 적합하여야 한다.

1. 바닥면적 400m^2 미만의 거실인 예상제연구역(제연경계에 따른 구획을 제외한다. 다만, 거실과 통로와의 구획은 그러하지 아니하다)에 대하여서는 바닥외의 장소에 설치하고 공기유입구와 배출구간의 직선거리는 5m 이상으로 할 것. 다만, 공연장·집회장·위락시설의 용도로 사용되는 부분의 바닥면적이 200m^2를 초과하는 경우의 공기유입구는 제2호의 기준에 따른다.
2. 바닥면적이 400m^2 이상의 거실인 예상제연구역(제연경계에 따른 구획을 제외한다. 다만, 거실과 통로와의 구획은 그러하지 아니하다)에 대하여는 바닥으로부터 1.5m 이하의 높이에 설치하고 그 주변 2m 이내에는 가연성 내용물이 없도록 할 것
3. 제1호와 제2호에 해당하는 것 외의 예상제연구역(통로인 예상제연구역을 포함한다)에 대한 유입구는 다음 각 목에 따를 것. 다만, 제연경계로 인접하는 구역의 유입공기가 당해예상제연구역으로 유입되게 한 때에는 그러하지 아니하다.

가. 유입구를 벽에 설치할 경우에는 제2호의 기준에 따를 것

나. 유입구를 벽 외의 장소에 설치할 경우에는 유입구 상단이 천장 또는 반자와 바닥사이의 중간 아랫부분보다 낮게 되도록 하고, 수직거리가 가장 짧은 제연경계 하단보다 낮게 되도록 설치할 것

③ 공동예상제연구역에 설치되는 공기 유입구는 다음 각 호의 기준에 적합하게 설치하여야 한다.

1. 공동예상제연구역 안에 설치된 각 예상제연구역이 벽으로 구획되어 있을 때에는 제2항제2호에 따라 설치할 것
2. 공동예상제연구역 안에 설치된 각 예상제연구역의 일부 또는 전부가 제연경계로 구획되어 있을 때에는 공동예상제연구역 안의 1개 이상의 장소에 제2항제3호에 따라 설치할 것

④ 인접한 제연구역 또는 통로에 유입되는 공기를 해당 예상제연구역에 대한 공기유입으로 하는 경우에는 그 인접한 제연구역 또는 통로의 유입구가 제연경계 하단보다 높은 경우에는 그 인접한 제연구역 또는 통로의 화재시 그 유입구는 다음 각 호의 어느 하나의 기준에 적합할 것

1. 각 유입구는 자동폐쇄 될 것
2. 해당구역 내에 설치된 유입풍도가 해당 제연구획부분을 지나는 곳에 설치된 댐퍼는 자동폐쇄될 것

⑤ 예상제연구역에 공기가 유입되는 순간의 풍속은 5m/s 이하가 되도록 하고, 제2항부터 제4항까지의 유입구의 구조는 유입공기를 하향 60° 이내로 분출할 수 있도록 하여야 한다.

⑥ 예상제연구역에 대한 공기유입구의 크기는 해당 예상제연구역 배출량 $1m^3/min$에 대하여 $35cm^2$ 이상으로 하여야 한다.

⑦ 예상제연구역에 대한 공기유입량은 제6조제1항부터 제4항까지에 따른 배출량 이상이 되도록 하여야 한다.

제9조(배출기 및 배출풍도)

① 배출기는 다음 각 호의 기준에 따라 설치하여야 한다.

1. 배출기의 배출능력은 제6조제1항부터 제4항까지의 배출량 이상이 되도록 할 것
2. 배출기와 배출풍도의 접속부분에 사용하는 캔버스는 내열성(석면재료는 제외한다)이 있는 것으로 할 것
3. 배출기의 전동기부분과 배풍기 부분은 분리하여 설치하여야 하며, 배풍기 부분은 유효한 내열처리를 할 것

② 배출풍도는 다음 각 호의 기준에 따라야 한다.

1. 배출풍도는 아연도금강판 또는 이와 동등 이상의 내식성·내열성이 있는 것으로 하며, 내열성(석면재료를 제외한다)의 단열재로 유효한 단열 처리를 하고, 강판의 두께는 배출풍도의 크기에 따라 다음 표에 따른 기준 이상으로 할 것

풍도단면의 긴 변 또는 직경의 크기	450mm 이하	450mm 초과 750mm 이하	750mm 초과 1,500mm 이하	1,500mm 초과 2,250mm 이하	2,250mm 초과
강판두께	0.5mm	0.6mm	0.8mm	1.0mm	1.2mm

2. 배출기의 흡입측 풍도안의 풍속은 15m/s 이하로 하고 배출측 풍속은 20m/s 이하로 할 것

제10조(유입풍도등)

① 유입풍도안의 풍속은 20m/s 이하로 하고 풍도의 강판두께는 제9조제2항제1호의 기준으로 설치하여야 한다.

② 옥외에 면하는 배출구 및 공기유입구는 비 또는 눈 등이 들어가지 아니하도록 하고, 배출된 연기가 공기유입구로 순환유입 되지 아니하도록 하여야 한다.

제11조(제연설비의 전원 및 기동)

① 비상전원은 자가발전설비, 축전지설비 또는 전기저장장치(외부 전기에너지를 저장해 두었다가 필요한 때 전기를 공급하는 장치)는 다음 각 호의 기준에 따라 설치하여야 한다. 다만, 2 이상의 변전소(「전기사업법」 제67조에 따른 변전소를 말한다)에서 전력을 동시에 공급받을 수 있거나 하나의 변전소로부터 전력의 공급이 중단되는 때에는 자동으로 다른 변전소로부터 전원을 공급받을 수 있도록 상용전원을 설치한 경우에는 그러하지 아니하다.

1. 점검에 편리하고 화재 및 침수 등의 재해로 인한 피해를 받을 우려가 없는 곳에 설치할 것
2. 제연설비를 유효하게 20분 이상 작동할 수 있도록 할 것
3. 상용전원으로부터 전력의 공급이 중단된 때에는 자동으로 비상전원으로부터 전력을 공급받을 수 있도록 할 것
4. 비상전원의 설치장소는 다른 장소와 방화구획 할 것. 이 경우 그 장소에는 비상전원의 공급에 필요한 기구나 설비외의 것(열병합발전설비에 필요한 기구나 설비는 제외한다)을 두어서는 아니 된다.
5. 비상전원을 실내에 설치하는 때에는 그 실내에 비상조명등을 설치할 것

② 가동식의 벽·제연경계벽·댐퍼 및 배출기의 작동은 자동화재감지기와 연동되어야 하며, 예상제연구역(또는 인접장소) 및 제어반에서 수동으로 기동이 가능하도록 하여야 한다.

제12조(터널의 제연설비 설치기준) 삭제

제13조(설치제외)

제연설비를 설치하여야 할 특정소방대상물 중 화장실·목욕실·주차장·발코니를 설치한 숙박시설(가족호텔 및 휴양콘도미니엄에 한 한다)의 객실과 사람이 상주하지 아니하는 기계실·전기실·공

조실·$50m^2$ 미만의 창고 등으로 사용되는 부분에 대하여는 배출구·공기유입구의 설치 및 배출량 산정에서 이를 제외한다.

제14조(설치·유지기준의 특례)

소방본부장 또는 소방서장은 기존건축물이 증축·개축·대수선되거나 용도변경되는 경우에 있어서 이 기준이 정하는 기준에 따라 해당 건축물에 설치하여야 할 제연설비의 배관·배선 등의 공사가 현저하게 곤란하다고 인정되는 경우에는 해당 설비의 기능 및 사용에 지장이 없는 범위 안에서 제연설비의 설치·유지기준의 일부를 적용하지 아니할 수 있다.

제15조(재검토기한)

소방청장은 「훈령·예규 등의 발령 및 관리에 관한 규정」에 따라 이 고시에 대하여 2016년 1월 1일을 기준으로 매3년이 되는 시점(매 3년째의 12월 31일까지를 말한다)마다 그 타당성을 검토하여 개선 등의 조치를 하여야 한다.

26. 특별피난계단의 계단실 및 부속실 제연설비의 화재안전기준(NFSC 501A)

제1조(목적)

이 기준은 「화재예방, 소방시설 설치·유지 및 안전관리에 관한 법률」 제9조제1항에 따라 소방청장에게 위임한 사항 중 소화활동설비인 특별피난계단의 계단실 및 부속실 제연설비의 설치유지 및 안전관리에 관하여 필요한 사항을 규정함을 목적으로 한다.

제2조(적용범위)

「화재예방, 소방시설 설치·유지 및 안전관리에 관한 법률 시행령」(이하 "영"이라 한다) 별표 5의 제5호가목6)에 따른 특별피난계단의 계단실(이하 "계단실"이라 한다) 및 부속실(비상용승강기의 승강장과 겸용하는 것 또는 비상용승강기의 승강장을 포함한다. 이하 "부속실"이라 한다)의 제연설비는 이 기준에서 정하는 규정에 따라 설비를 설치하고 유지·관리하여야 한다.

제3조(정의)

이 기준에서 사용하는 용어의 정의는 다음과 같다.

1. “제연구역”이란 제연 하고자 하는 계단실, 부속실 또는 비상용승강기의 승강장을 말한다.
2. “방연풍속”이란 옥내로부터 제연구역내로 연기의 유입을 유효하게 방지할 수 있는 풍속을 말한다.
3. “급기량”이란 제연구역에 공급하여야 할 공기의 양을 말한다.
4. “누설량”이란 틈새를 통하여 제연구역으로부터 흘러나가는 공기량을 말한다.
5. “보충량”이란 방연풍속을 유지하기 위하여 제연구역에 보충하여야 할 공기량을 말한다.
6. “플랩댐퍼”란 부속실의 설정압력범위를 초과하는 경우 압력을 배출하여 설정압 범위를 유지하게 하는 과압방지장치를 말한다.
7. “유입공기”란 제연구역으로부터 옥내로 유입하는 공기로서 차압에 따라 누설하는 것과 출입문의 개방에 따라 유입하는 것을 말한다.
8. “거실제연설비”란 「제연설비의 화재안전기준(NFSC 501)」의 기준에 따른 옥내의 제연설비를 말한다.
9. “자동차압·과압조절형 급기댐퍼”란 제연구역과 옥내사이의 차압을 압력센서 등으로 감지하여 제연구역에 공급되는 풍량의 조절로 제연구역의 차압유지 및 과압방지를 자동으로 제어할 수 있는 댐퍼를 말한다.
10. “자동폐쇄장치”란 제연구역의 출입문 등에 설치하는 것으로서 화재발생시 옥내에 설치된 감지기 작동과 연동하여 출입문을 자동적으로 닫게하는 장치를 말한다.

제4조(제연방식)

이 기준에 따른 제연설비는 다음 각 호의 기준에 적합하여야 한다.

1. 제연구역에 옥외의 신선한 공기를 공급하여 제연구역의 기압을 제연구역 이외의 옥내(이하 “옥내”라 한다)보다 높게 하되 일정한 기압의 차이(이하 “차압”이하 한다)를 유지하게 함으로써 옥내로부터 제연구역내로 연기가 침투하지 못하도록 할 것
2. 피난을 위하여 제연구역의 출입문이 일시적으로 개방되는 경우 방연풍속을 유지하도록 옥외의 공기를 제연구역내로 보충 공급하도록 할 것
3. 출입문이 닫히는 경우 제연구역의 과압을 방지할 수 있는 유효한 조치를 하여 차압을 유지할 것

제5조(제연구역의 선정)

제연구역은 다음 각 호의 1에 따라야 한다.

1. 계단실 및 그 부속실을 동시에 제연 하는 것

2. 부속실만을 단독으로 제연 하는 것
3. 계단실 단독제연하는 것
4. 비상용승강기 승강장 단독 제연 하는 것

제6조(차압 등)

① 제4조제1호의 기준에 따라 제연구역과 옥내와의 사이에 유지하여야 하는 최소차압은 40Pa (옥내에 스프링클러설비가 설치된 경우에는 12.5Pa) 이상으로 하여야 한다.
② 제연설비가 가동되었을 경우 출입문의 개방에 필요한 힘은 110N 이하로 하여야 한다.
③ 제4조제2호의 기준에 따라 출입문이 일시적으로 개방되는 경우 개방되지 아니하는 제연구역과 옥내와의 차압은 제1항의 기준에 불구하고 제1항의 기준에 따른 차압의 70% 미만이 되어서는 아니 된다.
④ 계단실과 부속실을 동시에 제연 하는 경우 부속실의 기압은 계단실과 같게 하거나 계단실의 기압보다 낮게 할 경우에는 부속실과 계단실의 압력차이는 5Pa 이하가 되도록 하여야 한다.

제7조(급기량)

급기량은 다음 각 호의 양을 합한 양 이상이 되어야 한다.

1. 제4조제1호의 기준에 따른 차압을 유지하기 위하여 제연구역에 공급하여야 할 공기량. 이 경우 제연구역에 설치된 출입문(창문을 포함한다. 이하 "출입문등"이라 한다)의 누설량과 같아야 한다.
2. 제4조제2호의 기준에 따른 보충량

제8조(누설량)

제7조제1호의 기준에 따른 누설량은 제연구역의 누설량을 합한 양으로 한다. 이 경우 출입문이 2개소 이상인 경우에는 각 출입문의 누설틈새면적을 합한 것으로 한다.

제9조(보충량)

제7조제2호의 기준에 따른 보충량은 부속실(또는 승강장)의 수가 20 이하는 1개층 이상, 20을 초과하는 경우에는 2개층 이상의 보충량으로 한다.

제10조(방연풍속)

방연풍속은 제연구역의 선정방식에 따라 다음 표의 기준에 따라야 한다.

제 연 구 역		방연풍속
계단실 및 그 부속실을 동시에 제연하는 것 또는 계단실만 단독으로 제연하는 것		0.5m/s 이상
부속실만 단독으로 제연하는 것 또는 비상용 승강기의 승강장만 단독으로 제연하는 것	부속실 또는 승강장이 면하는 옥내가 거실인 경우	0.7m/s 이상
	부속실 또는 승강장이 면하는 옥내가 복도로서 그 구조가 방화구조(내화시간이 30분 이상인 구조를 포함한다)인 것	0.5m/s 이상

제11조(과압방지조치)

제4조제3호의 기준에 따른 제연구역에 과압의 우려가 있는 경우에는 과압방지를 위하여 해당 제연구역에 자동차압·과압조절형댐퍼 또는 과압방지장치를 다음 각 호의 기준에 따라 설치하여야 한다.

1. 과압방지장치는 제연구역의 압력을 자동으로 조절하는 성능이 있는 것으로 할 것
2. 과압방지를 위한 과압방지장치는 제6조와 제10조의 해당 조건을 만족하여야 한다.
3. 플랩댐퍼는 소방청장이 고시하는 성능인증 및 제품검사의 기술기준에 적합한 것으로 설치하여야 한다.
4. 삭제
5. 플랩댐퍼에 사용하는 철판은 두께 1.5mm 이상의 열간압연 연강판(KS D 3501) 또는 이와 동등 이상의 내식성 및 내열성이 있는 것으로 할 것
6. 자동차압·과압조절형댐퍼를 설치하는 경우에는 제17조제3호나목부터 마목의 기준에 적합할 것

제12조(누설틈새의 면적 등)

제연구역으로부터 공기가 누설하는 틈새면적은 다음 각 호의 기준에 따라야 한다.

1. 출입문의 틈새면적은 다음의 식에 따라 산출하는 수치를 기준으로 할 것. 다만, 방화문의 경우에는 「한국산업표준」에서 정하는 「문세트(KS F 3109)」에 따른 기준을 고려하여 산출할 수 있다.

   $A = (L/l) \times Ad$

   A : 출입문의 틈새(m^2)

   L : 출입문 틈새의 길이(m). 다만, L의 수치가 L의 수치 이하인 경우에는 L의수치로 할 것

   l : 외여닫이문이 설치되어있는 경우에는 5.6, 쌍여닫이문이 설치되어있는 경우에는 9.2,

승강기의 출입문이 설치되어있는 경우에는 8.0으로 할 것

Ad : 외여닫이문으로 제연구역의 실내 쪽으로 열리도록 설치하는 경우에는 0.01, 제연구역의 실외 쪽으로 열리도록 설치하는 경우에는 0.02, 쌍여닫이문의 경우에는 0.03, 승강기의 출입문에 대하여는 0.06으로 할 것

2. 창문의 틈새면적은 다음의 식에 따라 산출하는 수치를 기준으로 할 것. 다만, 「한국산업표준」에서 정하는 「창세트(KS F 3117)」에 따른 기준을 고려하여 산출할 수 있다.
   가. 여닫이식 창문으로서 창틀에 방수팩킹이 없는 경우
      틈새면적(m^2) = $2.55 \times 10^{-4} \times$ 틈새의 길이(m)
   나. 여닫이식 창문으로서 창틀에 방수팩킹이 있는 경우
      틈새면적(m^2) = $3.61 \times 10^{-5} \times$ 틈새의 길이(m)
   다. 미닫이식 창문이 설치되어 있는 경우
      틈새면적(m^2) = $1.00 \times 10^{-4} \times$ 틈새의 길이(m)
3. 제연구역으로부터 누설하는 공기가 승강기의 승강로를 경유하여 승강로의 외부로 유출하는 유출면적은 승강로 상부의 승강로와 기계실 사이의 개구부 면적을 합한 것을 기준으로 할 것
4. 제연구역을 구성하는 벽체 (반자속의 벽체를 포함한다)가 벽돌 또는 시멘트블록 등의 조적구조이거나 석고판 등의 조립구조인 경우에는 불연재료를 사용하여 틈새를 조정할 것. 다만, 제연구역의 내부 또는 외부면을 시멘트모르터로 마감하거나 철근콘크리트 구조의 벽체로 하는 경우에는 그 벽체의 공기누설은 무시할 수 있다.
5. 제연설비의 완공 시 제연구역의 출입문등은 크기 및 개방방식이 해당 설비의 설계 시와 같아야 한다.

제13조(유입공기의 배출)

① 유입공기는 화재층의 제연구역과 면하는 옥내로부터 옥외로 배출되도록 하여야 한다. 다만, 직통계단식 공동주택의 경우에는 그러하지 아니하다.

② 유입공기의 배출은 다음 각 호의 어느 하나의 기준에 따른 배출방식으로 하여야 한다.

1. 수직풍도에 따른 배출 : 옥상으로 직통하는 전용의 배출용 수직풍도를 설치하여 배출하는 것으로서 다음 각 목의 어느 하나에 해당하는 것
   가. 자연배출식 : 굴뚝효과에 따라 배출하는 것
   나. 기계배출식 : 수직풍도의 상부에 전용의 배출용 송풍기를 설치하여 강제로 배출하는 것. 다만, 지하층만을 제연하는 경우 배출용 송풍기의 설치위치는 배출된 공기로 인

하여 피난 및 소화활동에 지장을 주지 아니하는 곳에 설치할 수 있다.

2. 배출구에 따른 배출 : 건물의 옥내와 면하는 외벽마다 옥외와 통하는 배출구를 설치하여 배출하는 것
3. 제연설비에 따른 배출 : 거실제연설비가 설치되어 있고 당해 옥내로부터 옥외로 배출하여야 하는 유입공기의 양을 거실제연설비의 배출량에 합하여 배출하는 경우 유입공기의 배출은 당해 거실제연설비에 따른 배출로 갈음할 수 있다.

제14조(수직풍도에 따른 배출)

수직풍도에 따른 배출은 다음 각 호의 기준에 적합하여야 한다.

1. 수직풍도는 내화구조로 하되 「건축물의 피난·방화구조 등의 기준에 관한 규칙」 제3조제1호 또는 제2호의 기준 이상의 성능으로 할 것
2. 수직풍도의 내부면은 두께 0.5mm 이상의 아연도금강판 또는 동등이상의 내식성·내열성이 있는 것으로 마감되는 접합부에 대하여는 통기성이 없도록 조치할 것
3. 각층의 옥내와 면하는 수직풍도의 관통부에는 다음 각목의 기준에 적합한 댐퍼 (이하 "배출댐퍼"라 한다)를 설치하여야 한다.
   가. 배출댐퍼는 두께 1.5mm 이상의 강판 또는 이와 동등 이상의 성능이 있는 것으로 설치하여야 하며 비 내식성 재료의 경우에는 부식방지 조치를 할 것
   나. 평상시 닫힌 구조로 기밀상태를 유지할 것
   다. 개폐여부를 당해 장치 및 제어반에서 확인할 수 있는 감지기능을 내장하고 있을 것
   라. 구동부의 작동상태와 닫혀 있을 때의 기밀상태를 수시로 점검할 수 있는 구조일 것
   마. 풍도의 내부마감상태에 대한 점검 및 댐퍼의 정비가 가능한 이·탈착구조로 할 것
   바. 화재층의 옥내에 설치된 화재감지기의 동작에 따라 당해층의 댐퍼가 개방될 것
   사. 개방 시의 실제개구부(개구율을 감안한 것을 말한다)의 크기는 수직풍도의 내부단면적과 같도록 할 것
   아. 댐퍼는 풍도내의 공기흐름에 지장을 주지 않도록 수직풍도의 내부로 돌출하지 않게 설치할 것
4. 수직풍도의 내부단면적은 다음 각 목의 기준에 적합할 것
   가. 자연배출식의 경우 다음 식에 따라 산출하는 수치 이상으로 할 것. 다만, 수직풍도의 길이가 100m를 초과하는 경우에는 산출수치의 1.2배 이상의 수치를 기준으로 하여야 한다.
   $AP = QN/2$

AP : 수직풍도의 내부단면적(m^2)

QN : 수직풍도가 담당하는 1개층의 제연구역의 출입문(옥내와 면하는 출입문을 말한다) 1개의 면적(m^2)과 방연풍속(m/s)을 곱한 값(m^3/s)

나. 송풍기를 이용한 기계배출식의 경우 풍속 15m/s 이하로 할 것

5. 기계배출식에 따라 배출하는 경우 배출용 송풍기는 다음 각 목의 기준에 적합할 것
   가. 열기류에 노출되는 송풍기 및 그 부품들은 250℃의 온도에서 1시간 이상 가동상태를 유지할 것
   나. 송풍기의 풍량은 제4호가목의 기준에 따른 QN에 여유량을 더한 양을 기준으로 할 것
   다. 송풍기는 옥내의 화재감지기의 동작에 따라 연동하도록 할 것
6. 수직풍도의 상부의 말단(기계배출식의 송풍기도 포함한다)은 빗물이 흘러들지 아니하는 구조로 하고, 옥외의 풍압에 따라 배출성능이 감소하지 아니하도록 유효한 조치를 할 것

제15조(배출구에 따른 배출)

배출구에 따른 배출은 다음 각 호의 기준에 적합하여야 한다.

1. 배출구에는 다음 각 목의 기준에 적합한 장치(이하 "개폐기"라 한다)를 설치할 것
   가. 빗물과 이물질이 유입하지 아니하는 구조로 할 것
   나. 옥 외쪽으로만 열리도록 하고 옥외의 풍압에 따라 자동으로 닫히도록 할 것
   다. 그 밖의 설치기준은 제14조제3호가목 내지 사목의 기준을 준용할 것
2. 개폐기의 개구면적은 다음 식에 따라 산출한 수치 이상으로 할 것

$AO = QN/2.5$

AO : 개폐기의 개구면적(m^2)

QN : 수직풍도가 담당하는 1개 층의 제연구역의 출입문(옥내와 면하는 출입문을 말한다) 1개의 면적(m^2)과 방연풍속(m/s)을 곱한 값(m^3/s)

제16조(급기)

제연구역에 대한 급기는 다음 각 호의 기준에 따라야 한다.

1. 부속실을 제연하는 경우 동일수직선상의 모든 부속실은 하나의 전용수직풍도를 통해 동시에 급기할 것. 다만, 동일수직선상에 2대 이상의 급기송풍기가 설치되는 경우에는 수직풍도를 분리하여 설치할 수 있다.
2. 계단실 및 부속실을 동시에 제연하는 경우 계단실에 대하여는 그 부속실의 수직풍도를 통해

급기할 수 있다.

3. 계단실만 제연하는 경우에는 전용수직풍도를 설치하거나 계단실에 급기풍도 또는 급기송풍기를 직접 연결하여 급기하는 방식으로 할 것
4. 하나의 수직풍도마다 전용의 송풍기로 급기할 것
5. 비상용승강기의 승강장을 제연하는 경우에는 비상용승강기의 승강로를 급기풍도로 사용할 수 있다.

제17조(급기구)

제연구역에 설치하는 급기구는 다음 각 호의 기준에 적합하여야 한다.

1. 급기용 수직풍도와 직접 면하는 벽체 또는 천장(당해 수직풍도와 천장급기구 사이의 풍도를 포함한다)에 고정하되, 급기되는 기류 흐름이 출입문으로 인하여 차단되거나 방해받지 아니하도록 옥내와 면하는 출입문으로부터 가능한 먼 위치에 설치할 것
2. 계단실과 그 부속실을 동시에 제연하거나 또는 계단실만을 제연하는 경우 급기구는 계단실 매 3개층 이하의 높이마다 설치할 것. 다만, 계단실의 높이가 31m 이하로서 계단실만을 제연하는 경우에는 하나의 계단실에 하나의 급기구만을 설치할 수 있다.
3. 급기구의 댐퍼설치는 다음 각 목의 기준에 적합할 것
   가. 급기댐퍼는 두께 1.5mm 이상의 강판 또는 이와 동등 이상의 강도가 있는 것으로 설치하여야 하며, 비 내식성 재료의 경우에는 부식방지조치를 할 것
   나. 자동차압·과압조절형 댐퍼를 설치하는 경우 차압범위의 수동설정기능과 설정범위의 차압이 유지되도록 개구율을 자동조절하는 기능이 있을 것
   다. 자동차압·과압조절형 댐퍼는 옥내와 면하는 개방된 출입문이 완전히 닫히기 전에 개구율을 자동감소시켜 과압을 방지하는 기능이 있을 것
   라. 자동차압·과압조절형 댐퍼는 주위온도 및 습도의 변화에 의해 기능이 영향을 받지 아니하는 구조일 것
   마. 자동차압·과압조절형댐퍼는 「자동차압·과압조절형댐퍼의 성능인증 및 제품검사의 기술기준」에 적합한 것으로 설치할 것
   바. 자동차압·과압조절형이 아닌 댐퍼는 개구율을 수동으로 조절할 수 있는 구조로 할 것
   사. 옥내에 설치된 화재감지기에 따라 모든 제연구역의 댐퍼가 개방되도록 할 것. 다만, 둘 이상의 특정소방대상물이 지하에 설치된 주차장으로 연결되어 있는 경우에는 주차장에서 하나의 특정소방대상물의 제연구역으로 들어가는 입구에 설치된 제연용 연기감지기

의 작동에 따라 특정소방대상물의 해당 수직풍도에 연결된 모든 제연구역의 댐퍼가 개방되도록 할 것

아. 댐퍼의 작동이 전기적 방식에 의하는 경우 제14조제3호의 나목 내지 마목의 기준을, 기계적 방식에 따른 경우 제14조제3호의 다목, 라목 및 마목 기준을 준용할 것

자. 그 밖의 설치기준은 제14조제3호 가목 및 아목의 기준을 준용할 것

제18조(급기풍도)

급기풍도(이하 "풍도"라 한다)의 설치는 다음 각 호의 기준에 적합하여야 한다.

1. 수직풍도는 제14조제1호 및 제2호의 기준을 준용할 것
2. 수직풍도 이외의 풍도로서 금속판으로 설치하는 풍도는 다음 각 목의 기준에 적합할 것
   가. 풍도는 아연도금강판 또는 이와 동등 이상의 내식성·내열성이 있는 것으로 하며, 불연재료(석면재료를 제외한다)인 단열재로 유효한 단열처리를 하고, 강판의 두께는 풍도의 크기에 따라 다음표에 따른 기준 이상으로 할 것. 다만, 방화구획이 되는 전용실에 급기송풍기와 연결되는 닥트는 단열이 필요 없다.

풍도단면의 긴 변 또는 직경의 크기	450mm 이하	450mm 초과 750mm 이하	750mm 초과 1,500mm 이하	1,500mm 초과 2,250mm 이하	2,250mm 초과
강판두께	0.5mm	0.6mm	0.8mm	1.0mm	1.2mm

   나. 풍도에서의 누설량은 급기량의 10%를 초과하지 아니할 것
3. 풍도는 정기적으로 풍도내부를 청소할 수 있는 구조로 설치할 것

제19조(급기송풍기)

급기송풍기의 설치는 다음 각 호의 기준에 적합하여야 한다.

1. 송풍기의 송풍능력은 송풍기가 담당하는 제연구역에 대한 급기량의 1.15배 이상으로 할 것. 다만, 풍도에서의 누설을 실측하여 조정하는 경우에는 그러하지 아니한다.
2. 송풍기에는 풍량조절장치를 설치하여 풍량조절을 할 수 있도록 할 것
3. 송풍기에는 풍량을 실측할 수 있는 유효한 조치를 할 것
4. 송풍기는 인접장소의 화재로부터 영향을 받지 아니하고 접근 및 점검이 용이한 곳에 설치할 것
5. 송풍기는 옥내의 화재감지기의 동작에 따라 작동하도록 할 것
6. 송풍기와 연결되는 캔버스는 내열성(석면재료를 제외한다)이 있는 것으로 할 것

제20조(외기취입구)

외기취입구(이하 "취입구"라 한다)는 다음 각 호의 기준에 적합하여야 한다.

1. 외기를 옥외로부터 취입하는 경우 취입구는 연기 또는 공해물질 등으로 오염된 공기를 취입하지 아니하는 위치에 설치하여야 하며, 배기구 등(유입공기, 주방의 조리대의 배출공기 또는 화장실의 배출공기 등을 배출하는 배기구를 말한다)으로부터 수평거리 5m 이상, 수직거리 1m 이상 낮은 위치에 설치할 것
2. 취입구를 옥상에 설치하는 경우에는 옥상의 외곽 면으로부터 수평거리 5m 이상, 외곽면의 상단으로부터 하부로 수직거리 1m 이하의 위치에 설치할 것
3. 취입구는 빗물과 이물질이 유입하지 아니하는 구조로 할 것
4. 취입구는 취입공기가 옥외의 바람의 속도와 방향에 따라 영향을 받지 아니하는 구조로 할 것

제21조(제연구역 및 옥내의 출입문)

① 제연구역의 출입문은 다음 각 호의 기준에 적합하여야 한다.

1. 제연구역의 출입문(창문을 포함 한다)은 언제나 닫힌 상태를 유지하거나 자동폐쇄장치에 의해 자동으로 닫히는 구조로 할 것. 다만, 아파트인 경우 제연구역과 계단실 사이의 출입문은 자동폐쇄장치에 의하여 자동으로 닫히는 구조로 하여야 한다.
2. 제연구역의 출입문에 설치하는 자동폐쇄장치는 제연구역의 기압에도 불구하고 출입문을 용이하게 닫을 수 있는 충분한 폐쇄력이 있을 것
3. 제연구역의 출입문등에 자동폐쇄장치를 사용하는 경우에는 「자동폐쇄장치의 성능인증 및 제품검사의 기술기준」에 적합한 것으로 설치하여야 한다.

② 옥내의 출입문(제10조의 기준에 따른 방화구조의 복도가 있는 경우로서 복도와 거실사이의 출입문에 한한다)은 다음 각 호의 기준에 적합하도록 할 것

1. 출입문은 언제나 닫힌 상태를 유지하거나 자동폐쇄장치에 의해 자동으로 닫히는 구조로 할 것
2. 거실 쪽으로 열리는 구조의 출입문에 자동폐쇄장치를 설치하는 경우에는 출입문의 개방시 유입공기의 압력에도 불구하고 출입문을 용이하게 닫을 수 있는 충분한 폐쇄력이 있는 것으로 할 것

제22조(수동기동장치)

① 배출댐퍼 및 개폐기의 직근과 제연구역에는 다음 각 호의 기준에 따른 장치의 작동을 위하여

전용의 수동기동장치를 설치하여야 한다. 다만, 계단실 및 그 부속실을 동시에 제연하는 제연구역에는 그 부속실에만 설치할 수 있다.

1. 전층의 제연구역에 설치된 급기댐퍼의 개방
2. 당해층의 배출댐퍼 또는 개폐기의 개방
3. 급기송풍기 및 유입공기의 배출용 송풍기(설치한 경우에 한한다)의 작동
4. 개방·고정된 모든 출입문(제연구역과 옥내사이의 출입문에 한한다)의 개폐장치의 작동

② 제1항 각 호의 기준에 따른 장치는 옥내에 설치된 수동발신기의 조작에 따라서도 작동할 수 있도록 하여야 한다.

제23조(제어반)

제연설비의 제어반은 다음 각 호의 기준에 적합하도록 설치하여야 한다.

1. 제어반에는 제어반의 기능을 1시간 이상 유지할 수 있는 용량의 비상용 축전지를 내장할 것. 다만, 당해 제어반이 종합방재제어반에 함께 설치되어 종합방재제어반으로부터 이 기준에 따른 용량의 전원을 공급 받을 수 있는 경우에는 그러하지 아니한다.
2. 제어반은 다음 각 목의 기능을 보유할 것
   가. 급기용 댐퍼의 개폐에 대한 감시 및 원격조작기능
   나. 배출댐퍼 또는 개폐기의 작동여부에 대한 감시 및 원격조작기능
   다. 급기송풍기와 유입공기의 배출용 송풍기(설치한 경우에 한한다)의 작동여부에 대한 감시 및 원격조작기능
   라. 제연구역의 출입문의 일시적인 고정개방 및 해정에 대한 감시 및 원격조작기능
   마. 수동기동장치의 작동여부에 대한 감시기능
   바. 급기구 개구율의 자동조절장치(설치하는 경우에 한한다)의 작동여부에 대한 감시기능. 다만, 급기구에 차압표시계를 고정부착한 자동차압·과압조절형 댐퍼를 설치하고 당해 제어반에도 차압표시계를 설치한 경우에는 그러하지 아니하다.
   사. 감시선로의 단선에 대한 감시기능
   아. 예비전원이 확보되고 예비전원의 적합여부를 시험할 수 있어야 할 것

제24조(비상전원)

비상전원은 자가발전설비, 축전지설비 또는 전기저장장치(외부 전기에너지를 저장해 두었다가 필요한 때 전기를 공급하는 장치)로서 다음 각 호의 기준에 따라 설치하여야 한다. 다만, 둘 이

상의 변전소(전기사업법 제67조의 규정에 따른 변전소를 말한다)에서 전력을 동시에 공급받을 수 있거나 하나의 변전소로부터 전력의 공급이 중단되는 때에는 자동으로 다른 변전소로부터 전원을 공급받을 수 있도록 상용전원을 설치한 경우에는 그러하지 아니하다.

1. 점검에 편리하고 화재 및 침수 등의 재해로 인한 피해를 받을 우려가 없는 곳에 설치할 것
2. 제연설비를 유효하게 20분(층수가 30층 이상 49층 이하는 40분, 50층 이상은 60분) 이상 작동할 수 있도록 할 것
3. 상용전원으로부터 전력의 공급이 중단된 때에는 자동으로 비상전원으로부터 전력을 공급받을 수 있도록 할 것
4. 비상전원의 설치장소는 다른 장소와 방화구획 할 것. 이 경우 그 장소에는 비상전원의 공급에 필요한 기구나 설비외의 것(열병합발전설비에 필요한 기구나 설비는 제외한다)을 두어서는 아니 된다.
5. 비상전원을 실내에 설치하는 때에는 그 실내에 비상조명등을 설치할 것

제25조(시험, 측정 및 조정 등)

① 제연설비는 설계목적에 적합한지 사전에 검토하고 건물의 모든 부분(건축설비를 포함한다)을 완성하는 시점부터 시험 등(확인, 측정 및 조정을 포함한다)을 하여야 한다.

② 제연설비의 시험 등은 다음 각 호의 기준에 따라 실시하여야 한다.

1. 제연구역의 모든 출입문등의 크기와 열리는 방향이 설계 시와 동일한지 여부를 확인하고, 동일하지 아니한 경우 급기량과 보충량 등을 다시 산출하여 조정가능여부 또는 재설계·개수의 여부를 결정할 것
2. 제1호의 기준에 따른 확인결과 출입문 등이 설계 시와 동일한 경우에는 출입문마다 그 바닥사이의 틈새가 평균적으로 균일한지 여부를 확인하고, 큰 편차가 있는 출입문 등에 대하여는 그 바닥의 마감을 재시공하거나, 출입문 등에 불연재료를 사용하여 틈새를 조정할 것
3. 제연구역의 출입문 및 복도와 거실(옥내가 복도와 거실로 되어 있는 경우에 한한다) 사이의 출입문마다 제연설비가 작동하고 있지 아니한 상태에서 그 폐쇄력을 측정할 것
4. 옥내의 층별로 화재감지기(수동기동장치를 포함한다)를 동작시켜 제연설비가 작동하는지 여부를 확인할 것. 다만, 둘 이상의 특정소방대상물이 지하에 설치된 주차장으로 연결되어 있는 경우에는 주차장에서 하나의 특정소방대상물의 제연구역으로 들어가는 입구에 설치된 제연용 연기감지기의 작동에 따라 특정소방대상물의 해당 수직풍도에 연결된 모

든 제연구역의 댐퍼가 개방되도록 하고 비상전원을 작동시켜 급기 및 배기용 송풍기의 성능이 정상인지 확인할 것

5. 제4호의 기준에 따라 제연설비가 작동하는 경우 다음 각 목의 기준에 따른 시험 등을 실시할 것
   가. 부속실과 면하는 옥내 및 계단실의 출입문을 동시에 개방할 경우, 유입공기의 풍속이 제10조의 규정에 따른 방연풍속에 적합한지 여부를 확인하고, 적합하지 아니한 경우에는 급기구의 개구율과 송풍기의 풍량조절댐퍼 등을 조정하여 적합하게 할 것. 이 경우 유입공기의 풍속은 출입문의 개방에 따른 개구부를 대칭적으로 균등 분할하는 10 이상의 지점에서 측정하는 풍속의 평균치로 할 것
   나. 가목의 기준에 따른 시험등의 과정에서 출입문을 개방하지 아니하는 제연구역의 실제 차압이 제6조3항의 기준에 적합한지 여부를 출입문 등에 차압측정공을 설치하고 이를 통하여 차압측정기구로 실측하여 확인·조정할 것.
   다. 제연구역의 출입문이 모두 닫혀 있는 상태에서 제연설비를 가동시킨 후 출입문의 개방에 필요한 힘을 측정하여 제6조제2항의 규정에 따른 개방력에 적합한지 여부를 확인하고, 적합하지 아니한 경우에는 급기구의 개구율 조정 및 플랩댐퍼(설치하는 경우에 한한다)와 풍량조절용댐퍼 등의 조정에 따라 적합하도록 조치할 것
   라. 가목의 기준에 따른 시험 등의 과정에서 부속실의 개방된 출입문이 자동으로 완전히 닫히는지 여부를 확인하고, 닫힌 상태를 유지할 수 있도록 조정할 것

제26조(설치·유지기준의 특례)

소방본부장 또는 소방서장은 기존건축물이 증축·개축·대수선되거나 용도 변경되는 경우에 있어서 이 기준이 정하는 기준에 따라 당해 건축물에 설치하여야 할 특별피난계단의 계단실 및 부속실 제연설비의 배관·배선 등의 공사가 현저하게 곤란하다고 인정되는 경우에는 당해 설비의 기능 및 사용에 지장이 없는 범위 안에서 특별피난계단의 계단실 및 부속실의 제연설비의 설치·유지기준의 일부를 적용하지 아니할 수 있다.

제27조(재검토기한)

소방청장은 「훈령·예규 등의 발령 및 관리에 관한 규정」에 따라 이 고시에 대하여 2016년 1월 1일을 기준으로 매3년이 되는 시점(매 3년째의 12월 31일까지를 말한다)마다 그 타당성을 검토하여 개선 등의 조치를 하여야 한다.

27. 연결송수관설비의 화재안전기준(NFSC 502)

제1조(목적)

이 기준은 「화재예방, 소방시설 설치·유지 및 안전관리에 관한 법률」 제9조제1항에서 소방청장에게 위임한 사항 중 소화활동설비인 연결송수관설비의 설치·유지 및 안전관리에 필요한 사항을 규정함을 목적으로 한다.

제2조(적용범위)

「화재예방, 소방시설 설치·유지 및 안전관리에 관한 시행령」(이하 "영"이라 한다) 별표 5의 제5호나목에 따른 연결송수관설비는 이 기준에서 정하는 규정에 따라 설비를 설치하고 유지·관리하여야 한다.

제3조(정의)

이 기준에서 사용하는 용어의 정의는 다음과 같다.

1. "주배관"이란 각 층을 수직으로 관통하는 수직배관을 말한다.

1의2. "분기배관"이란 배관 측면에 구멍을 뚫어 둘 이상의 관로가 생기도록 가공한 배관으로서 확관형 분기배관과 비확관형 분기배관을 말한다. 〈신설 2021. 12. 16.〉

1의3. "확관형 분기배관"이란 배관의 측면에 조그만 구멍을 뚫고 소성가공으로 확관시켜 배관 용접이음자리를 만들거나 배관 용접이음자리에 배관이음쇠를 용접 이음한 배관을 말한다. 〈신설 2021. 12. 16.〉

1의4. "비확관형 분기배관"이란 배관의 측면에 분기호칭내경 이상의 구멍을 뚫고 배관이음쇠를 용접 이음한 배관을 말한다. 〈신설 2021. 12. 16.〉

2. "송수구"란 소화설비에 소화용수를 보급하기 위하여 건물 외벽 또는 구조물의 외벽에 설치하는 관을 말한다.
3. "방수구"란 소화설비로부터 소화용수를 방수하기 위하여 건물내벽 또는 구조물의 외벽에 설치하는 관을 말한다.
4. "충압펌프"란 배관내 압력손실에 따라 주펌프의 빈번한 기동을 방지하기 위하여 충압역할을 하는 펌프를 말한다.
5. "정격토출량"이란 정격토출압력에서의 펌프의 토출량을 말한다.
6. "정격토출압력"이란 정격토출량에서의 펌프의 토출측 압력을 말한다.

7. "진공계"란 대기압 이하의 압력을 측정하는 계측기를 말한다.
8. "연성계"란 대기압 이상의 압력과 대기압 이하의 압력을 측정할 수 있는 계측기를 말한다.
9. "체절운전"이란 펌프의 성능시험을 목적으로 펌프토출측의 개폐밸브를 닫은 상태에서 펌프를 운전하는 것을 말한다.
10. "기동용 수압개폐장치"란 소화설비의 배관내 압력변동을 검지하여 자동적으로 펌프를 기동 및 정지시키는 것으로서 압력챔버 또는 기동용압력스위치 등을 말한다.

제4조(송수구)

연결송수관설비의 송수구는 다음 각 호의 기준에 따라 설치하여야 한다.

1. 소방차가 쉽게 접근할 수 있고 잘 보이는 장소에 설치할 것
2. 지면으로부터 높이가 0.5m 이상 1m 이하의 위치에 설치할 것
3. 송수구는 화재층으로부터 지면으로 떨어지는 유리창 등이 송수 및 그 밖의 소화작업에 지장을 주지 아니하는 장소에 설치할 것
4. 송수구로부터 연결송수관설비의 주배관에 이르는 연결배관에 개폐밸브를 설치한 때에는 그 개폐상태를 쉽게 확인 및 조작할 수 있는 옥외 또는 기계실 등의 장소에 설치할 것. 이 경우 개폐밸브에는 그 밸브의 개폐상태를 감시제어반에서 확인할 수 있도록 급수개폐밸브 작동표시 스위치를 다음 각 목의 기준에 따라 설치하여야 한다.
   가. 급수개폐밸브가 잠길 경우 탬퍼 스위치의 동작으로 인하여 감시제어반 또는 수신기에 표시되어야 하며 경보음을 발할 것
   나. 탬퍼 스위치는 감시제어반 또는 수신기에서 동작의 유무확인과 동작시험, 도통시험을 할 수 있을 것
   다. 급수개폐밸브의 작동표시 스위치에 사용되는 전기배선은 내화전선 또는 내열전선으로 설치할 것
5. 구경 65mm의 쌍구형으로 할 것
6. 송수구에는 그 가까운 곳의 보기 쉬운 곳에 송수압력범위를 표시한 표지를 할 것
7. 송수구는 연결송수관의 수직배관마다 1개 이상을 설치할 것. 다만, 하나의 건축물에 설치된 각 수직배관이 중간에 개폐밸브가 설치되지 아니한 배관으로 상호 연결되어 있는 경우에는 건축물마다 1개씩 설치할 수 있다.
8. 송수구의 부근에는 자동배수밸브 및 체크밸브를 다음 각목의 기준에 따라 설치할 것. 이 경우 자동배수밸브는 배관안의 물이 잘빠질 수 있는 위치에 설치하되, 배수로 인하여 다른 물건이

나 장소에 피해를 주지 아니하여야 한다.

가. 습식의 경우에는 송수구·자동배수밸브·체크밸브의 순으로 설치할 것

나. 건식의 경우에는 송수구·자동배수밸브·체크밸브·자동배수밸브의 순으로 설치할 것

9. 송수구에는 가까운 곳의 보기 쉬운 곳에 "연결송수관설비송수구"라고 표시한 표지를 설치할 것

10. 송수구에는 이물질을 막기 위한 마개를 씌울 것

제5조(배관 등)

① 연결송수관설비의 배관은 다음 각 호의 기준에 따라 설치하여야 한다.

1. 주배관의 구경은 100mm 이상의 것으로 할 것
2. 지면으로부터의 높이가 31m 이상인 특정소방대상물 또는 지상 11층 이상인 특정소방대상물에 있어서는 습식설비로 할 것

② 배관과 배관이음쇠는 다음 각 호의 어느 하나에 해당하는 것 또는 동등 이상의 강도·내식성 및 내열성을 국내·외 공인기관으로부터 인정받은 것을 사용하여야 하고, 배관용 스테인리스강관(KS D 3576)의 이음을 용접으로 할 경우에는 알곤용접방식에 따른다. 다만, 본 조에서 정하지 않은 사항은 건설기술 진흥법 제44조제1항의 규정에 따른 건축기계설비공사 표준설명서에 따른다.

1. 배관 내 사용압력이 1.2 MPa 미만일 경우에는 다음 각 목의 어느 하나에 해당하는 것

가. 배관용 탄소강관(KS D 3507)

나. 이음매 없는 구리 및 구리합금관(KS D 5301). 다만, 습식의 배관에 한한다.

다. 배관용 스테인리스강관(KS D 3576) 또는 일반배관용 스테인리스강관(KS D 3595)

라. 덕타일 주철관(KS D 4311)

2. 배관 내 사용압력이 1.2 MPa 이상일 경우에는 다음 각 목의 어느 하나에 해당하는 것

가. 압력배관용 탄소강관(KS D 3562)

나. 배관용 아크용접 탄소강강관(KS D 3583)

③ 제2항에도 불구하고 다음 각 호의 어느 하나에 해당하는 장소에는 소방청장이 정하여 고시한 「소방용합성수지배관의 성능인증 및 제품검사의 기술기준」에 적합한 소방용 합성수지배관으로 설치할 수 있다.

1. 배관을 지하에 매설하는 경우
2. 다른 부분과 내화구조로 구획된 덕트 또는 피트의 내부에 설치하는 경우
3. 천장(상층이 있는 경우에는 상층바닥의 하단을 포함한다. 이하 같다)과 반자를 불연재료

또는 준불연재료로 설치하고 소화배관 내부에 항상 소화수가 채워진 상태로 설치하는 경우

④ 연결송수관설비의 배관은 주배관의 구경이 100mm 이상인 옥내소화전설비·스프링클러설비 또는 물분무등소화설비의 배관과 겸용할 수 있다.

⑤ 연결송수관설비의 수직배관은 내화구조로 구획된 계단실(부속실을 포함한다) 또는 파이프덕트 등 화재의 우려가 없는 장소에 설치하여야 한다. 다만, 학교 또는 공장이거나 배관주위를 1시간 이상의 내화성능이 있는 재료로 보호하는 경우에는 그렇지 않다.

⑥ 확관형 분기배관을 사용할 경우에는 소방청장이 정하여 고시한 「분기배관의 성능인증 및 제품검사의 기술기준」에 적합한 것으로 설치하여야 한다.〈종전의 제4항에서 이동 · 개정 2014.8.18., 개정 2015.1.6., 2017.7.26., 2021.12.16.〉

⑦ 배관은 다른 설비의 배관과 쉽게 구분이 될 수 있는 위치에 설치하거나, 그 배관표면 또는 배관 보온재표면의 색상은 「한국산업표준(배관계의 식별 표시, KS A 0503)」 또는 적색으로 식별이 가능하도록 소방용설비의 배관임을 표시하여야 한다.

제6조(방수구)

연결송수관설비의 방수구는 다음 각 호의 기준에 따라 설치하여야 한다.

1. 연결송수관설비의 방수구는 그 특정소방대상물의 층마다 설치할 것. 다만, 다음 각목의 어느 하나에 해당하는 층에는 설치하지 아니할 수 있다.
   가. 아파트의 1층 및 2층
   나. 소방차의 접근이 가능하고 소방대원이 소방차로부터 각 부분에 쉽게 도달할 수 있는 피난층
   다. 송수구가 부설된 옥내소화전을 설치한 특정소방대상물(집회장·관람장·백화점·도매시장·소매시장·판매시설·공장·창고시설 또는 지하가를 제외한다)로서 다음의 어느 하나에 해당하는 층
      (1) 지하층을 제외한 층수가 4층 이하이고 연면적이 6,000m^2 미만인 특정소방대상물의 지상층
      (2) 지하층의 층수가 2 이하인 특정소방대상물의 지하층
2. 방수구는 아파트 또는 바닥면적이 1,000m^2 미만인 층에 있어서는 계단(계단의 부속실을 포함하며 계단이 2 이상 있는 경우에는 그 중 1개의 계단을 말한다)으로부터 5m 이내에, 바닥면적 1,000m^2 이상인 층(아파트를 제외한다)에 있어서는 각 계단(계단의 부속실을 포함하며 계단이 3 이상 있는 층의 경우에는 그 중 2개의 계단을 말한다)으로부터 5m 이내에 설치하

되, 그 방수구로부터 그 층의 각 부분까지의 거리가 다음 각목의 기준을 초과하는 경우에는 그 기준 이하가 되도록 방수구를 추가하여 설치할 것

가. 지하가(터널은 제외한다) 또는 지하층의 바닥면적의 합계가 3,000m^2 이상인 것은 수평거리 25m

나. 가목에 해당하지 아니하는 것은 수평거리 50m

3. 11층 이상의 부분에 설치하는 방수구는 쌍구형으로 할 것. 다만, 다음 각목의 어느 하나에 해당하는 층에는 단구형으로 설치할 수 있다.

가. 아파트의 용도로 사용되는 층

나. 스프링클러설비가 유효하게 설치되어 있고 방수구가 2개소 이상 설치된 층

4. 방수구의 호스접결구는 바닥으로부터 높이 0.5m 이상 1m 이하의 위치에 설치할 것
5. 방수구는 연결송수관설비의 전용방수구 또는 옥내소화전방수구로서 구경 65mm의 것으로 설치할 것
6. 방수구의 위치표시는 표시등 또는 축광식표지로 하되 다음 각 목의 기준에 따라 설치할 것

가. 표시등을 설치하는 경우에는 함의 상부에 설치하되, 소방청장이 고시한 「표시등의 성능인증 및 제품검사의 기술기준」에 적합한 것으로 설치하여야 한다.

나. 삭제

다. 축광식표지를 설치하는 경우에는 소방청장이 고시한 「축광표지의 성능인증 및 제품검사의 기술기준」에 적합한 것으로 설치하여야 한다.

7. 방수구는 개폐기능을 가진 것으로 설치하여야 하며, 평상 시 닫힌 상태를 유지할 것

제7조(방수기구함)

연결송수관설비의 방수용기구함을 다음 각 호의 기준에 따라 설치하여야 한다.

1. 방수기구함은 피난층과 가장 가까운 층을 기준으로 3개층마다 설치하되, 그 층의 방수구마다 보행거리 5m 이내에 설치할 것
2. 방수기구함에는 길이 15m의 호스와 방사형 관창을 다음 각목의 기준에 따라 비치할 것

가. 호스는 방수구에 연결하였을 때 그 방수구가 담당하는 구역의 각 부분에 유효하게 물이 뿌려질 수 있는 개수 이상을 비치할 것. 이 경우 쌍구형 방수구는 단구형 방수구의 2배 이상의 개수를 설치하여야 한다.

나. 방사형 관창은 단구형 방수구의 경우에는 1개, 쌍구형 방수구의 경우에는 2개 이상 비치할 것

3. 방수기구함에는 "방수기구함"이라고 표시한 축광식 표지를 할 것. 이 경우 축광식 표지는 소

방청장이 고시한 「축광표지의 성능인증 및 제품검사의 기술기준」에 적합한 것으로 설치하여야 한다.

제8조(가압송수장치)

지표면에서 최상층 방수구의 높이가 70m 이상의 특정소방대상물에는 다음 각 호의 기준에 따라 연결송수관설비의 가압송수장치를 설치하여야 한다.

1. 쉽게 접근할 수 있고 점검하기에 충분한 공간이 있는 장소로서 화재 및 침수 등의 재해로 인한 피해를 받을 우려가 없는 곳에 설치할 것
2. 동결방지조치를 하거나 동결의 우려가 없는 장소에 설치할 것
3. 펌프는 전용으로 할 것. 다만, 다른 소화설비와 겸용하는 경우 각각의 소화설비의 성능에 지장이 없을 때에는 예외로 한다.
4. 펌프의 토출측에는 압력계를 체크밸브 이전에 펌프토출측 플랜지에서 가까운 곳에 설치하고, 흡입측에는 연성계 또는 진공계를 설치할 것. 다만, 수원의 수위가 펌프의 위치보다 높거나 수직회전축 펌프의 경우에는 연성계 또는 진공계를 설치하지 아니할 수 있다.
5. 가압송수장치에는 정격부하운전 시 펌프의 성능을 시험하기 위한 배관을 설치할 것. 다만, 충압펌프의 경우에는 그러하지 아니하다.
6. 가압송수장치에는 체절운전시 수온의 상승을 방지하기 위한 순환배관을 설치할 것. 다만, 충압펌프의 경우에는 그러하지 아니하다.
7. 펌프의 토출량은 2,400L/min(계단식 아파트의 경우에는 1,200L/min) 이상이 되는 것으로 할 것. 다만, 해당 층에 설치된 방수구가 3개를 초과(방수구가 5개 이상인 경우에는 5개)하는 것에 있어서는 1개마다 800L/min(계단식 아파트의 경우에는 400L/min)를 가산한 양이 되는 것으로 할 것
8. 펌프의 양정은 최상층에 설치된 노즐선단의 압력이 0.35MPa 이상의 압력이 되도록 할 것
9. 가압송수장치는 방수구가 개방될 때 자동으로 기동되거나 또는 수동스위치의 조작에 따라 기동되도록 할 것. 이 경우 수동스위치는 2개 이상을 설치하되, 그 중 1개는 다음 각목의 기준에 따라 송수구의 부근에 설치하여야 한다.
   가. 송수구로부터 5m이내의 보기 쉬운 장소에 바닥으로부터 높이 0.8m 이상 1.5m 이하로 설치할 것
   나. 1.5mm 이상의 강판함에 수납하여 설치하고 "연결송수관설비 수동스위치"라고 표시한 표지를 부착할 것. 이경우 문짝은 불연재료로 설치할 수 있다.

다. 「전기사업법」 제67조에 따른 기술기준에 따라 접지하고 빗물등이 들어가지 아니하는 구조로 할 것

10. 기동장치로는 기동용수압개폐장치 또는 이와 동등 이상의 성능이 있는 것으로 설치할 것. 다만, 기동용수압개폐장치 중 압력챔버를 사용할 경우 그 용적은 100L 이상의 것으로 할 것

11. 수원의 수위가 펌프보다 낮은 위치에 있는 가압송수장치에는 다음의 기준에 따른 물올림장치를 설치할 것

가. 물올림장치에는 전용의 탱크를 설치할 것

나. 탱크의 유효수량은 100L 이상으로 하되, 구경 15mm 이상의 급수배관에 따라 해당 탱크에 물이 계속 보급되도록 할 것

12. 기동용 수압개폐장치를 기동장치로 사용할 경우에는 다음의 기준에 따른 충압펌프를 설치할 것. 다만, 소화용 급수펌프로도 상시 충압이 가능하고 다음 가목의 성능을 갖춘 경우에는 충압펌프를 별도로 설치하지 아니할 수 있다.

가. 펌프의 토출압력은 그 설비의 최고위 호스접결구의 자연압보다 적어도 0.2MPa이 더 크도록 하거나 가압송수장치의 정격토출압력과 같게 할 것

나. 펌프의 정격토출량은 정상적인 누설량 보다 적어서는 아니 되며, 연결송수관설비가 자동적으로 작동할 수 있도록 충분한 토출량을 유지할 것

13. 내연기관을 사용하는 경우에는 다음의 기준에 적합한 것으로 할 것

가. 내연기관의 기동은 제9호의 기동장치의 기동을 명시하는 적색등을 설치할 것

나. 제어반에 따라 내연기관의 자동기동 및 수동기동이 가능하고, 상시 충전되어 있는 축전지설비를 갖출 것

다. 내연기관의 연료량은 펌프를 20분(층수가 30층 이상 49층 이하는 40분, 50층이 이상은 60분) 이상 운전할 수 있는 용량일 것

14. 가압송수장치에는 "연결송수관펌프"라고 표시한 표지를 할 것. 이 경우 그 가압송수장치를 다른 설비와 겸용하는 때에는 그 겸용되는 설비의 이름을 표시한 표지를 함께 하여야 한다.

15. 가압송수장치가 기동이 된 경우에는 자동으로 정지되지 아니하도록 하여야 한다. 다만, 충압펌프의 경우에는 그러하지 아니하다.

16. 가압송수장치는 부식 등으로 인한 펌프의 고착을 방지할 수 있도록 다음 각 목의 기준에 적합한 것으로 할 것. 다만, 충압펌프는 제외한다. 〈신설 2021. 7. 22.〉

가. 임펠러는 청동 또는 스테인리스 등 부식에 강한 재질을 사용할 것

나. 펌프축은 스테인리스 등 부식에 강한 재질을 사용할 것

제9조(전원 등)

① 가압송수장치의 상용전원회로의 배선 및 비상전원은 다음 각 호의 기준에 따라 설치하여야 한다.

1. 저압수전인 경우에는 인입개폐기의 직후에서 분기하여 전용배선으로 할 것
2. 특별고압수전 또는 고압수전일 경우에는 전력용 변압기 2차측의 주차단기 1차측에서 분기하여 전용배선으로 하되, 상용전원회로의 배선기능에 지장이 없을 경우에는 주차단기 2차측에서 분기하여 전용배선으로 할 것. 다만, 가압송수장치의 정격입력전압이 수전전압과 같은 경우에는 제1호의 기준에 따른다.

② 비상전원은 자가발전설비, 축전지설비(내연기관에 따른 펌프를 사용하는 경우에는 내연기관의 기동 및 제어용 축전지를 말한다) 또는 전기저장장치(외부 전기에너지를 저장해 두었다가 필요한 때 전기를 공급하는 장치)로서 다음 각 호의 기준에 따라 설치하여야 한다.

1. 점검에 편리하고 화재 및 침수 등의 재해로 인한 피해를 받을 우려가 없는 곳에 설치할 것
2. 연결송수관설비를 유효하게 20분 이상 작동할 수 있어야 할 것
3. 상용전원으로부터 전력의 공급이 중단된 때에는 자동으로 비상전원으로부터 전력을 공급받을 수 있도록 할 것
4. 비상전원의 설치장소는 다른 장소와 방화구획 할 것. 이 경우 그 장소에는 비상전원의 공급에 필요한 기구나 설비외의 것(열병합발전설비에 필요한 기구나 설비는 제외한다)을 두어서는 아니 된다.
5. 비상전원을 실내에 설치하는 때에는 그 실내에 비상조명등을 설치할 것

제10조(배선 등)

① 연결송수관설비의 배선은 「전기사업법」 제67조에 따른 기술기준에서 정한 것 외에 다음 각 호의 기준에 따라 설치하여야 한다.

1. 비상전원으로부터 동력제어반 및 가압송수장치에 이르는 전원회로배선은 내화배선으로 할 것. 다만, 자가발전설비와 동력제어반이 동일한 실에 설치된 경우에는 자가발전기로부터 그 제어반에 이르는 전원회로배선은 그러하지 아니하다.
2. 상용전원으로부터 동력제어반에 이르는 배선, 그 밖의 연결송수관설비의 감시·조작 또는 표시등회로의 배선은 「옥내소화전설비의 화재안전기준(NFSC 102)」 별표 1의 내화배선 또는 내열배선으로 할 것. 다만, 감시제어반 또는 동력제어반 안의 감시·조작 또는 표시등회로의 배선은 그러하지 아니하다.

② 연결송수관설비의 과전류차단기 및 개폐기에는 "연결송수관설비용"이라고 표시한 표지를 하여야 한다.

③ 연결송수관설비용 전기배선의 양단 및 접속단자에는다음 각호의 기준에 따라표지하여야 한다.

1. 단자에는 "연결송수관설비단자"라고 표지한 표지를 부착할 것
2. 연결송수관설비용 전기배선의 양단에는 다른 배선과 식별이 용이하도록 표시할 것

제11조(송수구의 겸용)

연결송수관설비의 송수구를 옥내소화전설비·스프링클러설비·간이스프링클러설비·화재조기진압용 스프링클러설비·물분무소화설비·포소화설비 또는 연결살수설비와 겸용으로 설치하는 경우에는 스프링클러설비의 송수구 설치기준에 따르되 각각의 소화설비의 기능에 지장이 없도록 하여야 한다.

제12조(설치·유지기준의 특례)

소방본부장 또는 소방서장은 기존건축물이 증축·개축·대수선되거나 용도변경 되는 경우에 있어서 이 기준이 정하는 기준에 따라 해당 건축물에 설치하여야 할 연결송수관설비의 배관·배선 등의 공사가 현저하게 곤란하다고 인정되는 경우에는 해당 설비의 기능 및 사용에 지장이 없는 범위 안에서 연결송수관설비의 설치·유지기준의 일부를 적용하지 않을 수 있다.

제13조(재검토기한)

소방청장은 「훈령·예규 등의 발령 및 관리에 관한 규정」 에 따라 이 고시에 대하여 2022년 1월 1일 기준으로 매 3년이 되는 시점(매 3년째의 12월 31일까지를 말한다)마다 그 타당성을 검토하여 개선 등의 조치를 하여야 한다.

28. 연결살수설비의 화재안전기준(NFSC 503)

제1조(목적)

이 기준은 「화재예방, 소방시설 설치·유지 및 안전관리에 관한 법률」제9조제1항에 따라 소방청장에게 위임한 사항 중 소화활동설비인 연결살수설비의 설치·유지 및 안전관리에 필요한 사항을 규정함을 목적으로 한다.

제2조(적용범위)

「화재예방, 소방시설 설치·유지 및 안전관리에 관한 법률 시행령」(이하 "영"이라 한다) 별표 5 제5호다목에 따른 연결살수설비는 이 기준에서 정하는 규정에 따라 설비를 설치하고 유지·관리하여야 한다.

제3조(정의)

이 기준에서 사용하는 용어의 정의는 다음과 같다.

1. "호스접결구"란 호스를 연결하는데 사용되는 장비일체를 말한다.
2. "체크밸브"란 흐름이 한 방향으로만 흐르도록 되어 있는 밸브를 말한다.
3. "주배관"이란 수직배관을 통해 교차배관에 급수하는 배관을 말한다.
4. "교차배관"이란 주배관을 통해 가지배관에 급수하는 배관을 말한다.
5. "가지배관"이란 헤드가 설치되어 있는 배관을 말한다.

5의2. "분기배관"이란 배관 측면에 구멍을 뚫어 둘 이상의 관로가 생기도록 가공한 배관으로서 확관형 분기배관과 비확관형 분기배관을 말한다.

5의3. "확관형 분기배관"이란 배관의 측면에 조그만 구멍을 뚫고 소성가공으로 확관시켜 배관 용접이음자리를 만들거나 배관 용접이음자리에 배관이음쇠를 용접 이음한 배관을 말한다.

5의4. "비확관형 분기배관"이란 배관의 측면에 분기호칭내경 이상의 구멍을 뚫고 배관이음쇠를 용접 이음한 배관을 말한다.

6. "송수구"란 소화설비에 소화용수를 보급하기 위하여 건물 외벽 또는 구조물에 설치하는 관을 말한다.
7. "연소할 우려가 있는 개구부"란 각 방화구획을 관통하는 컨베이어·에스컬레이터 또는 이와 유사한 시설의 주위로서 방화구획을 할 수 없는 부분을 말한다.

제4조(송수구 등)

① 연결살수설비의 송수구는 다음 각 호의 기준에 따라 설치하여야 한다.

1. 소방차가 쉽게 접근할 수 있고 노출된 장소에 설치할 것. 이 경우 가연성가스의 저장·취급시설에 설치하는 연결살수설비의 송수구는 그 방호대상물로부터 20m 이상의 거리를 두거나 방호대상물에 면하는 부분이 높이 1.5m 이상 폭 2.5m 이상의 철근콘크리트 벽으로 가려진 장소에 설치하여야 한다.
2. 송수구는 구경 65mm의 쌍구형으로 설치할 것. 다만, 하나의 송수구역에 부착하는 살수

헤드의 수가 10개 이하인 것은 단구형의 것으로 할 수 있다.

3. 개방형헤드를 사용하는 송수구의 호스접결구는 각 송수구역마다 설치할 것. 다만, 송수구역을 선택할 수 있는 선택밸브가 설치되어 있고 각 송수구역의 주요구조부가 내화구조로 되어 있는 경우에는 그렇지 않다.
4. 지면으로부터 높이가 0.5m 이상 1m 이하의 위치에 설치할 것
5. 송수구로부터 주배관에 이르는 연결배관에는 개폐밸브를 설치하지 아니 할 것. 다만, 스프링클러설비·물분무소화설비·포소화설비 또는 연결송수관설비의 배관과 겸용하는 경우에는 그렇지 않다.
6. 송수구의 부근에는 "연결살수설비 송수구"라고 표시한 표지와 송수구역 일람표를 설치할 것. 다만, 제2항에 따른 선택밸브를 설치한 경우에는 그렇지 않다.
7. 송수구에는 이물질을 막기 위한 마개를 씌워야 한다.

② 연결살수설비의 선택밸브는 다음 각 호의 기준에 따라 설치하여야 한다. 다만, 송수구를 송수구역마다 설치한 때에는 그렇지 않다.

1. 화재 시 연소의 우려가 없는 장소로서 조작 및 점검이 쉬운 위치에 설치할 것
2. 자동개방밸브에 따른 선택밸브를 사용하는 경우에는 송수구역에 방수하지 아니하고 자동밸브의 작동시험이 가능하도록 할 것
3. 선택밸브의 부근에는 송수구역 일람표를 설치할 것

③ 연결살수설비에는 송수구의 가까운 부분에 자동배수밸브와 체크밸브를 다음 각 목의 기준에 따라 설치하여야 한다.

1. 폐쇄형헤드를 사용하는 설비의 경우에는 송수구·자동배수밸브·체크밸브의 순으로 설치할 것
2. 개방형헤드를 사용하는 설비의 경우에는 송수구·자동배수밸브의 순으로 설치할 것
3. 자동배수밸브는 배관안의 물이 잘 빠질 수 있는 위치에 설치하되, 배수로 인하여 다른 물건 또는 장소에 피해를 주지 아니할 것

④ 개방형헤드를 사용하는 연결살수설비에 있어서 하나의 송수구역에 설치하는 살수헤드의 수는 10개 이하가 되도록 하여야 한다.

제5조(배관 등)

① 배관과 배관이음쇠는 다음 각 호의 어느 하나에 해당하는 것 또는 동등 이상의 강도·내식성 및 내열성을 국내·외 공인기관으로부터 인정 받은 것을 사용하여야 하고, 배관용 스테인리스 강관(KS D 3576)의 이음을 용접으로 할 경우에는 알곤용접방식에 따른다. 다만, 본 조에서 정하지 않은 사항은 건설기술 진흥법 제44조제1항의 규정에 따른 건축기계설비공사 표준설

명서에 따른다.

1. 배관 내 사용압력이 1.2MPa 미만일 경우에는 다음 각 목의 어느 하나에 해당하는 것
   가. 배관용 탄소강관(KS D 3507)
   나. 이음매 없는 구리 및 구리합금관(KS D 5301). 다만, 습식의 배관에 한한다.
   다. 배관용 스테인리스강관(KS D 3576) 또는 일반배관용 스테인리스강관(KS D 3595)
   라. 덕타일 주철관(KS D 4311)
2. 배관 내 사용압력이 1.2 MPa 이상일 경우에는 다음 각 목의 어느 하나에 해당하는 것
   가. 압력배관용탄소강관(KS D 3553)
   나. 배관용 아크용접 탄소강강관(KS D 3583)
3. 제1호와 제2호에도 불구하고 다음 각 목의 어느 하나에 해당하는 장소에는 소방청장이 정하여 고시한 「소방용합성수지배관의 성능인증 및 제품검사의 기술기준」에 적합한 소방용 합성수지배관으로 설치할 수 있다.
   가. 배관을 지하에 매설하는 경우
   나. 다른 부분과 내화구조로 구획된 덕트 또는 피트의 내부에 설치하는 경우
   다. 천장(상층이 있는 경우에는 상층바닥의 하단을 포함한다. 이하 같다)과 반자를 불연재료 또는 준불연재료로 설치하고 소화배관 내부에 항상 소화수가 채워진 상태로 설치하는 경우

② 연결살수설비의 배관의 구경은 다음 각 호의 기준에 따라 설치하여야 한다.

1. 연결살수설비 전용헤드를 사용하는 경우에는 다음 표에 따른 구경 이상으로 할 것

하나의 배관에 부착하는 살수헤드의 개수	1개	2개	3개	4개 또는 5개	6개 이상 10개 이하
배관의 구경(mm)	32	40	50	65	80

2. 스프링클러헤드를 사용하는 경우에는 「스프링클러설비의 화재안전기준(NFSC 103)」 별표 1의 기준에 따를 것

③ 폐쇄형헤드를 사용하는 연결살수설비의 주배관은 다음 각 호의 어느 하나에 해당 하는 배관 또는 수조에 접속하여야 한다. 이 경우 접속부분에는 체크밸브를 설치하되 점검하기 쉽게 하여야 한다.

1. 옥내소화전설비의 주배관(옥내소화전설비가 설치된 경우에 한한다)
2. 수도배관(연결살수설비가 설치된 건축물 안에 설치된 수도배관 중 구경이 가장 큰 배관을 말한다)

3. 옥상에 설치된 수조(다른 설비의 수조를 포함한다)

④ 폐쇄형헤드를 사용하는 연결살수설비에는 다음 각 호의 기준에 따른 시험배관을 설치하여야 한다.

1. 송수구에서 가장 먼 거리에 위치한 가지배관의 끝으로부터 연결하여 설치할 것
2. 시험장치 배관의 구경은 25mm 이상으로 하고, 그 끝에는 물받이 통 및 배수관을 설치하여 시험 중 방사된 물이 바닥으로 흘러내리지 아니하도록 할 것. 다만, 목욕실·화장실 또는 그 밖의 배수처리가 쉬운 장소의 경우에는 물받이 통 또는 배수관을 설치하지 아니할 수 있다.

⑤ 개방형헤드를 사용하는 연결살수설비의 수평주행배관은 헤드를 향하여 상향으로 100분의 1 이상의 기울기로 설치하고 주배관중 낮은 부분에는 자동배수밸브를 제4조제3항제3호의 기준에 따라 설치하여야 한다.

⑥ 가지배관 또는 교차배관을 설치하는 경우에는 가지배관의 배열은 토너멘트방식이 아니어야 하며, 가지배관은 교차배관 또는 주배관에서 분기되는 지점을 기점으로 한 쪽 가지배관에 설치되는 헤드의 개수는 8개 이하로 하여야 한다.

⑦ 습식 연결살수설비의 배관은 동결방지조치를 하거나 동결의 우려가 없는 장소에 설치하여야 한다. 다만, 보온재를 사용할 경우에는 난연재료 성능 이상의 것으로 하여야 한다.

⑧ 급수배관에 설치되어 급수를 차단할 수 있는 개폐밸브는 개폐표시형으로 하여야 한다. 이 경우 펌프의 흡입측배관에는 버터플라이밸브(볼형식의 것을 제외한다)외의 개폐표시형밸브를 설치하여야 한다.

⑨ 연결살수설비 교차배관의 위치·청소구 및 가지배관의 헤드설치는 다음 각 호의 기준에 따른다.

1. 교차배관은 가지배관과 수평으로 설치하거나 또는 가지배관 밑에 설치하고, 그 구경은 제2항에 따르되, 최소구경이 40mm 이상이 되도록 할 것
2. 폐쇄형헤드를 사용하는 연결살수설비의 청소구는 주배관 또는 교차배관(교차배관을 설치하는 경우에 한한다) 끝에 40mm 이상 크기의 개폐밸브를 설치하고, 호스접결이 가능한 나사식 또는 고정배수 배관식으로 할 것. 이 경우 나사식의 개폐밸브는 옥내소화전 호스접결용의 것으로 하고, 나사보호용의 캡으로 마감하여야 한다.
3. 폐쇄형헤드를 사용하는 연결살수설비에 하향식헤드를 설치하는 경우에는 가지배관으로부터 헤드에 이르는 헤드접속배관은 가지관상부에서 분기할 것. 다만, 소화설비용 수원의 수질이 「먹는물관리법」 제5조에 따라 먹는물의 수질기준에 적합하고 덮개가 있는 저수조로부터 물을 공급받는 경우에는 가지배관의 측면 또는 하부에서 분기할 수 있다.

⑩ 배관에 설치되는 행가는 다음 각 호의 기준에 따라 설치하여야 한다.

1. 가지배관에는 헤드의 설치지점 사이마다 1개 이상의 행가를 설치하되, 헤드간의 거리가 3.5m를 초과하는 경우에는 3.5m 이내마다 1개 이상 설치할 것. 이 경우 상향식헤드와 행가 사이에는 8 cm 이상의 간격을 두어야 한다.
2. 교차배관에는 가지배관과 가지배관사이마다 1개 이상의 행가를 설치하되, 가지배관 사이의 거리가 4.5m를 초과하는 경우에는 4.5m 이내마다 1개 이상 설치할 것
3. 제1호와 제2호의 수평주행배관에는 4.5m 이내마다 1개 이상 설치할 것

⑪ 배관은 다른 설비의 배관과 쉽게 구분이 될 수 있는 위치에 설치하거나, 그 배관표면 또는 배관 보온재표면의 색상은 식별이 가능하도록 「한국산업표준(배관계의 식별 표시, KS A 0503)」 또는 적색으로 소방용설비의 배관임을 표시하여야 한다.

⑫ 분기배관을 사용할 경우에는 소방청장이 정하여 고시한 「분기배관 성능인증 및 제품검사의 기술기준」에 적합한 것으로 설치하여야 한다.

제6조(연결살수설비의 헤드)

① 연결살수설비의 헤드는 연결살수설비전용헤드 또는 스프링클러헤드로 설치하여야 한다.

② 건축물에 설치하는 연결살수설비의 헤드는 다음 각 호의 기준에 따라 설치하여야 한다.

1. 천장 또는 반자의 실내에 면하는 부분에 설치할 것
2. 천장 또는 반자의 각 부분으로부터 하나의 살수헤드까지의 수평거리가 연결살수설비전용헤드의 경우은 3.7m 이하, 스프링클러헤드의 경우는 2.3m 이하로 할 것. 다만, 살수헤드의 부착면과 바닥과의 높이가 2.1m 이하인 부분은 살수헤드의 살수분포에 따른 거리로 할 수 있다.

③ 폐쇄형스프링클러헤드를 설치하는 경우에는 제2항의 규정 외에 다음 각 호의 기준에 따라 설치하여야 한다.

1. 그 설치장소의 평상시 최고 주위온도에 따라 다음 표에 따른 표시온도의 것으로 설치할 것. 다만, 높이가 4m 이상인 공장 및 창고(랙크식창고를 포함한다)에 설치하는 스프링클러헤드는 그 설치장소의 평상시 최고 주위온도에 관계없이 표시온도 121℃ 이상의 것으로 할 수 있다.

설치장소의 최고 주위온도	표시온도
39℃ 미만	79℃ 미만
39℃ 이상 64℃ 미만	79℃ 이상 121℃ 미만
64℃ 이상 106℃ 미만	121℃ 이상 162℃ 미만
106℃ 이상	162℃ 이상

2. 살수가 방해되지 아니하도록 스프링클러헤드로부터 반경 60cm 이상의 공간을 보유할 것. 다만, 벽과 스프링클러헤드간의 공간은 10cm이상으로 한다.
3. 스프링클러헤드와 그 부착면(상향식헤드의 경우에는 그 헤드의 직상부의 천장·반자 또는 이와 비슷한 것을 말한다. 이하 같다)과의 거리는 30cm 이하로 할 것
4. 배관·행가 및 조명기구등 살수를 방해하는 것이 있는 경우에는 제2호에도 불구하고 그로부터 아래에 설치하여 살수에 장애가 없도록 할 것. 다만, 연결살수헤드와 장애물과의 이격거리를 장애물 폭의 3배 이상 확보한 경우에는 그렇지 않다.
5. 스프링클러헤드의 반사판은 그 부착면과 평행하게 설치할 것. 다만, 측벽형헤드 또는 제7호에 따라 연소할 우려가 있는 개구부에 설치하는 스프링클러헤드의 경우에는 그러하지 아니하다.
6. 천장의 기울기가 10분의 1을 초과하는 경우에는 가지관을 천장의 마루와 평행하게 설치하고, 스프링클러헤드는 다음 각 목의 어느 하나의 기준에 적합하게 설치할 것
   가. 천장의 최상부에 스프링클러헤드를 설치하는 경우에는 최상부에 설치하는 스프링클러헤드의 반사판을 수평으로 설치할 것
   나. 천장의 최상부를 중심으로 가지관을 서로 마주보게 설치하는 경우에는 최상부의 가지관 상호간의 거리가 가지관상의 스프링클러헤드 상호간의 거리의 2분의 1이하(최소 1m 이상이 되어야 한다)가 되게 스프링클러헤드를 설치하고, 가지관의 최상부에 설치하는 스프링클러헤드는 천장의 최상부로부터의 수직거리가 90cm 이하가 되도록 할 것. 톱날지붕, 둥근지붕 기타 이와 유사한 지붕의 경우에도 이에 준한다.
7. 연소할 우려가 있는 개구부에는 그 상하좌우에 2.5m 간격으로(개구부의 폭이 2.5m 이하인 경우에는 그 중앙에) 스프링클러헤드를 설치하되, 스프링클러헤드와 개구부의 내측면으로부터의 직선거리는 15cm 이하가 되도록 할 것. 이 경우 사람이 상시 출입하는 개구부로서 통행에 지장이 있는 때에는 개구부의 상부 또는 측면(개구부의 폭이 9m 이하인 경우에 한한다)에 설치하되, 헤드 상호간의 간격은 1.2m 이하로 설치하여야 한다.
8. 습식 연결살수설비 외의 설비에는 상향식스프링클러헤드를 설치할 것. 다만, 다음 각 목의 어느 하나에 해당하는 경우에는 그렇지 않다.
   가. 드라이펜던트스프링클러헤드를 사용하는 경우
   나. 스프링클러헤드의 설치장소가 동파의 우려가 없는 곳인 경우
   다. 개방형스프링클러헤드를 사용하는 경우
9. 측벽형스프링클러헤드를 설치하는 경우 긴변의 한쪽벽에 일렬로 설치(폭이 4.5m 이상 9m 이하인 실은 긴변의 양쪽에 각각 일렬로 설치하되 마주보는 스프링클러헤드가 나란히

꼴이 되도록 설치)하고 3.6m 이내마다 설치할 것

④ 가연성 가스의 저장·취급시설에 설치하는 연결살수설비의 헤드는 다음 각 호의 기준에 따라 설치하여야 한다. 다만, 지하에 설치된 가연성가스의 저장·취급시설로서 지상에 노출된 부분이 없는 경우에는 그렇지 않다.

1. 연결살수설비 전용의 개방형헤드를 설치할 것
2. 가스저장탱크·가스홀더 및 가스발생기의 주위에 설치하되, 헤드상호간의 거리는 3.7m 이하로 할 것
3. 헤드의 살수범위는 가스저장탱크·가스홀더 및 가스발생기의 몸체의 중간 윗부분의 모든 부분이 포함되도록 하여야 하고 살수된 물이 흘러내리면서 살수범위에 포함되지 아니한 부분에도 모두 적셔질 수 있도록 할 것

제7조(헤드의 설치제외)

연결살수설비를 설치하여야 할 특정소방대상물 또는 그 부분으로서 다음 각 호의 어느 하나에 해당하는 장소에는 연결살수설비의 헤드를 설치하지 않을 수 있다.

1. 상점(영 별표 2 제5호와 제6호의 판매시설과 운수시설을 말하며, 바닥면적이 150m^2 이상인 지하층에 설치된 것을 제외한다)으로서 주요구조부가 내화구조 또는 방화구조로 되어 있고 바닥면적이 500m^2 미만으로 방화구획되어 있는 특정소방대상물 또는 그 부분
2. 계단실(특별피난계단의 부속실을 포함한다)·경사로·승강기의 승강로·파이프덕트·목욕실·수영장(관람석부분을 제외한다)·화장실·직접 외기에 개방되어 있는 복도 기타 이와 유사한 장소
3. 통신기기실·전자기기실·기타 이와 유사한 장소
4. 발전실·변전실·변압기·기타 이와 유사한 전기설비가 설치되어 있는 장소
5. 병원의 수술실·응급처치실·기타 이와 유사한 장소
6. 천장과 반자 양쪽이 불연재료로 되어 있는 경우로서 그 사이의 거리 및 구조가 다음 각 목의 어느 하나에 해당하는 부분
   가. 천장과 반자사이의 거리가 2m 미만인 부분
   나. 천장과 반자사이의 벽이 불연재료이고 천장과 반자사이의 거리가 2m 이상으로서 그 사이에 가연물이 존재하지 아니하는 부분
7. 천장·반자중 한쪽이 불연재료로 되어있고 천장과 반자사이의 거리가 1m 미만인 부분
8. 천장 및 반자가 불연재료외의 것으로 되어 있고 천장과 반자사이의 거리가 0.5m 미만인 부분
9. 펌프실·물탱크실 그 밖의 이와 비슷한 장소

10. 현관 또는 로비등으로서 바닥으로부터 높이가 20m 이상인 장소
11. 냉장창고의 영하의 냉장실 또는 냉동창고의 냉동실
12. 고온의 노가 설치된 장소 또는 물과 격렬하게 반응하는 물품의 저장 또는 취급장소
13. 불연재료로 된 특정소방대상물 또는 그 부분으로서 다음 각 목의 어느 하나에 해당하는 장소
    가. 정수장·오물처리장 그 밖의 이와 비슷한 장소
    나. 펄프공장의 작업장·음료수공장의 세정 또는 충전하는 작업장 그 밖의 이와 비슷한 장소
    다. 불연성의 금속·석재 등의 가공공장으로서 가연성물질을 저장 또는 취급하지 아니하는 장소
    라. 가연성 물질이 존재하지 않는 「건축물의 에너지절약설계기준」에 따른 방풍실 〈신설 2021. 1. 29.〉
14. 실내에 설치된 테니스장·게이트볼장·정구장 또는 이와 비슷한 장소로서 실내바닥·벽·천장이 불연재료 또는 준불연재료로 구성되어 있고 가연물이 존재하지 않는 장소로서 관람석이 없는 운동시설 부분(지하층은 제외한다)

제8조(소화설비의 겸용)

연결살수설비의 송수구를 스프링클러설비·간이스프링클러설비·화재조기진압용 스프링클러설비·물분무소화설비·포소화설비 또는 연결송수관설비와 겸용으로 설치하는 경우에는 스프링클러설비의 송수구 설치기준에 따르고, 옥내소화전설비의 송수구와 겸용으로 설치하는 경우에는 옥내소화전설비의 송수구의 설치기준에 따르되 각각의 소화설비의 기능에 지장이 없도록 하여야 한다.

제9조(설치·유지기준의 특례)

소방본부장 또는 소방서장은기존건축물이 증축·개축·대수선되거나 용도변경 되는 경우에 있어서 이 기준이 정하는 기준에 따라 해당 건축물에 설치하여야 할 연결살수설비의 배관·배선 등의 공사가 현저하게 곤란하다고 인정되는 경우에는 해당 설비의 기능 및 사용에 지장이 없는 범위 안에서 연결살수설비의 설치·유지기준의 일부를 적용하지 않을 수 있다.

제10조(재검토 기한)

소방청장은 「훈령·예규 등의 발령 및 관리에 관한 규정」에 따라 이 고시 에 대하여 2022년 1월 1일 기준으로 매 3년이 되는 시점(매 3년째의 12월 31일까지를 말한다)마다 그 타당성을 검토하여 개선 등의 조치를 하여야 한다.

제11조(규제의 재검토)

「행정규제기본법」 제8조에 따라 2015년 1월 1일을 기준으로 매 3년이 되는 시점(매 3번째의 12월 31일까지를 말한다)마다 그 타당성을 검토하여 개선 등의 조치를 하여야 한다.

29. 비상콘센트설비의 화재안전기준(NFSC 504)

제1조(목적)

이 기준은 「화재예방, 소방시설 설치·유지 및 안전관리에 관한 법률」 제9조제1항에 따라 소방청장에게 위임한 사항 중 소화활동설비인 비상콘센트설비의 설치·유지 및 안전관리에 필요한 사항을 규정함을 목적으로 한다.

제2조(적용범위)

「화재예방, 소방시설 설치·유지 및 안전관리에 관한 법률 시행령」(이하 "영"이라 한다)(이하 "법"이라 한다) 제9조제1항 및 같은 법 시행령(이하 "영"이라 한다) 별표 5 제5호라목에 따른 비상콘센트설비는 이 기준에서 정하는 규정에 따라 설비를 설치하고 유지·관리하여야 한다.

제3조(정의)

이 기준에서 사용하는 용어의 정의는 다음과 같다.

1. "인입개폐기"란 「전기설비기술기준의 판단기준」 제169조에 따른 것을 말한다.
2. "저압"이란 직류는 750V 이하, 교류는 600V 이하인 것을 말한다.
3. "고압"이란 직류는 750V를, 교류는 600V를 초과하고, 7 kV 이하인 것을 말한다.
4. "특고압"이란 7 kV를 초과하는 것을 말한다.
5. "변전소"란 「전기설비기술기준」 제3조제1항제2호에 따른 것을 말한다.

제4조(전원 및 콘센트 등)

① 비상콘센트설비에는 다음 각 호의 기준에 따른 전원을 설치하여야 한다.

1. 상용전원회로의 배선은 저압수전인 경우에는 인입개폐기의 직후에서, 고압수전 또는 특고압수전인 경우에는 전력용변압기 2차측의 주차단기 1차측 또는 2차측에서 분기하여 전용배선으로 할 것

2. 지하층을 제외한 층수가 7층 이상으로서 연면적이 2,000m^2 이상이거나 지하층의 바닥면적의 합계가 3,000m^2 이상인 특정소방대상물의 비상콘센트설비에는 자가발전설비, 비상전원수전설비 또는 전기저장장치(외부 전기에너지를 저장해 두었다가 필요한 때 전기를 공급하는 장치)를 비상전원으로 설치할 것. 다만, 둘 이상의 변전소에서 전력을 동시에 공급받을 수 있거나 하나의 변전소로부터 전력의 공급이 중단되는 때에는 자동으로 다른 변전소로부터 전력을 공급받은 수 있도록 상용전원을 설치한 경우에는 비상전원을 설치하지 아니할 수 있다.
3. 제2호에 따른 비상전원 중 자가발전설비는 다음 각 목의 기준에 따라 설치하고, 비상전원수전설비는 「소방시설용비상전원수전설비의 화재안전기준(NFSC 602)」에 따라 설치할 것
   가. 점검에 편리하고 화재 및 침수 등의 재해로 인한 피해를 받을 우려가 없는 곳에 설치할 것
   나. 비상콘센트설비를 유효하게 20분 이상 작동시킬 수 있는 용량으로 할 것
   다. 상용전원으로부터 전력의 공급이 중단된 때에는 자동으로 비상전원으로부터 전력을 공급받을 수 있도록 할 것
   라. 비상전원의 설치장소는 다른 장소와 방화구획 할 것. 이 경우 그 장소에는 비상전원의 공급에 필요한 기구나 설비외의 것(열병합발전설비에 필요한 기구나 설비는 제외한다)을 두어서는 아니 된다.
   마. 비상전원을 실내에 설치하는 때에는 그 실내에 비상조명등을 설치할 것

② 비상콘센트설비의 전원회로(비상콘센트에 전력을 공급하는 회로를 말한다)는 다음 각 호의 기준에 따라 설치하여야 한다.

1. 비상콘센트설비의 전원회로는 단상교류 220V인 것으로서, 그 공급용량은 1.5kVA 이상인 것으로 할 것.
2. 전원회로는 각층에 2이상이 되도록 설치할 것. 다만, 설치하여야 할 층의 비상콘센트가 1개인 때에는 하나의 회로로 할 수 있다.
3. 전원회로는 주배전반에서 전용회로로 할 것. 다만, 다른 설비의 회로의 사고에 따른 영향을 받지 아니하도록 되어 있는 것은 그러하지 아니하다.
4. 전원으로부터 각 층의 비상콘센트에 분기되는 경우에는 분기배선용 차단기를 보호함안에 설치할 것
5. 콘센트마다 배선용 차단기(KS C 8321)를 설치하여야 하며, 충전부가 노출되지 아니하도록 할 것
6. 개폐기에는 "비상콘센트"라고 표시한 표지를 할 것
7. 비상콘센트용의 풀박스 등은 방청도장을 한 것으로서, 두께 1.6mm 이상의 철판으로 할 것

8. 하나의 전용회로에 설치하는 비상콘센트는 10개 이하로 할 것. 이 경우 전선의 용량은 각 비상콘센트(비상콘센트가 3개 이상인 경우에는 3개)의 공급용량을 합한 용량 이상의 것으로 하여야 한다.

③ 비상콘센트의 플러그접속기는 접지형2극 플러그접속기(KS C 8305)를 사용하여야 한다.

④ 비상콘센트의 플러그접속기의 칼받이의 접지극에는 접지공사를 하여야 한다.

⑤ 비상콘센트는 다음 각 호의 기준에 따라 설치하여야 한다.

1. 삭제
2. 바닥으로부터 높이 0.8m 이상 1.5m 이하의 위치에 설치할 것
3. 비상콘센트의 배치는 아파트 또는 바닥면적이 1,000m^2 미만인 층은 계단의 출입구(계단의 부속실을 포함하며 계단이 2 이상 있는 경우에는 그중 1개의 계단을 말한다)로부터 5m 이내에, 바닥면적 1,000m^2 이상인 층(아파트를 제외한다)은 각 계단의 출입구 또는 계단 부속실의 출입구(계단의 부속실을 포함하며 계단이 3 이상 있는 층의 경우에는 그중 2개의 계단을 말한다)로부터 5m이내에 설치하되, 그 비상콘센트로부터 그 층의 각 부분까지의 거리가 다음 각 목의 기준을 초과하는 경우에는 그 기준 이하가 되도록 비상콘센트를 추가하여 설치할 것
   가. 지하상가 또는 지하층의 바닥면적의 합계가 3,000m^2 이상인 것은 수평거리 25m
   나. 가목에 해당하지 아니하는 것은 수평거리 50m

⑥ 비상콘센트설비의 전원부와 외함 사이의 절연저항 및 절연내력은 다음 각 호의 기준에 적합하여야 한다.

1. 절연저항은 전원부와 외함 사이를 500V 절연저항계로 측정할 때 20MΩ 이상일 것
2. 절연내력은 전원부와 외함 사이에 정격전압이 150V 이하인 경우에는 1,000V의 실효전압을, 정격전압이 150V 이상인 경우에는 그 정격전압에 2를 곱하여 1,000을 더한 실효전압을 가하는 시험에서 1분 이상 견디는 것으로 할 것

제5조(보호함)

비상콘센트를 보호하기 위하여 비상콘센트보호함은 다음 각 호의 기준에 따라 설치하여야 한다.

1. 보호함에는 쉽게 개폐할 수 있는 문을 설치할 것
2. 보호함 표면에 "비상콘센트"라고 표시한 표지를 할 것
3. 보호함 상부에 적색의 표시등을 설치할 것. 다만, 비상콘센트의 보호함을 옥내소화전함 등과 접속하여 설치하는 경우에는 옥내소화전함 등의 표시등과 겸용할 수 있다.

제6조(배선)

비상콘센트설비의 배선은 「전기사업법」 제67조에 따른 기술기준에서 정하는 것 외에 다음 각 호의 기준에 따라 설치하여야 한다.

1. 전원회로의 배선은 내화배선으로, 그 밖의 배선은 내화배선 또는 내열배선으로 할 것
2. 제1호에 따른 내화배선 및 내열배선에 사용하는 전선 및 설치방법은 「옥내소화전설비의 화재안전기준(NFSC 102)」 별표 1의 기준에 따를 것

제7조(설치·유지기준의 특례)

소방본부장 또는 소방서장은 기존건축물이 증축·개축·대수선되거나 용도 변경되는 경우에 있어서 이 기준이 정하는 기준에 따라 해당 건축물에 설치하여야 할 비상콘센트설비의 배관·배선 등의 공사가 현저하게 곤란하다고 인정되는 경우에는 해당 설비의 기능 및 사용에 지장이 없는 범위 안에서 비상콘센트설비의 설치·유지기준의 일부를 적용하지 아니할 수 있다.

제8조(재검토 기한)

소방청장은 「훈령·예규 등의 발령 및 관리에 관한 규정」에 따라 이 고시 에 대하여 2017년 1월 1일 기준으로 매 3년이 되는 시점(매 3년째의 12월 31일까지를 말한다)마다 그 타당성을 검토하여 개선 등의 조치를 하여야 한다.

제9조(규제의 재검토)

「행정규제기본법」 제8조에 따라 2015년 1월 1일을 기준으로 매 3년이 되는 시점(매 3번째의 12월 31일까지를 말한다)마다 그 타당성을 검토하여 개선 등의 조치를 하여야 한다.

30. 무선통신보조설비의 화재안전기준(NFSC 505)

제1조(목적)

이 기준은 「화재예방, 소방시설 설치·유지 및 안전관리에 관한 법률」 제9조제1항에 따라 소방청장에게 위임한 사항 중 소화활동설비인 무선통신보조설비의 설치·유지 및 안전관리에 필요한 사항을 규정함을 그 목적으로 한다.

제2조(적용범위)

「화재예방, 소방시설 설치·유지 및 안전관리에 관한 법률 시행령」(이하 "영"이라 한다) 별표 5 제5호마목에 따른 무선통신보조설비는 이 기준에서 정하는 규정에 따라 설비를 설치하고 유지·관리하여야 한다.

제3조(정의)

이 기준에서 사용하는 용어의 정의는 다음과 같다..

1. "누설동축케이블"이란 동축케이블의 외부도체에 가느다란 홈을 만들어서 전파가 외부로 새어 나갈 수 있도록 한 케이블을 말한다.
2. "분배기"란 신호의 전송로가 분기되는 장소에 설치하는 것으로 임피던스 매칭과 신호 균등분배를 위해 사용하는 장치를 말한다.
3. "분파기"란 서로 다른 주파수의 합성된 신호를 분리하기 위해서 사용하는 장치를 말한다.
4. "혼합기"란 두개 이상의 입력신호를 원하는 비율로 조합한 출력이 발생하도록 하는 장치를 말한다.
5. "증폭기"란 신호 진송 시 신호가 악해져 수신이 불가능해지는 것을 방지하기 위해서 증폭하는 장치를 말한다.
6. "무선중계기"란 안테나를 통하여 수신된 무전기 신호를 증폭한 후 음영지역에 재방사하여 무전기 상호 간 송수신이 가능하도록 하는 장치를 말한다. 〈신설 2021. 3. 25.〉
7. "옥외안테나"란 감시제어반 등에 설치된 무선중계기의 입력과 출력포트에 연결되어 송수신 신호를 원활하게 방사・수신하기 위해 옥외에 설치하는 장치를 말한다. 〈신설 2021. 3. 25.〉

제4조(설치제외)

지하층으로서 특정소방대상물의 바닥부분 2면 이상이 지표면과 동일하거나 지표면으로부터의 깊이가 1m 이하인 경우에는 해당층에 한하여 무선통신보조설비를 설치하지 아니할 수 있다.

제5조(누설동축케이블 등)

① 무선통신보조설비의 누설동축케이블 등은 다음 각 호의 기준에 따라 설치하여야 한다.

1. 소방전용주파수대에서 전파의 전송 또는 복사에 적합한 것으로서 소방전용의 것으로 할 것. 다만, 소방대 상호간의 무선연락에 지장이 없는 경우에는 다른 용도와 겸용할 수 있다.
2. 누설동축케이블과 이에 접속하는 안테나 또는 동축케이블과 이에 접속하는 안테나로 구

성 할 것

3. 누설동축케이블 및 동축케이블은 불연 또는 난연성의 것으로서 습기에 따라 전기의 특성이 변질되지 아니하는 것으로 하고, 노출하여 설치한 경우에는 피난 및 통행에 장애가 없도록 할 것 〈개정 2021. 3. 25.〉
4. 누설동축케이블 및 동축케이블은 화재에 따라 해당 케이블의 피복이 소실된 경우에 케이블 본체가 떨어지지 아니하도록 4 m 이내마다 금속제 또는 자기제등의 지지금구로 벽·천장·기둥 등에 견고하게 고정시킬 것. 다만, 불연재료로 구획된 반자 안에 설치하는 경우에는 그러하지 아니하다. 〈개정 2021. 3. 25.〉
5. 누설동축케이블 및 안테나는 금속판 등에 따라 전파의 복사 또는 특성이 현저하게 저하되지 아니하는 위치에 설치할 것
6. 누설동축케이블 및 안테나는 고압의 전로로부터 1.5m 이상 떨어진 위치에 설치할 것. 다만, 해당 전로에 정전기 차폐장치를 유효하게 설치한 경우에는 그러하지 아니하다.
7. 누설동축케이블의 끝부분에는 무반사 종단저항을 견고하게 설치할 것

② 누설동축케이블 또는 동축케이블의 임피던스는 50Ω으로 하고, 이에 접속하는 안테나·분배기 기타의 장치는 해당 임피던스에 적합한 것으로 하여야 한다.

③ 무선통신보조설비는 다음 각 호의 기준에 따라 설치하여야 한다. 〈신설 2021. 3. 25.〉

1. 누설동축케이블 또는 동축케이블과 이에 접속하는 안테나가 설치된 층은 모든 부분(계단실, 승강기, 별도 구획된 실 포함)에서 유효하게 통신이 가능할 것
2. 옥외 안테나와 연결된 무전기와 건축물 내부에 존재하는 무전기 간의 상호통신, 건축물 내부에 존재하는 무전기 간의 상호통신, 옥외 안테나와 연결된 무전기와 방재실 또는 건축물 내부에 존재하는 무전기와 방재실 간의 상호통신이 가능할 것

제6조(옥외안테나)

옥외안테나는 다음 각 호의 기준에 따라 설치하여야 한다. 〈개정 2021. 3. 25.〉

1. 건축물, 지하가, 터널 또는 공동구의 출입구(「건축법 시행령」 제39조에 따른 출구 또는 이와 유사한 출입구를 말한다) 및 출입구 인근에서 통신이 가능한 장소에 설치할 것
2. 다른 용도로 사용되는 안테나로 인한 통신장애가 발생하지 않도록 설치할 것
3. 옥외안테나는 견고하게 설치하며 파손의 우려가 없는 곳에 설치하고 그 가까운 곳의 보기 쉬운 곳에 "무선통신보조설비 안테나"라는 표시와 함께 통신 가능거리를 표시한 표지를 설치할 것
4. 수신기가 설치된 장소 등 사람이 상시 근무하는 장소에는 옥외 안테나의 위치가 모두 표시된

옥외안테나 위치표시도를 비치할 것

제7조(분배기 등)

분배기·분파기 및 혼합기 등은 다음 각호의 기준에 따라 설치하여야 한다.

1. 먼지·습기 및 부식 등에 따라 기능에 이상을 가져오지 아니하도록 할 것
2. 임피던스는 50Ω의 것으로 할 것
3. 점검에 편리하고 화재 등의 재해로 인한 피해의 우려가 없는 장소에 설치할 것

제8조(증폭기 등)

증폭기 및 무선중계기를 설치하는 경우에는 다음 각호의 기준에 따라 설치하여야 한다. 〈개정 2021. 3. 25.〉

1. 전원은 전기가 정상적으로 공급되는 축전지, 전기저장장치(외부 전기에너지를 저장해 두었다가 필요한 때 전기를 공급하는 장치) 또는 교류전압 옥내간선으로 하고, 전원까지의 배선은 전용으로 할 것
2. 증폭기의 전면에는 주 회로의 전원이 정상인지의 여부를 표시할 수 있는 표시등 및 전압계를 설치할 것
3. 증폭기에는 비상전원이 부착된 것으로 하고 해당 비상전원 용량은 무선통신보조설비를 유효하게 30분 이상 작동시킬 수 있는 것으로 할 것
4. 증폭기 및 무선중계기를 설치하는 경우에는 「전파법」제58조의2에 따른 적합성평가를 받은 제품으로 설치하고 임의로 변경하지 않도록 할 것 〈개정 2015. 1. 23., 2021. 3. 25.〉
5. 디지털 방식의 무전기를 사용하는데 지장이 없도록 설치할 것 〈신설 2021. 3. 25.〉

제9조(설치·유지기준의 특례)

소방본부장 또는 소방서장은 기존건축물이 증축·개축·대수선되거나 용도 변경되는 경우에 있어서 이 기준이 정하는 기준에 따라 해당 건축물에 설치하여야 할 무선통신보조설비의 배관·배선 등의 공사가 현저하게 곤란하다고 인정되는 경우에는 해당 설비의 기능 및 사용에 지장이 없는 범위 안에서 무선통신보조설비의 설치·유지기준의 일부를 적용 하지 아니할 수 있다.

제10조(재검토 기한)

소방청장은 「훈령·예규 등의 발령 및 관리에 관한 규정」에 따라 이 고시에 대하여 2021년 7월 1

일 기준으로 매 3년이 되는 시점(매 3년째의 6월 30일까지를 말한다)마다 그 타당성을 검토하여 개선 등의 조치를 하여야 한다.〈개정 2017. 6. 7., 2017. 7. 26., 2021. 3. 25.〉

제11조(규제의 재검토)

「행정규제기본법」제8조에 따라 2015년 1월 1일을 기준으로 매 3년이 되는 시점(매 3번째의 12월 31일까지를 말한다)마다 그 타당성을 검토하여 개선 등의 조치를 하여야 한다.

31. 연소방지설비의 화재안전기준(NFSC 506)

제1조(목적)

이 기준은 「화재예방, 소방시설 설치·유지 및 안전관리에 관한 법률」제9조제1항에 따라 소방청장에게 위임한 사항 중 소화활동설비인 연소방지설비의 설치·유지 및 안전관리에 관하여 필요한 사항을 규정함을 목적으로 한다.

제2조(적용범위)

「화재예방, 소방시설 설치·유지 및 안전관리에 관한 시행령」(이하 "영"이라 한다)별표 5 제5호 바목에 따른 연소방지설비는 이 기준에서 정하는 규정에 따라 설비를 설치하고 유지·관리하여야 한다.

제3조(정의)

이 기준에서 사용하는 용어의 정의는 다음과 같다.

1. "분전반"이란 분기개폐기·분기과전류차단기 그밖에 배선용기기 및 배선을 금속제 외함에 수납한 것을 말한다.
2. "방수헤드"란 연소방지설비전용헤드 또는 스프링클러헤드를 말한다.
3. "방화벽"이란 화재의 연소를 방지하기 위하여 설치하는 벽을 말한다.
4. "연소방지도료"란 케이블·전선 등에 칠하여 가열할 경우 칠한 막의 부분이 발포하거나 단열의 효과가 있어 케이블·전선 등이 연소하는 것을 지연시키는 도료를 말한다.
5. "발포성"이란 불꽃이 접촉할 때 발포하여 불꽃의 전파를 지연 또는 차단시키는 성질을 말한다.
6. "비발포성"이란 불꽃이 접촉할 때 발포하지 아니 하지만 단열효과가 있어 불꽃의 전파를 지연

또는 차단시키는 성질을 말한다.

7. “유성도료”란 유기용제에 용해 또는 희석하여 사용하는 도료를 말한다.
8. “수성도료”란 물에 용해 또는 희석하여 사용하는 도료를 말한다.
9. “난연테이프”란 케이블·전선 등에 감아 케이블·전선등이 연소하는 것을 지연시키는 테이프를 말한다.

제4조(배관)

① 배관은 배관용탄소강관(KS D 3507) 또는 압력배관용탄소강관(KS D 3562)이나 이와 동등 이상의 강도·내식성 및 내열성을 가진 것으로 하여야 한다. 다만, 다음 각 호의 어느 하나에 해당하는 장소에는 법 제39조에 따라 제품검사에 합격한 소방용 합성수지배관으로 설치할 수 있다.

1. 배관을 지하에 매설하는 경우
2. 다른 부분과 내화구조로 구획된 덕트 또는 피트의 내부에 설치하는 경우

② 급수배관(송수구로부터 연소방지설비방수구에 급수하는 배관을 말한다. 이하 같다)은 전용으로 하여야 한다.

③ 급수배관에 설치되어 급수를 차단할 수 있는 개폐밸브는 개폐표시형으로 하여야 한다.

④ 연소방지설비의 배관의 구경은 다음 각 호의 기준에 적합한 것이어야 한다.

1. 연소방지설비전용헤드를 사용하는 경우에는 다음 표에 따른 구경 이상으로 할 것

하나의 배관에 부착하는 살수헤드의 개수	1개	2개	3개	4개 또는 5개	6개 이상
배관의 구경(mm)	32	40	50	65	80

2. 스프링클러헤드를 사용하는 경우에는 「스프링클러설비의 화재안전기준(NFSC 103)」 별표 1의 기준에 따를 것

⑤ 연소방지설비에 있어서의 수평주행배관의 구경은 100mm 이상의 것으로 하되, 연소방지설비전용헤드 및 스프링클러헤드(“방수헤드”라 한다. 이하 같다)를 향하여 상향으로 1,000분의 1 이상의 기울기로 설치하여야 한다.

⑥ 연소방지설비 교차배관의 위치·청소구 및 가지배관의 헤드설치는 다음 각 호의 기준에 따른다.

1. 교차배관은 가지배관과 수평으로 설치하거나 또는 가지배관 밑에 설치하고, 그 구경은 제4항에 따르되, 최소구경이 40mm 이상이 되도록 할 것
2. 청소구는 주배관 또는 교차배관(교차배관을 설치하는 경우에 한한다) 끝에 40mm 이상

크기의 개폐밸브를 설치하고, 호스접결이 가능한 나사식 또는 고정배수 배관식으로 할 것. 이 경우 나사식의 개폐밸브는 옥내소화전 호스접결용의 것으로 하고, 나사보호용의 캡으로 마감하여야 한다.

3. 하향식헤드를 설치하는 경우에 가지배관으로부터 헤드에 이르는 헤드접속배관은 가지관 상부에서 분기할 것. 다만, 개방형 헤드는 가지관 하부에서 분기할 수 있다.

⑦ 배관에 설치되는 행가는 다음 각 호의 기준에 따라 설치하여야 한다.

1. 가지배관에는 헤드의 설치지점 사이마다 1개 이상의 행가를 설치하되, 헤드간의 거리가 3.5m을 초과하는 경우에는 3.5m 이내마다 1개 이상 설치할 것. 이 경우 상향식헤드와 행가 사이에는 8cm 이상의 간격을 두어야 한다.
2. 교차배관에는 가지배관과 가지배관 사이마다 1개 이상의 행가를 설치하되, 가지배관 사이의 거리가 4.5m을 초과하는 경우에는 4.5m 이내마다 1개 이상 설치할 것
3. 제1호와 제2호의 수평주행배관에는 4.5m 이내마다 1개 이상 설치할 것

⑧ 연소방지설비는 습식외의 방식으로 하여야 한다.

⑨ 기계실·공동구 또는 덕트에 설치되는 배관은 다른 설비의 배관과 쉽게 구분이 될 수 있는 위치에 설치하거나 그 배관표면 또는 배관 보온재 표면의 색상을 달리하는 방법 등으로 소방용 설비의 배관임을 표시하여야 한다.

⑩ 분기배관을 사용할 경우에는 법 제39조에 따라 제품검사에 합격한 것으로 설치하여야 한다.

제5조(방수헤드)

방수헤드는 다음 각 호의 기준에 따라 설치하여야 한다.

1. 천장 또는 벽면에 설치할 것
2. 방수헤드간의 수평거리는 연소방지설비 전용헤드의 경우에는 2m 이하, 스프링클러헤드의 경우에는 1.5m 이하로 할 것
3. 살수구역은 환기구 등을 기준으로 지하구의 길이방향으로 350 m 이내마다 1개 이상 설치하되, 하나의 살수구역의 길이는 3m 이상으로 할 것

제6조(송수구)

연소방지설비의 송수구는 다음 각 호의 기준에 따라 설치하여야 한다.

1. 소방차가 쉽게 접근할 수 있는 노출된 장소에 설치하되, 눈에 띄기 쉬운 보도 또는 차도에 설치할 것

2. 송수구는 구경 65mm의 쌍구형으로 할 것
3. 송수구로부터 1m이내에 살수구역 안내표지를 설치할 것
4. 지면으로부터 높이가 0.5m 이상 1m 이하의 위치에 설치할 것
5. 송수구의 가까운 부분에 자동배수밸브(또는 직경 5mm의 배수공)를 설치할 것. 이 경우 자동배수밸브는 배관안의 물이 잘 빠질 수 있는 위치에 설치하되, 배수로 인하여 다른 물건 또는 장소에 피해를 주지 아니하여야 한다.
6. 송수구로부터 주배관에 이르는 연결배관에는 개폐밸브를 설치하지 아니할 것
7. 송수구에는 이물질을 막기 위한 마개를 씌어야 한다.

제7조(연소방지도료의 도포)

지하구안에 설치된 케이블·전선등에는 다음 각 호의 기준에 따라 연소방지용도료를 도포하여야 한다. 다만, 케이블·전선등을 「옥내소화전설비의 화재안전기준(NFSC 102)」제10조제2항에서 정한 기준에 적합한 내화배선 방법으로 설치한 경우와 이와 동등 이상의 내화성능이 있도록 한 경우에는 그러하지 아니하다.

1. 연소방지도료는 다음 각 목의 방법에 따라 도포할 것
   가. 도료를 도포하고자 하는 부분의 오물을 제거하고 충분히 건조시킨후 도포할 것
   나. 도료의 도포 두께는 평균 1mm 이상으로 할 것
   다. 유성도료의 1회당 도포간격은 2시간 이상으로 하되, 환기가 원활한 곳에서 실시할 것. 다만, 지하구 또는 유증기의 체류가 우려되는 공간에서 실시하여서는 아니 된다.
2. 연소방지도료는 다음 각 목 부분의 중심으로부터 양쪽방향으로 전력용케이블의 경우에는 20m(단, 통신케이블의 경우에는 10m) 이상 도포할 것
   가. 지하구와 교차된 수직구 또는 분기구
   나. 집수정 또는 환풍기가 설치된 부분
   다. 지하구로 인입 및 인출되는 부분
   라. 분전반, 절연유 순환펌프 등이 설치된 부분
   마. 케이블이 상호 연결된 부분
   바. 기타 화재발생 위험이 우려되는 부분
3. 연소방지도료 및 난연테이프의 성능기준 및 시험방법은 다음 각 목의 기준에 따를 것. 다만, 난연테이프의 경우 라목 및 마목의 규정만을 시험한다.
   가. 연소방지도료에는 인체에 유해한 석면 등이 함유되어서는 아니되며, 난연처리하는 케이

블·전선 등의 기능에 변화를 일으키지 아니할 것

나. 건조에 대한 시험 KS M 5000중 시험방법 2511[도료의 건조시간 시험방법(바니쉬·락카·에나멜 및 수성도료) 또는 시험방법 2512(도료의 건조시간 시험방법(유성도료)]에 따라 7일간 자연건조 하였을 경우 고화건조, 경화건조, 불접착건조 또는 완전건조중 하나에 해당될 것. 다만, 가열 건조할 경우는 65±2℃에서 24시간 건조한다.

다. 산소지수

(1) 시험을 위한 시료는 KS M 5000중 1121(도료 시험용 유리판 조제 방법)의 방법으로 두께 3mm, 가로 6mm, 세로 150mm의 크기로 제작할 것

(2) 시료의 건조는 50±2℃인 항온 건조기 안에서 24시간 건조한 후 실리카겔을 넣은 데시케이터 안에 2시간 동안 넣어둘 것

(3) 시료의 연소시간이 3분간 지속되거나 또는 착염후 탄화길이가 50mm일때까지 연소가 지속될 때의 최저의 산소유량과 질소유량을 측정하여 산소지수값을 다음 계산식에 따라 산출하되, 산소지수는 평균 30 이상이어야 할 것. 다만, 난연테이프의 산소지수는 평균 28 이상이어야 한다.

$$산소지수 = \frac{O_2}{O_2 + N_2} \times 100$$

O_2 : 산소유량(l/min)

N_2 : 질소유량(l/min)

라. 난연성시험

(1) 시료의 길이가 2,400mm인 전선에 연소방지도료 또는 난연테이프를 도포(감은)한것으로 할 것

(2) 난연성시험기는 금속제수직형트레이와 별도의 리본가스버너를 사용할 것

(3) 트레이는 사다리 형태이며, 깊이 75mm, 너비 300mm, 길이 2,440mm로 할 것

(4) 리본가스버너의 불꽃의 길이는 380mm 이상이어야 하고, 트레이격자 사이의 시료중심에 불꽃이 닿도록 할 것

(5) 버너면은 시험편 표면에서부터 76mm 간격을 두어야 하며, 수직형트레이 바닥에서 600mm 높이에 수평으로 장치하여야 할 것

(6) 수직형트레이 시험기의 온도측정용 온도감지센서는 불꽃 가까이에 설치하여야 하며, 시험편과 닿지 않도록 3mm의 거리를 두어 설치하여야 할 것

(7) 시료의 배열은 수직형트레이 중심부분에 시료를 단층으로 배열하고 전선의 직경1/2간격으로 폭 150mm 이상이 되도록 금속제 사다리 중앙부에 배열할 것

(8) 가열온도를 816±10℃를 유지하면서 20분간 가열한후 불꽃을 제거하였을 때 자연소화 되어야 하며, 시험체가 전소되지 아니하여야 할 것

마. 발연량 ASTM E 662(고체물질에서 발생하는 연기의 특성광학밀도)의 방법으로 발연량을 측정하였을 때 최대연기밀도가 400 이하이어야 할 것

4. 성능시험을 위한 시료채취는 다음 각 목에 따를 것

가. 시료채취는 KS M 5000(도료 및 관련원료 시험방법)중 시험방법1021(도료의 시료 채취방법)에 따를 것

나. 성능시험을 위한 시험판은 KS D 3512(냉간압연강판 및 강대) 또는 이와 동등 이상의 것으로 두께 0.8mm, 가로 70mm, 세로 150mm인 것으로 하며, 전선은 직경 10ϕ~20ϕ 또는 22.9kV CN-CV(동심 중성선 전력케이블) 325mm^2, 피복은 흑색 폴리에틸렌을 혼합한(Black Polyethylene Compound) 것으로 할 것

다. 시험을 위한 시험판 또는 전선에 도료를 분무기 또는 붓으로 칠하여 직사광선을 피하여 수직으로 7일 이상 건조한 것으로 할 것. 이 경우 건조한 도료의 도포두께는 1.0mm 이내이어야 할 것

제8조(방화벽의 설치기준)

방화벽의 설치기준은 다음 각 호에 따른다.

1. 내화구조로서 홀로 설 수 있는 구조일 것
2. 방화벽에 출입문을 설치하는 경우에는 방화문으로 할 것
3. 방화벽을 관통하는 케이블·전선 등에는 내화성이 있는 화재차단재로 마감할 것
4. 방화벽의 위치는 분기구 및 환기구 등의 구조를 고려하여 설치할 것

제9조(지하구의 통합감시시설 구축 등)

영 별표 5 제2호 자목에 따른 통합감시시설을 구축하는 경우에는 다음 각 호의 기준에 따른다.

1. 소방관서와 지하구의 통제실 간에 화재 등 소방활동과 관련된 정보를 상시 교환할 수 있는 정보통신망을 구축할 것
2. 제1호에 따른 정보통신망은 광케이블 또는 이와 유사한 성능을 가진 선로로서 원격제어가 가능할 것
3. 주수신기는 지하구의 통제실에, 보조수신기는 관할 소방관서에 설치하여야 하고, 수신기에는 원격제어 기능이 있을 것

4. 비상시에 대비하여 예비선로를 구축할 것

제10조(설치·유지기준의 특례)

소방본부장 또는 소방서장은 기존건축물이 증축·개축·대수선되거나 용도 변경되는 경우에 있어서 이 기준이 정하는 기준에 따라 해당 건축물에 설치하여야 할 연소방지설비의 배관·배선 등의 공사가 현저하게 곤란하다고 인정되는 경우에는 해당 설비의 기능 및 사용에 지장이 없는 범위 안에서 연소방지설비의 설치·유지기준의 일부를 적용하지 아니할 수 있다.

제11조(재검토기한)

소방청장은 「훈령·예규 등의 발령 및 관리에 관한 규정」에 따라 이 고시에 대하여 2016년 1월 1일을 기준으로 매3년이 되는 시점(매 3년째의 12월 31일까지를 말한다)마다 그 타당성을 검토하여 개선 등의 조치를 하여야 한다.

32. 소방시설용 비상전원수전설비의 화재안전기준(NFSC 602)

제1조(목적)

이 기준은 「화재예방, 소방시설 설치·유지 및 안전관리에 관한 법률」 제9조제1항에 따라 소방청장에게 위임한 사항 중 소방시설의 비상전원인 비상전원수전설비의 설치·유지 및 안전관리에 필요한 사항을 규정함을 목적으로 한다.

제2조(적용범위)

「화재예방, 소방시설 설치·유지 및 안전관리에 관한 법률 시행령」(이하 "영"이라 한다) 별표 5의 소방시설에 설치하여야 하는 비상전원수전설비는 이 기준에 따라 설비를 설치하고 유지·관리하여야 한다.

제3조(정의)

이 기준에서 사용되는 용어의 정의는 다음과 같다.

1. "전기사업자"란 「전기사업법」 제2조 제2호에 따른 자를 말한다.
2. "인입선"이란 「전기설비기술기준」 제3조제1항 제9호에 따른 것을 말한다.

3. “인입구배선”이란 인입선 연결점으로부터 특정소방대상물내에 시설하는 인입개폐기에 이르는 배선을 말한다.
4. “인입개폐기”란 「전기설비기술기준의 판단기준」 제169조에 따른 것을 말한다.
5. “과전류차단기”란 「전기설비기술기준의 판단기준」 제38조와 제39조에 따른 것을 말한다.
6. “소방회로”란 소방부하에 전원을 공급하는 전기회로를 말한다.
7. “일반회로”란 소방회로 이외의 전기회로를 말한다.
8. “수전설비”란 전력수급용 계기용변성기·주차단장치 및 그 부속기기를 말한다.
9. “변전설비”란 전력용변압기 및 그 부속장치를 말한다.
10. “전용큐비클식”이란 소방회로용의 것으로 수전설비, 변전설비 그 밖의 기기 및 배선을 금속제 외함에 수납한 것을 말한다.
11. “공용큐비클식”이란 소방회로 및 일반회로 겸용의 것으로서 수전설비, 변전설비 그 밖의 기기 및 배선을 금속제 외함에 수납한 것을 말한다.
12. “전용배전반”이란 소방회로 전용의 것으로서 개폐기, 과전류차단기, 계기 그 밖의 배선용기기 및 배손을 금속제 외함에 수납한 것을 말한다.
13. “공용배전반”이란 소방회로 및 일반회로 겸용의 것으로서 개폐기, 과전류차단기, 계기 그 밖의 배선용기기 및 배선을 금속제 외함에 수납한 것을 말한다.
14. “전용분전반”이란 소방회로 전용의 것으로서 분기 개폐기, 분기과전류차단기 그 밖의 배선용기기 및 배선을 금속제 외함에 수납한 것을 말한다.
15. “공용분전반”이란 소방회로 및 일반회로 겸용의 것으로서 분기개폐기, 분기과전류차단기 그 밖의 배선용기기 및 배선을 금속제 외함에 수납한 것을 말한다.

제4조(인입선 및 인입구 배선의 시설)

① 인입선은 특정소방대상물에 화재가 발생할 경우에도 화재로 인한 손상을 받지 않도록 설치하여야 한다.

② 인입구배선은 「옥내소화전설비의 화재안전기준(NFSC 102)」 별표 1에 따른 내화배선으로 하여야 한다.

제5조(특별고압 또는 고압으로 수전하는 경우)

① 일반전기사업자로부터 특별고압 또는 고압으로 수전하는 비상전원 수전설비는 방화구획형, 옥외개방형 또는 큐비클(Cubicle)형으로 하여야 한다.

1. 전용의 방화구획 내에 설치할 것
2. 소방회로배선은 일반회로배선과 불연성 벽으로 구획할 것. 다만, 소방회로배선과 일반회로배선을 15cm 이상 떨어져 설치한 경우는 그러하지 아니한다.
3. 일반회로에서 과부하, 지락사고 또는 단락사고가 발생한 경우에도 이에 영향을 받지 아니하고 계속하여 소방회로에 전원을 공급시켜 줄 수 있어야 할 것
4. 소방회로용 개폐기 및 과전류차단기에는 "소방시설용"이라 표시할 것
5. 전기회로는 별표 1 같이 결선할 것

② 옥외개방형은 다음 각 호에 적합하게 설치하여야 한다.

1. 건축물의 옥상에 설치하는 경우에는 그 건축물에 화재가 발생할 경우에도 화재로 인한 손상을 받지 않도록 설치할 것
2. 공지에 설치하는 경우에는 인접 건축물에 화재가 발생한 경우에도 화재로 인한 손상을 받지 않도록 설치할 것
3. 그 밖의 옥외개방형의 설치에 관하여는 제1항 제2호부터 제5호까지의 규정에 적합하게 설치할 것

③ 큐비클형은 다음 각 호에 적합하게 설치하여야 한다.

1. 전용큐비클 또는 공용큐비클식으로 설치할 것
2. 외함은 두께 2.3mm 이상의 강판과 이와 동등 이상의 강도와 내화성능이 있는 것으로 제작하여야 하며, 개구부(제3호에 게기하는 것은 제외한다)에는 갑종방화문 또는 을종방화문을 설치할 것
3. 다음 각 목(옥외에 설치하는 것에 있어서는 가목부터 다목까지)에 해당하는 것은 외함에 노출하여 설치할 수 있다.
   가. 표시등(불연성 또는 난연성재료로 덮개를 설치한 것에 한한다)
   나. 전선의 인입구 및 인출구
   다. 환기장치
   라. 전압계(퓨즈 등으로 보호한 것에 한한다)
   마. 전류계(변류기의 2차측에 접속된 것에 한한다)
   바. 계기용 전환스위치(불연성 또는 난연성재료로 제작된 것에 한한다)
4. 외함은 건축물의 바닥 등에 견고하게 고정할 것
5. 외함에 수납하는 수전설비, 변전설비 그 밖의 기기 및 배선은 다음 각 목에 적합하게 설치할 것
   가. 외함 또는 프레임(Frame) 등에 견고하게 고정할 것

나. 외함의 바닥에서 10cm(시험단자, 단자대 등의 충전부는 15cm) 이상의 높이에 설치할 것

6. 전선 인입구 및 인출구에는 금속관 또는 금속제 가요전선관을 쉽게 접속할 수 있도록 할 것
7. 환기장치는 다음 각 목에 적합하게 설치할 것

가. 내부의 온도가 상승하지 않도록 환기장치를 할 것

나. 자연환기구의 개부구 면적의 합계는 외함의 한 면에 대하여 해당 면적의 3분의 1 이하로 할 것. 이 경우 하나의 통기구의 크기는 직경 10mm 이상의 둥근 막대가 들어가서는 아니 된다.

다. 자연환기구에 따라 충분히 환기할 수 없는 경우에는 환기설비를 설치할 것 .

라. 환기구에는 금속망, 방화댐퍼 등으로 방화조치를 하고, 옥외에 설치하는 것은 빗물 등이 들어가지 않도록 할 것

8. 공용큐비클식의 소방회로와 일반회로에 사용되는 배선 및 배선용기기는 불연재료로 구획할 것
9. 그 밖의 큐비클형의 설치에 관하여는 제1항 제2호부터 제5호까지의 규정 및 한국산업표준에 적합할 것

제6조(저압으로 수전하는 경우)

전기사업자로부터 저압으로 수전하는 비상전원설비는 전용배전반 (1·2종)·전용분전반(1·2종)또는 공용분전반(1·2종)으로 하여야 한다.

① 제1종 배전반 및 제1종 분전반은 다음 각 호에 적합하게 설치하여야 한다.

1. 외함은 두께 1.6mm(전면판 및 문은 2.3mm) 이상의 강판과 이와 동등 이상의 강도와 내화성능이 있는 것으로 제작할 것
2. 외함의 내부는 외부의 열에 의해 영향을 받지 않도록 내열성 및 단열성이 있는 재료를 사용하여 단열할 것. 이 경우 단열부분은 열 또는 진동에 따라 쉽게 변형되지 아니하여야 한다.
3. 다음 각 목에 해당하는 것은 외함에 노출하여 설치할 수 있다.

가. 표시등(불연성 또는 난연성재료로 덮개를 설치한 것에 한한다)

나. 전선의 인입구 및 입출구

4. 외함은 금속관 또는 금속제 가요전선관을 쉽게 접속할 수 있도록 하고, 당해 접속부분에는 단열조치를 할 것
5. 공용배전판 및 공용분전판의 경우 소방회로와 일반회로에 사용하는 배선 및 배선용 기기는 불연재료로 구획되어야 할 것

② 제2종 배전반 및 제2종 분전반은 다음 각 호에 적합하게 설치하여야 한다.

1. 외함은 두께 1mm(함 전면의 면적이 1,000cm^2를 초과하고 2,000cm^2 이하인 경우에는 1.2mm, 2,000cm^2를 초과하는 경우에는 1.6mm) 이상의 강판과 이와 동등 이상의 강도와 내화성능이 있는 것으로 제작할 것
2. 제1항 제3호 각목에 정한 것과 120℃의 온도를 가했을 때 이상이 없는 전압계 및 전류계는 외함에 노출하여 설치할 것
3. 단열을 위해 배선용 불연전용실내에 설치할 것
4. 그 밖의 제2종 배전반 및 제2종 분전반의 설치에 관하여는 제1항 제4호 및 제5호의 규정에 적합할 것

③ 그 밖의 배전반 및 분전반의 설치에 관하여는 다음 각 호에 적합하여야 한다.

1. 일반회로에서 과부하·지락사고 또는 단락사고가 발생한 경우에도 이에 영향을 받지 아니하고 계속하여 소방회로에 전원을 공급시켜 줄 수 있어야 할 것
2. 소방회로용 개폐기 및 과전류차단기에는 "소방시설용"이라는 표시를 할 것
3. 전기회로는 별표 2와 같이 결선할 것

제7조(설치·유지기준의 특례)

소방본부장 또는 소방서장은 기존건축물이 증축·개축·대수선되거나 용도변경 되는 경우에 있어서 이 기준이 정하는 기준에 따라 해당 건축물에 설치하여야 할 비상전원수전설비의 배관·배선 등의 공사가 현저하게 곤란하다고 인정되는 경우에는 해당 설비의 기능 및 사용에 지장이 없는 범위 안에서 비상전원수전설비의 설치·유지기준의 일부를 적용하지 아니할 수 있다.

제8조(재검토기한)

소방청장은 이 고시에 대하여 「훈령·예규 등의 발령 및 관리에 관한 규정」에 따라 2019년 1월 1일 기준으로 매3년이 되는 시점(매 3년째의 12월 31일까지를 말한다)마다 그 타당성을 검토하여 개선 등의 조치를 하여야 한다.

제9조(규제의 재검토)

「행정규제기본법」 제8조에 따라 2015년 1월 1일을 기준으로 매 3년이 되는 시점(매 3번째의 12월 31일까지를 말한다)마다 그 타당성을 검토하여 개선 등의 조치를 하여야 한다.

33. 도로터널의 화재안전기준(NFSC 603)

제1조(목적)

이 기준은 「화재예방, 소방시설 설치·유지 및 안전관리에 관한 법률」 제9조제1항에 따라 소방청장에게 위임한 사항 중 도로터널에 설치하여야 하는 소방시설 등의 설치기준과 유지 및 안전관리에 관하여 필요한 사항을 규정함을 목적으로 한다.

제2조(적용범위)

「화재예방, 소방시설 설치·유지 및 안전관리에 관한 법률 시행령」(이하 "영"이라 한다) 제15조에 의한 도로터널에 설치하는 소방시설 등은 이 기준에서 정하는 규정에 따라 설비를 설치하고 유지·관리하여야 한다.

제3조(정의)

이 기준에서 사용하는 용어의 정의는 다음과 같다.

1. "도로터널"이란 「도로법」 제8조에서 규정한 도로의 일부로서 자동차의 통행을 위해 지붕이 있는 지하 구조물을 말한다.
2. "설계화재강도"란 터널 화재시 소화설비 및 제연설비 등의 용량산정을 위해 적용하는 차종별 최대열방출률(MW)을 말한다.
3. "종류환기방식"이란 터널 안의 배기가스와 연기 등을 배출하는 환기설비로서 기류를 종방향(출입구 방향)으로 흐르게 하여 환기하는 방식을 말한다.
4. "횡류환기방식"이란 터널 안의 배기가스와 연기 등을 배출하는 환기설비로서 기류를 횡방향(바닥에서 천장)으로 흐르게 하여 환기하는 방식을 말한다.
5. "반횡류환기방식"이란 터널 안의 배기가스와 연기 등을 배출하는 환기설비로서 터널에 수직배기구를 설치해서 횡방향과 종방향으로 기류를 흐르게 하여 환기하는 방식을 말한다.
6. "양방향터널"이란 하나의 터널 안에서 차량의 흐름이 서로 마주보게 되는 터널을 말한다.
7. "일방향터널"이란 하나의 터널 안에서 차량의 흐름이 하나의 방향으로만 진행되는 터널을 말한다.
8. "연기발생률"이란 일정한 설계화재강도의 차량에서 단위 시간당 발생하는 연기량을 말한다.
9. "피난연결통로"란 본선터널과 병설된 상대터널이나 본선터널과 평행한 피난통로를 연결하기 위한 연결통로를 말한다.

10. "배기구"란 터널 안의 오염공기를 배출하거나 화재발생시 연기를 배출하기 위한 개구부를 말한다.

제4조(소화기)

소화기는 다음 각 호의 기준에 따라 설치하여야 한다.

1. 소화기의 능력단위(「소화기구의 화재안전기준(NFSC 101)」 제3조제6호에 따른 수치를 말한다. 이하 같다)는 A급 화재는 3단위 이상, B급 화재는 5단위 이상 및 C급 화재에 적응성이 있는 것으로 할 것
2. 소화기의 총중량은 사용 및 운반이 편리성을 고려하여 7kg 이하로 할 것
3. 소화기는 주행차로의 우측 측벽에 50m 이내의 간격으로 2개 이상을 설치하며, 편도2차선 이상의 양방향 터널과 4차로 이상의 일방향 터널의 경우에는 양쪽 측벽에 각각 50m 이내의 간격으로 엇갈리게 2개 이상을 설치할 것
4. 바닥면(차로 또는 보행로를 말한다. 이하 같다)으로부터 1.5m 이하의 높이에 설치할 것
5. 소화기구함의 상부에 "소화기"라고 조명식 또는 반사식의 표지판을 부착하여 사용자가 쉽게 인지할 수 있도록 할 것

제5조(옥내소화전설비)

옥내소화전설비는 다음 각 호의 기준에 따라 설치하여야 한다.

1. 소화전함과 방수구는 주행차로 우측 측벽을 따라 50m 이내의 간격으로 설치하며, 편도 2차선 이상의 양방향 터널이나 4차로 이상의 일방향 터널의 경우에는 양쪽 측벽에각각 50m 이내의 간격으로 엇갈리게 설치할 것
2. 수원은 그 저수량이 옥내소화전의 설치개수 2개(4차로 이상의 터널의 경우 3개)를 동시에 40분 이상 사용할 수 있는 충분한 양 이상을 확보할 것
3. 가압송수장치는 옥내소화전 2개(4차로 이상의 터널인 경우 3개)를 동시에 사용할 경우 각 옥내소화전의 노즐선단에서의 방수압력은 0.35MPa 이상이고 방수량은 190L/min 이상이 되는 성능의 것으로 할 것. 다만, 하나의 옥내소화전을 사용하는 노즐선단에서의 방수압력이 0.7MPa을 초과할 경우에는 호스접결구의 인입측에 감압장치를 설치하여야 한다.
4. 압력수조나 고가수조가 아닌 전동기 및 내연기관에 의한 펌프를 이용하는 가압송수장치는 주펌프와 동등 이상인 별도의 예비펌프를 설치할 것
5. 방수구는 40mm 구경의 단구형을 옥내소화전이 설치된 벽면의 바닥면으로부터 1.5m 이하의

높이에 설치할 것

6. 소화전함에는 옥내소화전 방수구 1개, 15m 이상의 소방호스 3본 이상 및 방수노즐을 비치할 것
7. 옥내소화전설비의 비상전원은 40분 이상 작동할 수 있을 것

제5조의2(물분무소화설비)

물분무소화설비는 다음 각 호의 기준에 따라 설치하여야 한다.

1. 물분무 헤드는 도로면에 $1m^2$당 6L/min 이상의 수량을 균일하게 방수할 수 있도록 할 것
2. 물분무설비의 하나의 방수구역은 25m 이상으로 하며, 3개 방수구역을 동시에 40분 이상 방수할 수 있는 수량을 확보 할 것
3. 물분무설비의 비상전원은 40분 이상 기능을 유지할 수 있도록 할 것

제6조(비상경보설비)

비상경보설비는 다음 각 호의 기준에 따라 설치하여야 한다.

1. 발신기는 주행차로 한쪽 측벽에 50m 이내의 간격으로 설치하며, 편도 2차선 이상의 양방향 터널이나 4차로 이상의 일방향 터널의 경우에는 양쪽의 측벽에 각각 50m 이내의 간격으로 엇갈리게 설치할 것
2. 발신기는 바닥면으로부터 0.8m 이상 1.5m 이하의 높이에 설치할 것
3. 음향장치는 발신기 설치위치와 동일하게 설치할 것. 다만, 「비상방송설비의 화재안전기준(NFSC 202)」에 적합하게 설치된 방송설비를 비상경보설비와 연동하여 작동하도록 설치한 경우에는 비상경보설비의 지구음향장치를 설치하지 아니할 수 있다.
4. 음량장치의 음량은 부착된 음향장치의 중심으로부터 1m 떨어진 위치에서 90dB 이상이 되도록 할 것
5. 음향장치는 터널내부 전체에 동시에 경보를 발하도록 설치할 것
6. 시각경보기는 주행차로 한쪽 측벽에 50m 이내의 간격으로 비상경보설비 상부 직근에 설치하고, 전체 시각경보기는 동기방식에 의해 작동될 수 있도록 할 것

제7조(자동화재탐지설비)

① 터널에 설치할 수 있는 감지기의 종류는 다음 각 호의 어느 하나와 같다.

1. 차동식분포형감지기
2. 정온식감지선형감지기(아날로그식에 한한다. 이하 같다.)

3. 중앙기술심의위원회의 심의를 거쳐 터널화재에 적응성이 있다고 인정된 감지기

② 하나의 경계구역의 길이는 100m 이하로 하여야 한다.

③ 제1항에 의한 감지기의 설치기준은 다음 각 호와 같다. 다만, 중앙기술심의위원회의 심의를 거쳐 제조사 시방서에 따른 설치방법이 터널화재에 적합하다고 인정되는 경우에는 다음 각 호의 기준에 의하지 아니하고 심의결과에 의한 제조사 시방서에 따라 설치할 수 있다.

1. 감지기의 감열부(열을 감지하는 기능을 갖는 부분을 말한다. 이하 같다)와 감열부 사이의 이격거리는 10m 이하로, 감지기와 터널 좌·우측 벽면과의 이격거리는 6.5m 이하로 설치할 것
2. 제1호에도 불구하고 터널 천장의 구조가 아치형의 터널에 감지기를 터널 진행방향으로 설치하고자 하는 경우에는 감열부와 감열부 사이의 이격거리를 10m 이하로 하여 아치형 천장의 중앙 최상부에 1열로 감지기를 설치하여야 하며, 감지기를 2열 이상으로 설치하고자 하는 경우에는 감열부와 감열부 사이의 이격거리는 10m 이하로 감지기 간의 이격거리는 6.5m 이하로 설치할 것
3. 감지기를 천장면(터널 안 도로 등에 면한 부분 또는 상층의 바닥 하부면을 말한다. 이하 같다)에 설치하는 경우에는 감지기가 천장면에 밀착되지 않도록 고정금구 등을 사용하여 설치할 것
4. 형식승인 내용에 설치방법이 규정된 경우에는 형식승인 내용에 따라 설치할 것. 다만, 감지기와 천장면과의 이격거리에 대해 제조사의 시방서에 규정되어 있는 경우에는 시방서의 규정에 따라 설치할 수 있다.

④ 제2항에도 불구하고 감지기의 작동에 의하여 다른 소방시설 등이 연동되는 경우로서 해당 소방시설 등의 작동을 위한 정확한 발화위치를 확인할 필요가 있는 경우에는 경계구역의 길이가 해당 설비의 방호구역 등에 포함되도록 설치하여야 한다.

⑤ 발신기 및 지구음향장치는 제6조를 준용하여 설치하여야 한다.

제8조(비상조명등)

비상조명등은 다음 각 호의 기준에 따라 설치하여야 한다.

1. 상시 조명이 소등된 상태에서 비상조명등이 점등되는 경우 터널안의 차도 및 보도의 바닥면의 조도는 10lx 이상, 그 외 모든 지점의 조도는 1lx 이상이 될 수 있도록 설치할 것
2. 비상조명등은 상용전원이 차단되는 경우 자동으로 비상전원으로 60분 이상 점등되도록 설치할 것

3. 비상조명등에 내장된 예비전원이나 축전지설비는 상용전원의 공급에 의하여 상시 충전상태를 유지할 수 있도록 설치할 것

제9조(제연설비)

① 제연설비는 다음 각 호의 사양을 만족하도록 설계하여야 한다.

1. 설계화재강도 20MW를 기준으로 하고, 이 때 연기발생률은 $80m^3/s$로 하며, 배출량은 발생된 연기와 혼합된 공기를 충분히 배출할 수 있는 용량 이상을 확보할 것
2. 제1호에도 불구하고 화재강도가 설계화재강도 보다 높을 것으로 예상될 경우 위험도분석을 통하여 설계화재강도를 설정하도록 할 것

② 제연설비는 다음 각 호의 기준에 따라 설치하여야 한다.

1. 종류환기방식의 경우 제트팬의 소손을 고려하여 예비용 제트팬을 설치하도록 할 것
2. 횡류환기방식(또는 반횡류환기방식) 및 대배기구 방식의 배연용 팬은 덕트의 길이에 따라서 노출온도가 달라질 수 있으므로 수치해석 등을 통해서 내열온도 등을 검토한 후에 적용하도록 할 것
3. 대배기구의 개폐용 전동모터는 정전 등 전원이 차단되는 경우에도 조작상태를 유지할 수 있도록 할 것
4. 화재에 노출이 우려되는 제연설비와 전원공급선 및 제트팬 사이의 전원공급장치 등은 250℃의 온도에서 60분 이상 운전상태를 유지할 수 있도록 할 것

③ 제연설비의 기동은 다음 각 호의 어느 하나에 의하여 자동 또는 수동으로 기동될 수 있도록 하여야 한다.

1. 화재감지기가 동작되는 경우
2. 발신기의 스위치 조작 또는 자동소화설비의 기동장치를 동작시키는 경우
3. 화재수신기 또는 감시제어반의 수동조작스위치를 동작시키는 경우

④ 비상전원은 60분 이상 작동할 수 있도록 하여야 한다.

제10조(연결송수관설비)

연결송수관설비는 다음 각 호의 기준에 따라 설치하여야 한다.

1. 방수압력은 0.35MPa 이상, 방수량은 400L/min 이상을 유지할 수 있도록 할 것
2. 방수구는 50m 이내의 간격으로 옥내소화전함에 병설하거나 독립적으로 터널출입구 부근과 피난연결통로에 설치할 것

3. 방수기구함은 50m 이내의 간격으로 옥내소화전함 안에 설치하거나 독립적으로 설치하고, 하나의 방수기구함에는 65mm 방수노즐 1개와 15m 이상의 호스 3본을 설치하도록 할 것

제11조(무선통신보조설비)

① 무선통신보조설비의 무전기접속단자는 방재실과 터널의 입구 및 출구, 피난연결통로에 설치하여야 한다.

② 라디오 재방송설비가 설치되는 터널의 경우에는 무선통신보조설비와 겸용으로 설치할 수 있다.

제12조(비상콘센트설비)

비상콘센트설비는 다음 각 호의 기준에 따라 설치하여야 한다.

1. 비상콘센트설비의 전원회로는 단상교류 220V인 것으로서 그 공급용량은 1.5KVA 이상인 것으로 할 것
2. 전원회로는 주배전반에서 전용회로로 할 것. 다만, 다른 설비의 회로의 사고에 따른 영향을 받지 아니하도록 되어 있는 것은 그러하지 아니하다.
3. 콘센트마다 배선용 차단기(KS C 8321)를 설치하여야 하며, 충전부가 노출되지 아니하도록 할 것
4. 주행차로의 우측 측벽에 50m 이내의 간격으로 바닥으로부터 0.8m 이상 1.5m 이하의 높이에 설치할 것

제13조(다른 화재안전기준과의 관계)

터널에 설치하는 소방시설 등의 설치기준 중 이 기준에서 규정하지 아니한 소방시설 등의 설치기준은 개별 화재안전기준에 따라 설치하여야 한다.

제14조(재검토기한)

소방청장은 「훈령·예규 등의 발령 및 관리에 관한 규정」에 따라 이 고시에 대하여 2016년 1월 1일을 기준으로 매3년이 되는 시점(매 3년째의 12월 31일까지를 말한다)마다 그 타당성을 검토하여 개선 등의 조치를 하여야 한다.

34. 고층건축물의 화재안전기준 (NFSC 604)

제1조(목적)

이 기준은 「화재예방, 소방시설 설치·유지 및 안전관리에 관한 법률」 제9조제1항에 따라 소방청장에게 위임한 사항 중 고층건축물에 설치하여야 하는 소방시설 등의 설치·유지 및 안전관리에 관하여 필요한 사항을 규정함을 목적으로 한다.

제2조(적용범위)

고층건축물에 설치하는 소방시설과 「초고층 및 지하연계 복합건축물 재난관리에 관한 특별법 시행령」 제14조제2항에 따라 피난안전구역에 설치하는 소방시설은 이 기준 에서 정하는 규정에 적합하게 설비를 설치하고 유지·관리하여야 한다.

제3조(정의)

① 이 기준에서 사용하는 용어의 정의는 다음과 같다.

1. "고층건축물"이란 건축법 제2조제1항제19호 규정에 따른 건축물을 말한다.
2. "급수배관"이란 수원 및 옥외송수구로부터 옥내소화전 방수구 또는 스프링클러헤드, 연결송수관 방수구에 급수하는 배관을 말한다.

② 이 기준에서 사용하는 용어는 제1항에서 규정한 것을 제외하고는 관계법령 및 개별 화재안전기준에서 정하는 바에 따른다.

제4조(다른 화재안전기준과의 관계)

고층건축물에 설치하는 소방시설 등의 설치기준 중 이 기준에서 규정하지 아니한 설치기준은 개별 화재안전기준에 따라 설치하여야 한다.

제5조(옥내소화전설비)

① 수원은 그 저수량이 옥내소화전의 설치개수가 가장 많은 층의 설치개수(5개 이상 설치된 경우에는 5개)에 $5.2m^3$(호스릴옥내소화전설비를 포함한다)를 곱한 양 이상이 되도록 하여야 한다. 다만, 층수가 50층 이상인 건축물의 경우에는 $7.8m^3$를 곱한 양 이상이 되도록 하여야 한다.

② 수원은 제1호에 따라 산출된 유효수량 외에 유효수량의 3분의 1 이상을 옥상(옥내소화전설비가 설치된 건축물의 주된 옥상을 말한다. 이하 같다)에 설치하여야 한다. 다만, 옥내소화전설비의 화재안전기준 (NFSC 102) 제4조제2항제3호 또는 제4호에 해당하는 경우에는 그러하지 아니하다.

③ 전동기 또는 내연기관을 이용한 펌프방식의 가압송수장치는 옥내소화전설비 전용으로 설치하여야 하며, 옥내소화전설비 주펌프 이외에 동등 이상인 별도의 예비펌프를 설치하여야 한다.

④ 급수배관은 전용으로 하여야 한다. 다만, 옥내소화전설비의 성능에 지장이 없는 경우에는 연결송수관설비의 배관과 겸용할 수 있다.

⑤ 50층 이상인 건축물의 옥내소화전 주배관 중 수직배관은 2개 이상(주배관 성능을 갖는 동일호칭배관)으로 설치하여야 하며, 하나의 수직배관의 파손 등 작동 불능 시에도 다른 수직배관으로부터 소화용수가 공급되도록 구성하여야 한다.

⑥ 비상전원은 자가발전설비, 축전지설비(내연기관에 따른 펌프를 사용하는 경우에는 내연기관의 기동 및 제어용 축전지를 말한다) 또는 전기저장장치(외부 전기에너지를 저장해 두었다가 필요한 때 전기를 공급하는 장치)로서 옥내소화전설비를 40분 이상 작동할 수 있을 것. 다만, 50층 이상인 건축물의 경우에는 60분 이상 작동할 수 있어야 한다.

제6조(스프링클러설비)

스프링클러설비는 다음 각 항의 기준에 따라 설치하여야 한다.

① 수원은 스프링클러설비 설치장소별 스프링클러헤드의 기준개수에 3.2m^3를 곱한 양 이상이 되도록 하여야 한다. 다만, 50층 이상인 건축물의 경우에는 4.8m^3를 곱한 양 이상이 되도록 하여야 한다.

② 스프링클러설비의 수원은 제1호에 따라 산출된 유효수량 외에 유효수량의 3분의 1이상을 옥상(스프링클러설비가 설치된 건축물의 주된 옥상을 말한다. 이하 같다)에 설치하여야 한다. 다만, 스프링클러설비의 화재안전기준(NFSC103) 제4조제2항제3호 또는 제4호에 해당하는 경우에는 그러하지 아니하다.

③ 전동기 또는 내연기관을 이용한 펌프방식의 가압송수장치는 스프링클러설비 전용으로 설치하여야 하며, 스프링클러설비 주펌프 이외에 동등 이상인 별도의 예비펌프를 설치하여야 한다.

④ 급수배관은 전용으로 설치하여야 한다.

⑤ 50층 이상인 건축물의 스프링클러설비 주배관 중 수직배관은 2개 이상(주배관 성능을 갖는 동일호칭배관)으로 설치하고, 하나의 수직배관이 파손 등 작동 불능 시에도 다른수직배관으

로부터 소화용수가 공급되도록 구성하여야 하며, 각 각의 수직배관에 유수검지장치를 설치하여야 한다.

⑥ 50층 이상인 건축물의 스프링클러 헤드에는 2개 이상의 가지배관 양방향에서 소화용수가 공급되도록 하고, 수리계산에 의한 설계를 하여야 한다.

⑦ 스프링클러설비의 음향장치는 스프링클러설비의 화재안전기준(NFSC 103) 제9조에 따라 설치하되, 다음 각 호의 기준에 따라 경보를 발할 수 있도록 하여야 한다.

1. 2층 이상의 층에서 발화한 때에는 발화층 및 그 직상 4개층에 경보를 발할 것
2. 1층에서 발화한 때에는 발화층·그 직상 4개층 및 지하층에 경보를 발할 것
3. 지하층에서 발화한 때에는 발화층·그 직상층 및 기타의 지하층에 경보를 발할 것

⑧ 비상전원을 설치할 경우 자가발전설비, 축전지설비(내연기관에 따른 펌프를 사용하는 경우에는 내연기관의 기동 및 제어용 축전지를 말한다) 또는 전기저장장치(외부 전기에너지를 저장해 두었다가 필요한 때 전기를 공급하는 장치)로서 스프링클러설비를 40분 이상 작동할 수 있을 것. 다만, 50층 이상인 건축물의 경우에는 60분 이상 작동할 수 있어야 한다.

제7조(비상방송설비)

① 비상방송설비의 음향장치는 다음 각 호의 기준에 따라 경보를 발할 수 있도록 하여야 한다.

1. 2층 이상의 층에서 발화한 때에는 발화층 및 그 직상 4개층에 경보 를 발할 것
2. 1층에서 발화한 때에는 발화층·그 직상 4개층 및 지하층에 경보를발할 것
3. 지하층에서 발화한 때에는 발화층·그 직상층 및 기타의 지하층에 경보를 발할 것

② 비상방송설비에는 그 설비에 대한 감시상태를 60분간 지속한 후 유효하게 30분 이상 경보할 수 있는 축전지설비(수신기에 내장하는 경우를 포함한다) 또는 전기저장장치(외부 전기에너지를 저장해 두었다가 필요한 때 전기를 공급하는 장치)를 설치할 것

제8조(자동화재탐지설비)

① 감지기는 아날로그방식의 감지기로서 감지기의 작동 및 설치지점을 수신기에서 확인할 수 있는 것으로 설치하여야 한다. 다만, 공동주택의 경우에는 감지기별로 작동 및 설치지점을 수신기에서 확인할 수 있는 아날로그방식 외의 감지기로 설치할 수 있다.

② 자동화재탐지설비의 음향장치는 다음 각 호의 기준에 따라 경보를 발할 수 있도록 하여야 한다.

1. 2층 이상의 층에서 발화한 때에는 발화층 및 그 직상 4개층에 경보를 발할 것
2. 1층에서 발화한 때에는 발화층·그 직상 4개층 및 지하층에 경보를 발할 것

3. 지하층에서 발화한 때에는 발화층·그 직상층 및 기타의 지하층에 경보를 발할 것

③ 50층 이상인 건축물에 설치하는 통신·신호배선은 이중배선을 설치하도록 하고 단선 시에도 고장표시가 되며 정상 작동할 수 있는 성능을 갖도록 설비를 하여야 한다.

1. 수신기와 수신기 사이의 통신배선
2. 수신기와 중계기 사이의 신호배선
3. 수신기와 감지기 사이의 신호배선

④ 자동화재탐지설비에는 그 설비에 대한 감시상태를 60분간 지속한 후 유효하게 30분 이상 경보할 수 있는 축전지설비(수신기에 내장하는 경우를 포함한다) 또는 전기저장장치(외부 전기에너지를 저장해 두었다가 필요한 때 전기를 공급하는 장치)를 설치하여야한다. 다만, 상용전원이 축전지설비인 경우에는 그러하지 아니하다.

제9조(특별피난계단의 계단실 및 부속실 제연설비)

특별피난계단의 계단실 및 그 부속실 제연설비의 화재안전기준(NFSC 501A)에 따라 설치하되, 비상전원은 자가발전설비 등으로 하고 제연설비를 유효하게 40분 이상 작동할 수 있도록 할 것. 다만, 50층 이상인 건축물의 경우에는 60분 이상 작동할 수 있어야 한다.

제10조(피난안전구역의 소방시설)

「초고층 및 지하연계 복합건축물재난관리에 관한 특별법시행령」 제14조제2항에 따라 피난안전구역에 설치하는 소방시설은 별표 1과 같이 설치하여야 하며, 이 기준에서 정하지 아니한 것은 개별 화재안전기준에 따라 설치하여야 한다.

제11조(연결송수관설비)

① 연결송수관설비의 배관은 전용으로 한다. 다만, 주배관의 구경이 100mm 이상인 옥내소화전설비와 겸용할 수 있다.

② 연결송수관설비의 비상전원은 자가발전설비, 축전지설비(내연기관에 따른 펌프를 사용하는 경우에는 내연기관의 기동 및 제어용 축전지를 말한다) 또는 전기저장장치(외부 전기에너지를 저장해 두었다가 필요한 때 전기를 공급하는 장치)로서 연결송수관설비를 유효하게 40분 이상 작동할 수 있어야 할 것. 다만, 50층 이상인 건축물의 경우에는 60분 이상 작동할 수 있어야 한다.

제12조(재검토기한)

소방청장은 「훈령·예규 등의 발령 및 관리에 관한 규정」에 따라 이 고시에 대하여 2016년 1월 1일을 기준으로 매3년이 되는 시점(매 3년째의 12월 31일까지를 말한다)마다 그 타당성을 검토하여 개선 등의 조치를 하여야 한다.

35. 임시소방시설의 화재안전기준(NFSC 606)

제1조(목적)

이 기준은 「화재예방, 소방시설 설치·유지 및 안전관리에 관한 법률」 제10조의2제4항에서 소방청장에게 위임한 임시소방시설의 설치 및 유지·관리 기준과「화재예방, 소방시설 설치·유지 및 안전관리에 관한 법률 시행령」 제15조의5제2항 별표5의2 제1호에서 소방청장에게 위임한 임시소방시설의 성능을 정함을 목적으로 한다.

제2조(정의)

이 기준에서 사용하는 용어의 정의는 다음과 같다.

1. "소화기"란 「소화기구의 화재안전기준(NFSC101)」제3조제2호에서 정의하는 소화기를 말한다.
2. "간이소화장치"란 공사현장에서 화재위험작업 시 신속한 화재 진압이 가능하도록 물을 방수하는 이동식 또는 고정식 형태의 소화장치를 말한다.
3. "비상경보장치"란 화재위험작업 공간 등에서 수동조작에 의해서 화재경보상황을 알려줄 수 있는 설비(비상벨, 사이렌, 휴대용확성기 등)를 말한다.
4. "간이피난유도선"이란 화재위험작업 시 작업자의 피난을 유도할 수 있는 케이블형태의 장치를 말한다.

제3조(다른 화재안전기준과의 관계)

임시소방시설 설치와 관련하여 이 기준에서 정하지 아니한 사항은 개별 화재안전기준 따른다.

제4조(소화기의 성능 및 설치기준)

소화기의 성능 및 설치기준은 다음 각 호와 같다.

1. 소화기의 소화약제는 「소화기구의 화재안전기준(NFSC101)」의 별표 1에 따른 적응성이 있는

것을 설치하여야 한다.

2. 소화기는 각층마다 능력단위 3단위 이상인 소화기 2개 이상을 설치하고, 「화재예방, 소방시설 설치·유지 및 안전관리에 관한 법률 시행령」(이하 "영"이라 한다) 제15조의5제1항에 해당하는 경우 작업종료 시까지 작업지점으로부터 5m이내 쉽게 보이는 장소에 능력단위 3단위 이상인 소화기 2개 이상과 대형소화기 1개를 추가 배치하여야 한다.

제5조(간이소화장치 성능 및 설치기준)

간이소화장치의 성능 및 설치기준은 다음 각 호와 같다.

1. 수원은 20분 이상의 소화수를 공급할 수 있는 양을 확보하여야 하며, 소화수의 방수압력은 최소 0.1MPa 이상, 방수량은 65L/min이상 이어야 한다.
2. 영 제15조의5제1항에 해당하는 작업을 하는 경우 작업종료 시까지 작업지점으로부터 25m 이내에 설치 또는 배치하여 상시 사용이 가능하여야 하며 동결방지조치를 하여야 한다.
3. 넘어질 우려가 없어야 하고 손쉽게 사용할 수 있어야 하며, 식별이 용이하도록 "간이소화장치" 표시를 하여야 한다.

제6조(비상경보장치의 성능 및 설치기준)

비상경보장치의 성능 및 설치기준은 다음 각 호와 같다.

1. 비상경보장치는 영 제15조의5제1항에 해당하는 작업을 하는 경우 작업종료 시까지 작업지점으로부터 5m 이내에 설치 또는 배치하여 상시 사용이 가능하여야 한다.
2. 비상경보장치는 화재사실 통보 및 대피를 해당 작업장의 모든 사람이 알 수 있을 정도의 음량을 확보하여야 한다.

제7조(간이피난유도선의 성능 및 설치기준)

간이피난유도선의 성능 및 설치기준은 다음 각 호와 같다.

1. 간이피난유도선은 광원점등방식으로 공사장의 출입구까지 설치하고 공사의 작업 중에는 상시 점등되어야 한다.
2. 설치위치는 바닥으로부터 높이 1m 이하로 하며, 작업장의 어느 위치에서도 출입구로의 피난방향을 알 수 있는 표시를 하여야 한다.

제8조(간이소화장치 설치제외)

영 제15조의5제3항 별표5의2 제3호가목의 "소방청장이 정하여 고시하는 기준에 맞는 소화기"란 "대형소화기를 작업지점으로부터 25m 이내 쉽게 보이는 장소에 6개 이상을 배치한 경우"를 말한다.

제9조(설치·유지기준의 특례)

소방본부장 또는 소방서장은 기존건축물의 증축·개축·대수선이나 용도변경으로 인해 이 기준에 따른 임시소방시설의 설치가 현저하게 곤란하다고 인정되는 경우에는 해당 임시소방시설의 기능 및 사용에 지장이 없는 범위 안에서 이 기준의 일부를 적용하지 아니 할 수 있다.

제10조(재검토 기한)

소방청장은 「훈령·예규 등의 발령 및 관리에 관한 규정」에 따라 이 고시 에 대하여 2017년 1월 1일 기준으로 매3년이 되는 시점(매 3년째의 12월 31일까지를 말한다)마다 그 타당성을 검토하여 개선 등의 조치를 하여야 한다.

저자 소개

송 윤 석

서정대학교 소방안전관리과 교수
국가위기관리학회 운영위원회 이사
양주시 건축위원회 심의위원

오 승 주

동국대학교 대학원 법학 박사
서정대학교 소방안전관리과 외래 교수
서영대학교 소방안전과 외래 교수
국가위기관리학회 편집이사

2022 소방관계법규 정가 30,000원

저자 : 송윤석 · 오승주

발행인 : 임정대
발행처 : 도서출판 **화수목**

발행 : 2018년 3월 12일 초 판
2019년 3월 18일 제2판
2020년 3월 13일 제3판
2021년 3월 8일 제4판
2022년 2월 21일 제5판

등록 : 제2014-000166호

주소 : 서울시 마포구 신촌로 2길 5-15
전화 : 02-338-9119
팩스 : 02-335-2201

ISBN 979-11-89933-26-5 (93530)